액체 로켓엔진 시스템 I

Liquid Rocket Engine System I

KMS 항공우주산업시리즈

문인상 지음

KM 경문사

액체로켓엔진시스템 I

항공우주시스템공학

문인상

한국항공우주연구원
과학기술연합대학원대학교

머리말

Preface

이 교재는 이공계 과정에서 물리 혹은 공학 분야에서 필요한 수학, 물리, 화학 등의 배경지식을 학생들을 대상으로 액체로켓엔진의 개요를 설명하고 실무에 활용할 수 있는 지식을 전달하기 위해서 개발되었다. 현재 대부분의 항공과에서는 액체로켓엔진과 관련된 분야에 대한 강의가 이루어지고 있지만 전문적인 과목으로서가 아닌 발사체 혹은 로켓엔진이라는 커다란 카테고리의 한 부분으로 다루어지고 있다고 생각된다.

2000년도 이전에는 국내 액체로켓엔진의 개발이 짧은 것이 현실이었고 실무 경험이 많은 전문가 역시 매우 적었기 때문에 액체로켓엔진을 기술하는 국내 저서를 발간하는 것은 쉬운 일이 아니었을 것이다. 2002년 국내 최초로 개발된 액체로켓엔진을 장착한 KSR-III가 비행에 성공하였고 2013년도에는 KSLV-I이 성공적으로 임무를 수행하여 드디어 우리나라도 스페이스 클럽에 들게 된 지금에 이르러서는 관련 분야에 대한 국민적 관심이 높아졌다고 하겠다. 또한 그만큼 우주발사체에 종사하는 전문인력도 늘어났고 필요 인원은 향후로도 계속 증가할 것으로 예상된다.

본 교재는 지난 10년간 과학기술연합대학원대학교 항공 우주 시스템공학 분야에서 강의하던 내용을 정리한 것으로 1학기 분량의 강의내용을 담고 있다. 그런데 한 권의 교재만으로 서술하기에는 액체로켓엔진과 관련된 지식은 매우 방대하므로 본 교재에서는 액체로켓엔진의 모든 내용을 담지 못하고 그중 일부만을 다루었다. 교재의 제목을 '액체로켓엔진시스템 I'로 정한 것은 바로 이러한 사유이다. 이 교재에서는 다음과 같은 내용을 다루게 된다.

1. 액체로켓엔진의 역사
2. 액체로켓엔진의 종류
3. 압축성 기체역학
4. 액체로켓엔진의 성능 지표 및 각종 파라미터 계산 방법
5. 액체로켓엔진에 사용되는 연소기 기초 설계와 해석 방법
6. 기초 연소장 해석 방법
7. 연소 불안정성

또한 다음과 같은 부분은 다음 '액체로켓엔진시스템 II'에서 소개하고자 한다.

1. 가스발생기(예연소기)
2. 터보펌프
3. 각종 밸브, 배관, 오리피스 등 액체로켓엔진의 추진제 공급계통
4. 엔진 제어시스템
5. 엔진 조립 및 시험
6. 최신 액체로켓엔진 개발 및 활용 동향

본 교재에는 액체로켓엔진의 역사와 현황 등을 설명하면서 발사체 분야에서 특히 액체로켓엔진 분야의 실무에 관련된 내용을 이해하기 쉽게 서술하였으나, 서두에 설명한 바와 같이 기본적인 수학과 물리 지식이 필요하므로 학부 4학년 혹은 대학원의 수준의 강의자료로 적당하리라 생각된다. 또한 학생들뿐 아니라 액체로켓 엔진을 개발하는 기업에서도 참고자료로 활용할 수 있을 것으로 기대하며 이 교재가 항공우주공학 또는 우주과학을 전공하는 학생들에게 조금이라도 도움이 될 것을 바라며 서문을 마치고자 한다.

이 책은 과학기술연합대학원대학교(UST)의 교재 개발비 지원사업의 지원을 받아 개발되었습니다.

문인상

차례

Contents

제5장 특성방정식과 Compatibility Equation for Steady 2D Irrotational Supersonic Flow

Liquid Rocket Engine System

01 액체로켓엔진 개요

1.1. 액체로켓엔진의 역사

1.1.1. 액체로켓엔진의 태동

역사상 최초의 로켓은 간단한 고체엔진을 사용한 중국의 비화창을 들 수 있다. 1232년 중국에서 사용된 비화창은 엄밀히 말해 본격적인 로켓이라고 하기보다는 화약을 추진제로 사용하는 사거리가 연장된 창이었다. 비화창은 금나라에서 몽고의 군대를 막기 위해서 처음 사용되었고 한다. 국내에서 개발된 최초의 로켓은 고려 말 최무선이 만든 주화(走火)가 있다[1]. 잘 알려진 바와 같이 최무선은 화통도감을 설치하여 여러 가지 화약무기를 만들었으며 주화 역시 이때에 만들어진 무기이다. 주화는 다시 세종 때에 개량되어 신기전이라는 이름으로 명명되었다. 신기전은 대, 중, 소 3가지 종류가 있었으며 소, 중 신기전은 1993년 대전 엑스포 때에 복원되어 발사가 공개되었다. 대신기전은 ADD의 조진래 박사와 전항공우주연구원 원장이었던 채연석 박사에 의해 각각 2009년과 2010년에 복원되었다. 그림 1.1은 복원된 대신기전의 3D 모델이다. 이와 같이 고체 추진 로켓은 약 800여 년의 긴 역사를 가지고 있지만 구조적으로 복잡한 액체로켓은 이보다는 훨씬 더 짧은 역사를 가지고 있다.

로켓에 의한 우주비행의 원리[3]는 1898년 러시아의 K. E. 치올코프스키(Konstanty Ciolkowski, Константин Эдуардович Циолковский, 1857~1935, 그림 1.2) 박사가 최초로 이론을 정립하였다. 치올코프스키 박사는 다단로켓, 추력을 이용한 방향전환(steering thrust), 우주정거장, 우주선에서 우주로 나서기 위한 에어록(airlock) 등 우주여행과 관련된

그림 1.1 신기전[2]

약 90여편의 논문을 저술하였다. 특히 《로켓에 의한 우주 공간의 탐구》라는 논문을 통해 로켓엔진을 사용하여 우주 공간의 비행이 가능하다는 근거를 제시하였고 '우주공간을 비행하기 위해서는 액체추진 기관이 유리하다'라고 주장하였다. 또한 우주엘리베이터의 개념을 처음으로 제시하기도 하였다.

치올코프스키 박사의 업적은 비단 우주비행에만 그치지 않았다. 소비에트연방 최초로 윈드터널을 설치하여 각종 시험을 실시하기도 했다. 그러나 치올코프스키 박사는 실제 로켓을 만들지 않고 주로 이론적인 연구에 치중했다.

그림 1.2 치올코프스키 박사 (1857~1935)[4]

액체로켓의 이론적 연구는 러시아에서 앞섰지만 최초의 액체로켓은 미국에서 만들어졌다. 로켓의 아버지라는 별명을 가지고 있는 미국의 고다드 박사(Robert H. Goddard, 1882~1945, 그림 1.3)는 1900년부터 로켓의 연구를 시작하여 1916년에는 고체추진제를 사용하는 시험기를 만들었다. 이 시험기는 비행에 성공하였지만 고다드 박사의 관심은 액체로켓에 있었고 결국 액체로켓엔진연구에 매진하여 최초로 액체로켓을 발사하는 데 성공하였다.

그림 1.3 고다드 박사(1882~1945) [5]

최초의 액체로켓이 어떤 것이냐에 대해서는 여러 의견들이 있다. 비공식적으로는 1925년 12월에 약 2.7초간 비행한 5.5 kg의 액체로켓이라는 설도 있지만 1926년 3월 16일 메사추세스 주 어번(Auburn)에서 발사한 것이 정설로 받아들여지고 있다[5]. 이 로켓의 비행시간은 2.5초 비행거리는 약 61 m 정도에 불과하였으나 액체로켓의 가능성을 보여주었다는 점에서 그 의의가 크다 하겠다. 1937년 3월에는 길이 4.6 m 무게 39 kg의 로켓을 만들었고 이 로켓은 고도 2590 m까지 상승하였다. 그러나 불행히도 당시에는 로켓에 대한 이해도가 높지 않았기 때문에 1903년 라이트 형제에 의해 발명된 비행기, 플라이어(Flyer)와의 차이점을 제대로 알지 못했다. 고다드 박사는 액체로켓 연구를 계속하기 위해 다방면으로 노력을 하였고 뒤에 찰스 린드버그[1]와는 평생 동반자가 되었다.

고다드 박사는 214개의 특허의 저작권을 가지고 있었으며 로켓의 비행원리와 관련된 많은 연구를 하였다. 1920년에는 《극고도에 도달하는 방법(Method of Reaching Extreme Altitudes)》[6]이란 논문을 발표하였지만 많은 사람들이 우주공간에서는 추진력을 얻을 수 없을 것이라고 생각했기 때문에 뉴욕 타임스지로부터 저자는 뉴튼법칙을 이해하지 못하고 있다고 혹평을 받기도 했다[7]. 소련에서는 이미 19세기 후반에 우주여행의 논문이 발간되었다는 것을 생각하면 소련과 미국에서의 이론적 배경의 차이가 꽤나 컸다는 것을 알 수 있다. 2차 대전이 발발하기 이전 1936년 린드버그는 독일의 루프트바페(Luftwaffe)를 방문하였고 독일에서는 공장과 비행기 분야는 공개하였지만 로켓에 관한 내용은 비공개로 남겨놓았다. 훗날 이 사실을 들은 고다드 박사는 독일이 무언가를 숨기고 있다고 확신했다고 한다.

그림 1.4 고다드 박사와 최초의 액체로켓[5]

고다드 박사의 액체로켓이 처음 비행한지 약 43년 후, 1969년 7월 17일, 아폴로 11호에 세 명의 우주인을 태운 세턴 V로켓이 케이프 케네디 우주 센터에서 발사되었다. 그리고 다음 날 뉴욕 타임즈지는 헤드라인에 다음과 같은 정정기사를 냈었다.

> 'Further investigation and experimentation have confirmed the findings of Isaac Newton in the 17 Century and it is now definitely established that a rocket can function in a vacuum as well as an atmosphere. The Times regrets the error'[5].

고다드 박사가 타계한지 약 24년 만이며 인류최초로 달에 발을 딛기 사흘 전의 일이었다. 고다드 박사와 비슷한 시기에 유럽, 독일에서는 H. 오베르트를 중심으로 하는 한 청년 단체가 우주 비행을 목표로 하는 동호회를 개설하였다. 훗날 이 조직의 일원이었던 W. 폰 브라운 박사(1912~1977)는 최초의 대륙간 탄도인 V-2 로켓을 제작하게 된다. 폰 브라운 박사는 전후 Paper Clip 작전에 의해 미국으로 건너와 미육군에서 중거리 탄도탄 개발에 참여하였다.

2차 세계대전이 일어나기 이전 1934년 말에 폰 브라운 박사 팀은 두 번의 성공적인 로켓

1 Charles Lindbergh(1902~1974) 최초로 대서양을 횡단한 비행사

발사를 이루어냈다. 당시에 독일은 미국에서 고다드 박사의 연구에 상당한 관심을 보였다. 1939년까지 독일의 엔지니어와 과학자들은 수차례 고다드 박사와의 교류를 통하여 기술적인 토론을 하기도 하였다. 폰 브라운 박사는 고다드 박사의 논문으로 부터 많은 지식을 얻었으며 이를 바탕으로 Aggregat (A) 시리즈 로켓을 개발하였다.

A-1과 A-2로켓은 비교적 쉽게 성공하였으나 더 커다란 로켓이었던 A-3와 A-4로켓의 개발에는 많은 어려움이 따랐다. 결국 1941년이 되어서야 A-4로켓을 개발할 수 있는 기술을 확보하게 되었고 전쟁 중 A-4는 V-2라는 이름으로 바뀌어 전쟁에 동원되었다. V-2로켓은 당시로서는 매우 정교한 관성항법장치와 액체연료를 사용하는 아주 획기적인 로켓이었으며 이 로켓은 종전 후 미국과 소비에트 연방 사이에서 벌어진 우주경쟁의 근간이 되었다.

V-2라는 이름은 요셉 괴벨스(Joseph Goebbels)에 의해 명명되었으며 Vergeltungswaffe의 머리글자를 딴 것으로 독일어로는 복수병기, 혹은 보복병기라는 의미를 갖고 있다. V-2로켓에는 그림 1.5와 같이 최상부에 탄두, 그 밑으로는 관성항법장치와 연료탱크, 엔진이 자리하고 있다. 관성항법장치에는 2개의 자이로를 설치하고 자이로의 신호로부터 로켓의 러더를 조절하는 방식으로 로켓의 비행을 조정하였다. 이러한 방식은 미국의 고다드 박사가 고안한 방식과 동일한 것으로 독일에서 독자적으로 개발 한 것인지 아니면 고다드 박사와의 교류를 통해 아이디어를 얻은 것인지는 불분명하다.

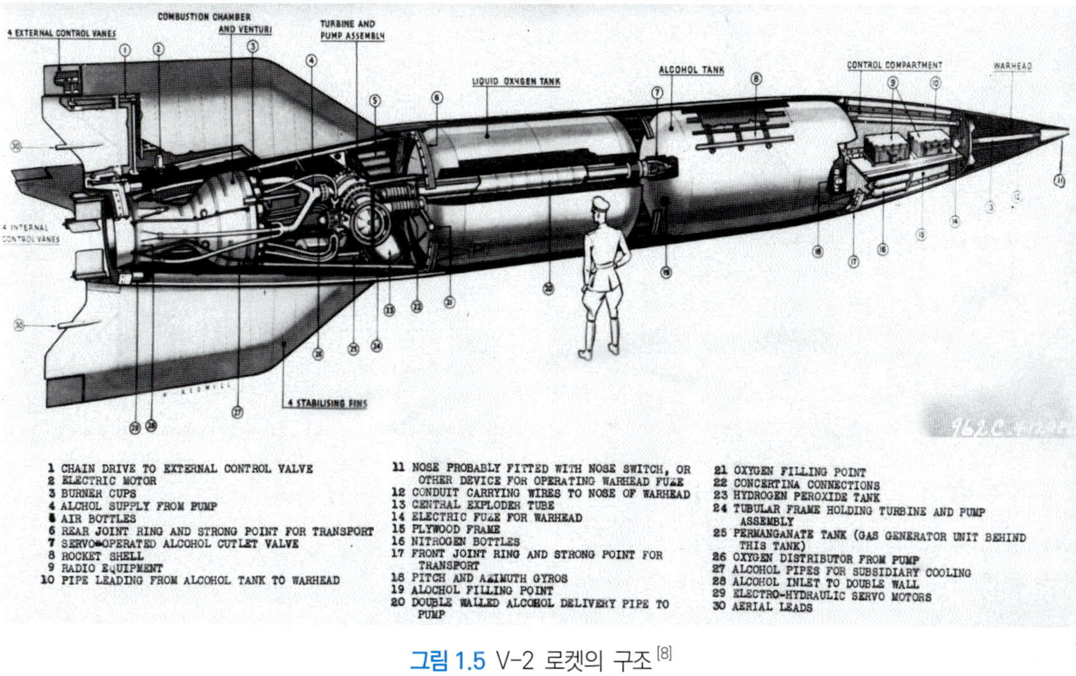

그림 1.5 V-2 로켓의 구조[8]

V-2에 사용된 엔진은 엄밀히 말해서 4종류의 추진제를 사용하는 4원추진제 방식이며 동시에 연소기에 추진제를 공급하기 위해서 터보펌프를 사용하는 터보펌프 방식의 엔진이다. 연소기로 유입되는 추진제는 알코올과 액체산소이며 터빈구동용 가스는 과산화수소(Hydrogen peroxide H_2O_2)를 과망간산칼륨(Potassium permanganate, $KMnO_4$)에 촉매반응 시킬 때 발생하는 증기를 사용했다. 연료탱크는 무게를 줄이기 위하여 알루미늄으로 제작되었으나 당시의 독일에서는 알루미늄을 구하기가 어려웠기 때문에 재료수급에 많은 어려움이 있었다고 한다[9].

연소실의 온도는 약 2250 K로 재생냉각을 사용하여 냉각시키며 약 1000 kg의 탄두를 장착하고 사정거리 300 km 이내의 목표물을 공격할 수 있다. 그러나 정확도를 나타내는 척도인 CEP(Circular Error Probable)[2]가 약 17 km[10]로 병기로서의 직접적인 역할은 기대하기 힘들었다.

1.1.2. 액체 로켓의 발전-우주경쟁(Space Race)

2차 세계대전이 끝난 뒤 V-2 계획에 참여했던 많은 과학자가 미국과 소련으로 끌려가게 된다. 바르바로사 작전이 실패로 끝난 독일은 전쟁이 장기화 될 것을 예상하고 각 전선에 산재해 있는 과학자, 연구원들의 리스트를 작성하여 관리하게 되는데 이 리스트를 오센버그 리스트(Osenberg List)라고 한다. 이 오센버그 리스트는 전쟁이 끝나갈 무렵인 1945년 3월 폴란드의 한 연구원에 의하여 화장실에서 변기에서 미쳐 흘러가지 못한 일부분이 발견된다. 당시 독일로 진군 중이던 미군은 이 리스트를 입수하였고, 이를 통하여 폰 브라운 박사를 첫 페이지로 하는 블랙리스트를 작성하였다. 이 리스트는 곧 최우선 긴급사안으로 미국의 펜타곤에 전달되었고 소련보다 한 발 앞서 많은 과학자와 연구원들의 기록을 말소시키고 미국의 시민권을 부여해 미국으로 데리고 가게 된다. 이 그룹에는 원자폭탄 개발에 커다란 역할을 한 하이젠버그 박사(Dr. Werner Heisenberg), V-2 로켓 개발의 주역인 폰 브라운 박사 등이 포함되어 있다.

소련 역시 피네민데(Peenemünde)에서 V-2 로켓 개발과 관련된 많은 연구원들을 소련으로 데리고 갔는데, 훗날 이들은 소련 로켓 개발의 주역이 되었다. 종전 후 소련과 미국은 강대국으로서의 위상을 확고히 하기 위하여 우주개발에 주력하게 되었는데, 이에 첫발을 먼저

2 포나 미사일의 정확도를 나타내는 척도로 여기서 V-2 로켓의 CEP가 17 km라는 것은 발사된 V-2 로켓의 50%가 이 반경 내로 떨어진다는 것을 의미한다.

내디딘 곳은 소련이었다. 미국의 로켓 개발의 주역이 폰 브라운 박사라고 한다면 소련에는 코롤예프 박사(Sergei Korolyev, Сергій Павлович Корольов, 1907~1966, 그림 1.6)가 소련 로켓개발의 중추를 담당하였다. 코롤예프 박사는 R-7 로켓의 수석 디자이너로 이 로켓을 사용하여 인류최초의 인공위성인 스프트니크 1호(그림 1.7)를 성공적으로 발사하였다. 스프트니크 1호는 1957년 10월 4일에 발사되었으며 러시아어로 동반자라는 의미를 가지고 있다. 스프트니크의 무게는 약 83.6 kg이고 궤도경사각 65.2도, 근지점 228 km, 원지점 946 km의 타원형 궤도를 96.2분주기로 공전하는 매우 원시적인 인공위성이었다. 그러나 인간이 만든 물체가 지구 주위를 회전한다는 사건은 모든 세계에 커다란 뉴스거리가 되었고 특히 전후 모든 면에서 세계 제1의 기술적인 우위를 확신하던 미국은 큰 충격에 빠지게 되었다.

그림 1.6 코롤예프 박사 (1907~1966) [11]

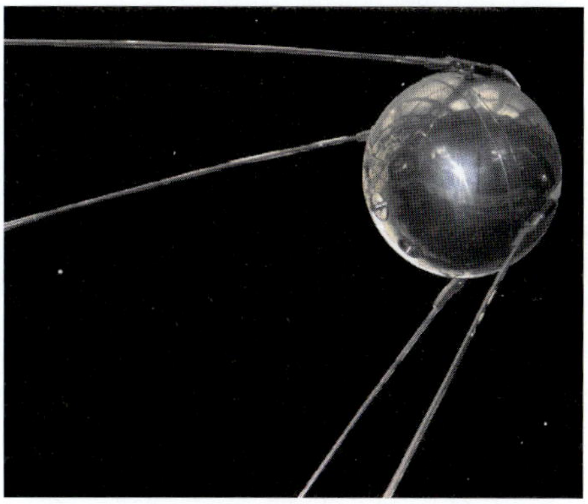

그림 1.7 스프트니크 1호 [12]

스프트니크 1호의 성공에 놀란 미국은 아이젠하워 대통령의 특별지시로 나사(NASA, National Aeronautics and Space Administration)를 비롯한 많은 기관을 창설[3]하였고 우주개발에 많은 노력을 기울였지만 이미 소련에게 선수를 빼앗긴 상태였다. 소련은 스프트니크 1호의 성공 이후 계속해서 약 한 달 후인 1957년 11월 3일에 라이카(Laika)라는 이름의 개 한 마리와 우주선, 자외선 측정 장치를 탑재한 스프트니크 2호의 발사에 성공하였고 계속해서 보스토크 발사체를 쏘아 올렸다. 이 발사체는 최초의 유인 우주선 발사체로서, 유리 가가린이 이 우주선에 탑승한 우주비행사가 되어 우주에 다녀왔다. 이에 따라 소련은 우주 개발에 있어서 여러 분야에서 '최초'라는 명예를 보유하게 되었다.

스프트니크 1호의 발사가 성공한지 약 4개월 뒤인 1985년 1월, 미국 최초의 인공위성인 익스플로러 1호가 발사되었다. 이 위성은 질량이 14.2 kg으로 스프트니크 1호보다도 훨씬

3 NASA는 1915년에 설립된 NACA(National Advisory Committee for Aeronautics)를 1958년에 개편하여 창설하였다.

작은 것이었다. 시작은 소련보다 미미하였으나 결과적으로 이 발사를 토대로 미국 역시 본격적으로 우주경쟁에 뛰어들었고 점차 소련과의 경쟁에서 우위를 확보하게 되었다.

1958년 머큐리 계획이 시작되었고 1961년 5월 5일 앨런 쉐퍼드는 궤도선(orbiter) 프리덤 7호에 탑승한 뒤 머큐리 3호(발사체)를 통해 우주를 비행하였다. 앨런 쉐퍼드는 최초의 우주인이 되었으나 곧 메니에르병을 앓게 되었고 귀의 평형감각에 이상이 생겨 모든 우주비행을 금지 당하였다. 그러나 다행히 수술 후 완쾌가 되어 아폴로 14호의 선장으로 달에 다녀오기도 하였다. 쉐퍼드 선장은 또한 달에서 그 누구도 행하지 못했던 일을 하는데 그것은 달에서 골프를 친 것이다. 쉐퍼드 선장은 후에 해군제독까지 승진하였고 우주 비행사로는 단 3명만이 이 자리까지 올랐다.

머큐리 계획이 성공적으로 마무리 되자 다음은 제미니 계획이 시작되었고 제미니 계획부터 미국은 서서히 소련을 앞질러 가기 시작했다. 이윽고 아폴로 계획이 성공적으로 끝나게 되어 닐 암스트롱이 최초로 달에 발자취를 남기면서 미국의 우위는 점점 더 견고하게 되었다. 레이건 행정부 이후에는 소비에트 연방이 붕괴되면서 미국은 우주개발에 절대적인 우위를 확보할 수 있게 되었다.

1.1.3. 상업용 발사체 시대-발사체의 다극화 시대

미국과 소련의 우주 경쟁이 미국의 승리로 끝났지만 그 막대한 예산을 동원하여 우주 경쟁에서 승리한 결과가 과연 무엇인가 하는 자성의 목소리가 나오게 되었다. 이러한 자성의 목소리는 우주개발방향에 많은 영향을 주게 되어 우주개발을 하되 최대한 경제적인 이점을 살리기 위한 노력이 경주되었다. 이러한 일환으로 첫 번째 목표는 발사비용의 절감이었다. 우주왕복선 이전의 발사체는 모두 일회용으로 발사를 하고 난 뒤에는 모두 소멸하거나 추락하는 소모성이었다. 만일 발사체를 일회용이 아닌 여러 번 사용할 수 있다고 한다면 발사비용을 절감할 수 있을 것이라는 아이디어는 누구나 생각할 수 있는 것이었다. 이에 따라 발사체를 재사용하는 방안이 여러 각도로 검토가 되었으며 그 결과 발사체 전체를 재사용하는 것보다는 핵심부품인 엔진을 재사용하는 것이 첫 번째 목표가 되었다.

우주왕복선, 스페이스셔틀은 이러한 목표로 개발이 된 재사용가능 발사체이다. 스페이스셔틀에 사용되는 대부분의 장비는 재사용이 가능하지만 결과적으로 '재사용 기능=발사비용 절감'이라는 공식이 성립한 것은 아니었다. 첫 번째 이유가 스페이스 셔틀은 유인 우주선이기 때문에 기체의 신뢰도가 다른 로켓에 비하여 높아야만 했고 이는 곧 개발과 생산비용의

증대라는 결과로 나타났다. 또 하나는 비록 재사용이 가능하다고는 하나 한 번 발사 후에 다음 발사까지 유지, 보수비용이 많이 들어 경제적인 측면에서만 본다면 일회용 발사체에 비하여 그리 많은 장점을 가지지 못하였다.

결국 스페이스 셔틀은 두 번의 대형사고 이후 조지 부시 대통령이 스페이스 셔틀 시대의 종말을 고했으며 오바마 행정부에 이른, 2011년 7월 21일 네 번째 왕복선인 아틀란티스의

그림 1.8 스페이스 셔틀과 부란의 외관 비교[13]

그림 1.9 마지막 임무를 마치고 귀환한 아틀란티스 호[15]

비행을 끝으로 스페이스 셔틀은 역사의 막을 내리게 되었다. 다음 그림 1.9는 아틀란티스 호가 마지막 임무, STS135를 마치고 지상에 착륙한 뒤의 모습이다. 스페이스 셔틀은 초기 모델인 엔터프라이즈를 포함하여 총 5대가 건조되었고 챌린저와 콜롬비아 2대를 사고로 잃고 현재 남은 것는 엔터프라이즈, 아틀란티스, 인데버 총 3기이다.[14]

소비에트 연방이 붕괴되고 나서 러시아 역시 부란이라는 우주왕복선을 개발을 시도했지만 개발자금의 부족으로 실용화시키지는 못하였다. 부란은 미국의 콜롬비아호와 거의 동시대에 개발이 이루어졌으나 1988년 무인 비행으로 지구 주위를 선회한 뒤 무사히 착륙한 것이 전부이다. 현재 부란은 모스크바 근교에서 관광용으로 일반에게 공개되고 있다.

부란과 스페이스셔틀의 형상이 비슷하지만 스페이스셔틀이 부란보다 먼저 개발되었기 때문에 부란은 스페이스셔틀의 카피라는 의견이 많다. 하지만 자세히 들여다보면 부란과 스페이스셔틀은 외관만 비슷할 뿐 설계철학에는 많은 차이가 있다. 가장 큰 차이점으로는 메인엔진의 위치이다. 셔틀은 메인엔진이 셔틀에 장착되어 있지만 부란에는 주 엔진이 없고 에네르기아 발사체를 사용하여 발사된다. 또한 셔틀은 내열소재로 세라믹 계열의 소재를 사용하지만 부란은 부드러운 내열소재를 사용했다. 이런저런 이유로 일부에서는 부란이 셔틀보다 발전된 형태의 우주왕복선이라고 평가하는 사람들도 있지만 스페이스셔틀은 실제 비행임무를 백여 차례 완수한 반면 부란은 그러지 못했다. 연구자금의 부재로 완성하지 못했기 때문에 러시아의 입장에서는 억울할 면이 있겠으나 결국 성공한 우주왕복선은 스페이스셔틀 하나라고 해야 할 것이다.

미국과 러시아, 양극 체제의 우주개발에 뛰어든 또 다른 국가는 유럽연합(ESA, European Space Agency)이다. 유럽에서 사용된 아리안 로켓은 상업용으로 커다란 성공을 거두었고 곧 발사체 사업(launching service)에 선두 주자가 되었다. 또한 러시아로부터 독립한 여러 국가 중 우크라이나는 미국과 합작으로 시런치(Sea Launch)라는 해상에서 발사체를 쏘아올리는 독특한 발사체 시스템을 운영하고 있다. (여기서 Sea Launch는 해상발사라는 의미를 가지고 있지만 실제로 회사명도 Sea Launch이다.) 이후 중국, 일본, 이스라엘, 브라질, 인도 역시 계속해서 발사체를 개발하고 있으며 특히 중국은 과거 미·소의 우주경쟁시대처럼 국가적 차원에서 매우 큰 노력을 들여 우주개발에 나서고 있다.

아리안 이후 가장 큰 상업적 성공을 거둔 발사체는 Space X사의 Falcon 9을 꼽는 데 주저할 사람은 아무도 없을 것이다. Falcon 9은 지금까지 거의 모든 발사체가 국가 주도로 개발된 것과는 달리 순수 민간자본으로 개발된 발사체로서 처음부터 개발목적이 '저가'이었던 만큼 기존의 발사체를 이용한 발사비용보다 파격적으로 낮은 가격으로 발사를 할 수 있는 발사체이다(2013년 3월 기준으로 Falcon 9의 LEO 발사비용은 4,109 달러/kg).

1.2. 액체로켓엔진의 기본 구조

액체로켓의 구조는 현대식 로켓이라 하더라도 그림 1.5의 V-2로켓과 큰 차이가 없다. 현대 로켓이라 할지라도 전체적으로 본다면 크게 선체, 유도장치 혹은 항법장치, 추진제저장탱크, 엔진 등으로 구성되어 있는 것을 알 수 있다. 다만 현대식 로켓은 일반적으로 다단으로 구성되어 단마다 복잡한 독립적인 구조를 지니고 있다.

그림 1.10은 국내에서 개발한 발사체 누리호의 구조를 보여주고 있는데 여기서도 단구조를 제외하면 V-2로켓의 구조를 그대로 답습하고 있는 것을 알 수 있다. 최상부에 페이로드와 유도장비 등을 탑하고 그 아래 커다란 추진제 탱크와 엔진을 장착하고 있다. 넓은 의미에서 로켓엔진은 추진제 탱크와 연소실 가압장치를 비롯한 부대 장비를 모두 포함하고 있지만 통상적으로 추진제 탱크와 부대설비는 기체공급계로, 연소실을 비롯한 추력을 내기 위한 장치를 엔진시스템으로 구분하기도 한다.

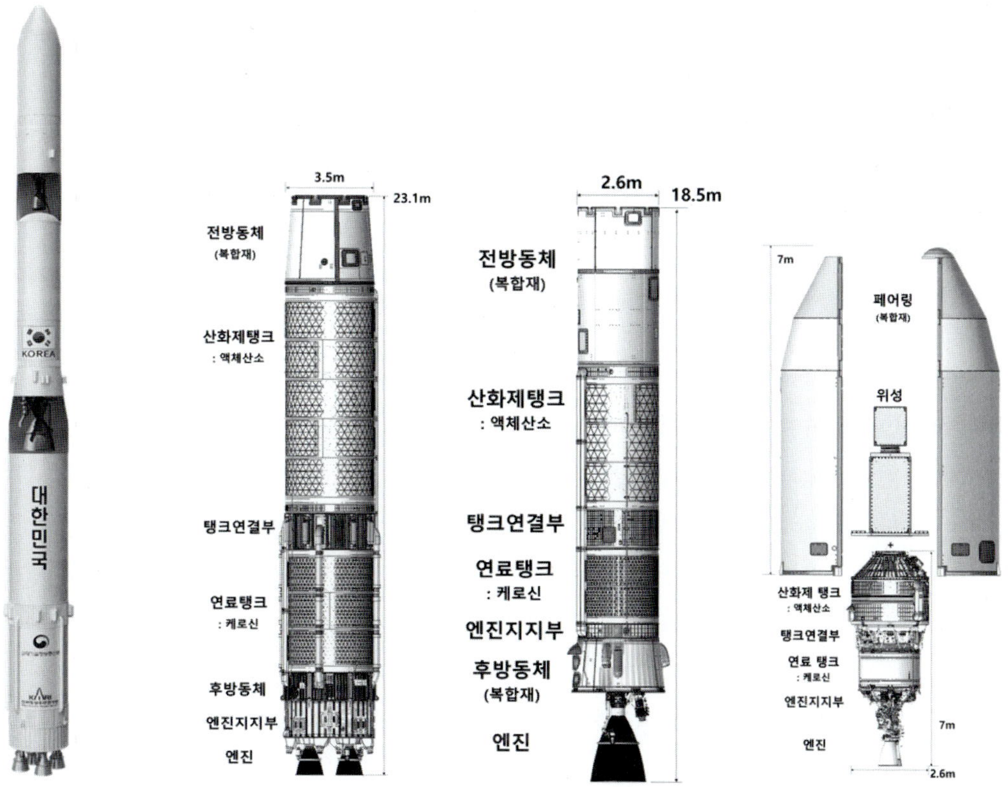

그림 1.10 누리호 구조, 좌측부터 발사체, 1단, 2단, 3단 및 페어링 [16]

1.3. 액체로켓엔진 추진제

액체로켓의 추진제라 함은 연료와 산화제를 동시에 일컫는 말이다. 로켓의 추진제로 갖추어야 할 조건으로는 가급적 밀도가 클 것, 발열량이 높을 것, 점화가 쉬울 것, 취급이 간편할 것, 저장이 쉬울 것, 독성이 없을 것 등등이 있다. 이 중에서 성능을 좌우하는 것은 발열량과 밀도이므로 최대한으로 엔진성능을 끌어올리기 위해서 나머지 조건은 희생되는 경향이 있다. 이와 관련된 대표적인 예가 액체산소이다. 액체산소는 극저온 유체이므로 취급이 어려우나 이만한 산화제가 존재하지 않으므로 매우 널리 사용되고 있다. 그리고 특수한 목적에 따라 발열량이나 밀도를 희생하기도 하는데, 이의 대표적인 예가 군사목적이다. 군용로켓은 즉각 대응이 중요하므로 저장성을 최우선시하기도 한다.

추진제는 먼저 사용되는 추진제의 개수에 따라 단일 추진제, 이원추진제, 삼원 추진제 등이 있고 연료 혹은 산화제의 특성에 따라 크게 극저온 추진제(cryogenic propellant), 접촉발화성 추진제 혹은 자연발화 추진제(hypergolic propellant), 저장성 추진제(storable propellant) 등으로 나눌 수 있다. 이러한 분류 방법은 단순히 편의적이 것으로 서로 독립적인 것은 아니다. 예를 들어 대부분의 접촉 발화성 추진제는 저장성 추진제의 성격을 가지고 있다. 또한 산화제와 연료가 서로 다른 범주에 속하는 경우도 많이 있어서 저장성 연료를 사용한다고 해서 반드시 저장성 산화제가 사용되는 것은 아니다.

단일 추진제는 말 그대로 산화제와 연료의 구분 없이 산화제와 연료의 특성을 모두 지녀 한 종류의 추진제만으로 연소, 혹은 추력을 발생할 수 있는 추진제를 말한다. 기체를 압축시켰다가 팽창시키는 방법으로 추력을 얻는 cold thruster를 제외하면 대부분 촉매를 활용한 반응을 통해 추진제를 연소시키는 방법을 사용한다. 하이드라진(hydrazine, NH_2NH_2)이나 과산화수소(H_2O_2) 등이 이 범주에 속하며 이는 하이드라진은 이리듐을, 과산화수소는 백금을 촉매로 사용한다. 이 밖에도 산화에틸렌(에틸렌옥사이드, C_2H_4O)이나 니트로메탄(CH_3NO_2) 등을 사용하기도 한다. 다음 그림은 과산화수소를 사용한 간단한 추력기의 구조와 반응식을 나타낸 것이다. 그림과 같이 분사기를 통과한 과산화수소가 촉매베드를 지나면서 화학반응이 일어나게 되고 이때 발생한 에너지는 식 (1.1)과 같이 나타난다.

$$H_2O_2(l) \rightarrow H_2O(g) + \frac{1}{2}O_2(g) + 2884.47\ \mathrm{kg/kg} \tag{1.1}$$

이원추진제는 현재 가장 많이 사용하는 추진제 타입으로 연료 1종과 산화제 1종을 사용하

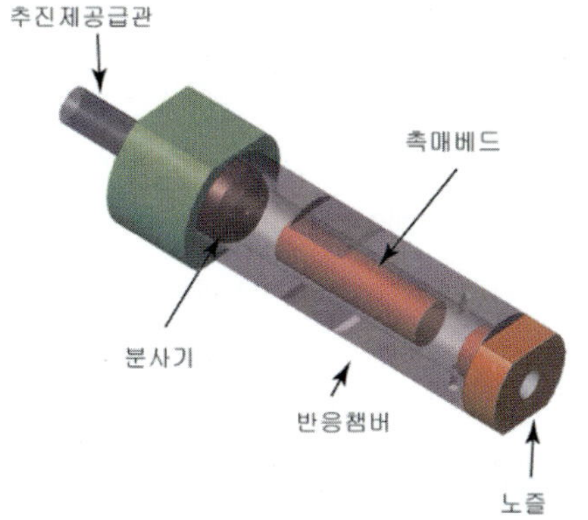

그림 1.11 과산화수소 추력기 구조 (KAIST 항공우주학과 제공)

여 추진력을 얻는 방식이다. 대부분의 액체로켓엔진은 액체수소와 액체산소 혹은 액체수소와 케로신의 조합을 사용하나 최근 액체메탄과 액체산소를 사용하는 엔진의 연구가 활발히 진행되고 있다.

삼원 추진제는 독특한 방식의 엔진에 사용된다. 액체로켓엔진 사이클 설명 부분에서 좀 더 자세히 설명하겠으나 액체로켓엔진은 사이클에 따라 터빈 구동용 가스발생기와 추력 생성용 연소기 이렇게 두 개의 연소기가 필요할 때도 있다. 이때, 가스발생기와 연소기에서 동일한 연료와 산화제가 사용되는 것이 보통이지만 경우에 따라 서로 다른 연료, 혹은 다른 산화제를 사용할 때가 있다. 이러한 경우 엔진에서 사용하는 추진제의 종류는 모두 3가지이며 이럴 때에 삼원추진제를 사용하는 엔진이 구성된다.

새로운 개념으로 최근에는 엔진의 효율을 높이기 위해 낮은 고도에서는 밀도가 높은 연료를 사용하다가 고고에 이르면 비추력이 높은 연료로 교체하여 사용하는 엔진의 연구도 이루어지고 있다. 이는 발사 초기에는 액체메탄-액체산소를 사용하고 고고도에 다다르면 액체메탄을 대신하여 액체수소-액체산소 조합을 사용하는 일종의 하이브리드 엔진이다.

사원 추진제는 가스발생기에 사용되는 추진제와 연소기에 사용되는 추진제인 과산화수소 ($H0_2O_2$)를 과망가니즈산 나트륨($NaMnO_4$)의 촉매반응을 통해 가스를 생성했다.

사용하는 추진제가 극저온 추진제이던 상온 추진제이던 대부분의 현대 로켓추진제는 주로 이원추진제로 구성된다. 극저온 추진제는 상온에서 기체 상태로 존재하기 때문에 부피를 줄이기 위하여 냉각을 시켜 극저온 액체 상태로 만들어 추진제로 사용하므로 극저온 추진제라 불린다. 대표적인 연료로서는 액체수소, 액체메탄 등이 있고 산화제로서는 액체산소가 있다. 상온에서 액상을 유지하는 저장성 추진제는 대부분 접촉발화성 추진제이다. 접촉발화성 추진제는 연료와 산화제가 접촉하는 순간 점화가 되고 연소가 일어나는 특징이 있다. 따라서 이러한 연료를 사용하게 되면 특별한 점화장치가 없어도 화학반응에 의해 자동으로 점화가 된다는 장점이 생긴다. 또한 화학반응이란 반드시 일어나므로 점화에 대한 신뢰도도 비약적으로 상승한다. 이러한 장점을 활용하여 접촉발화성 추진제는 다시동 엔진 혹은 군용 엔진에 사용된다. 한 가지 흥미로운 사실은 대부분의 저상성 추진제는 접촉발화성 추진제이며 동시에 독성추진제이다. 따라서 이러한 추진제는 군용에서 제한적으로 사용되며 민간에서는 많이

표 1.1 극저온 추진제의 종류와 특성 [17]

추진제	액체불소	액체수소	액체산소	액화메탄	액화프로판
화학식	F_2	H_2	O_2	CH_4	$CH_3CH_2CH_3$
종류	산화제	연료	산화제	연료	연료
분자량	38	2	32	16	44
녹는점 [K]	54	14	55	89	85
끓는점 [K]	85	20.45	90	109	231
임계압 [MPa]	5.6	1.3	5.1	4.6	4.3
임계온도 [K]	153	249	154	190	370
밀도 [kg/m^3]	1,510	71	1,140	420	580
위험요소	맹독, 가연성	가연성	양호	가연성	가연성
사용가능재료	Al, 스테인레스강, Ni합금, 청동	스테인레스강, Ni 합금, Al합금, Kel-F	Al, 스테인레스강, Ni합금, Cu, 테프론, Kel-F	Al, 강, Ni합금, Cu, 테프론, kel-F	Al, 강, Ni합금, Cu, 테프론, Kel-F

표 1.2 저장성 추진제의 종류와 특성 [17]

추진제	하이드라진	과산화수소	사산화질소	UDMH	Kerosene (RP-1)
화학식	HN_2HN_2	H_2O_2	N_2O_4	$(CH_3)_2NNH_2$	$C_{12}H_{24}$
종류	연료, 단일추진제	산화제, 단일추진제	산화제	연료	연료
분자량	32	34	92	60	
녹는점 [K]	275	272	261	2155	
끓는점 [K]	383.65	424.15	294	336	
밀도 [kg/m^3]	1,010	1,460	1,440	789	820
위험요소	유독, 가연성	가연성	유독	유독	가연성
사용가능재료	Al, 스테인레스강, 테프론, Kel-F	Al, 스테인레스강, 테프론, Kel-F	Al합금, 스테인레스강, Ni합금, 테프론	Al, 스테인레스강, 테프론, kel-F	Al, 강, Ni합금, Cu, 테프론, Kel-F

사용되지 않는다. 군용로켓은 즉각적이 대응이 중요하고 이러한 빠른 대응을 위해서는 로켓에 추진제를 저장하고 있어야 한다. 따라서 추진제가 독성을 지니고 있음에도 불구하고 이를 사용할 수밖에 없는 노릇이다. 그렇다고 독성 추진제를 무한정 로켓 내부에 보관할 수도 없다. 이런 추진제들은 대부분 부식성이 강하기 때문에 추진체 탱크에 특수한 코팅이 필요하며 동시에 주기적으로 탱크 내부를 점검해주어야 한다. 이렇게 취급하기도 어렵고 유지비도 많으므로 군용으로는 고체추진제가 더 적합하다.

이원추진제의 연료로는 UDMH, 하이드라진 케로신 등이 있으며 산화제로는 액체산소, 사산화질소, 과산화수소 등이 있다. 이 중에 액체산소는 극저온 산화제이며 사산화질소 과산화수소는 저장성 매체이다. 표 1.1과 1.2는 극저온 추진제와 저장성 추진제의 종류와 특징을 나열한 것이다.

1.4. 액체로켓엔진 사이클

액체로켓엔진의 사이클이라 함은 추진제를 탱크로부터 엔진의 연소실까지 유입시키는 메커니즘이다. 대부분의 현대 엔진들은 터보펌프를 사용하는 터보펌프 방식이나 특수한 용도로 터보펌프를 사용하지 않는 방식도 존재한다.

1.4.1. 가압식엔진

가압식 엔진은 터보펌프를 사용하지 않는 방식으로 추진제 탱크의 압력을 높여 추진제를 가압하는 방법이다. 터보펌프를 사용하는 방식에 비해 매우 간단한 구조를 하고 있기 때문에 개발비용이 저렴하고 개발기간이 짧다는 장점이 있다. 그러나 추진제를 가압하기 위해서는 추진제 탱크 내부가 높은 압력을 유지해야 하며 당연히 탱크 벽은 이러한 높은 압력을 견딜 수 있도록 충분한 강도를 지녀야 한다. 그러므로 추진제 탱크 벽이 두꺼워야 하며 이에 따라 탱크 무게도 늘어나게 된다. 이러한 이유로 인해서 커다란 탱크가 필요한 대용량 엔진 혹은 장시간 작동하는 엔진에는 잘 사용되지 않는다. 이에 따라 가압식 엔진은 큰 추력을 내야 하는 발사체의 1단에는 거의 사용되지 않고 추력이 작고 엔진작동 시간이 짧아 탱크무게가 상대적으로 큰 영향을 미치지 않는 상단엔진에만 가끔 사용된다. 그럼에도 가압식 엔진은 탱크

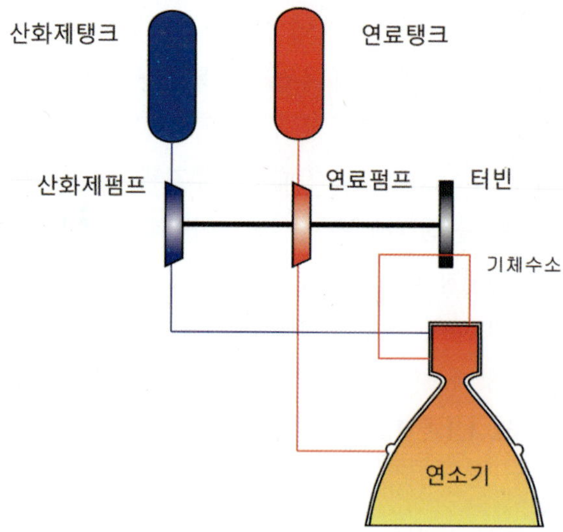

그림 1.12 가압식 엔진의 개략도

의 무게로 인하여 상단에서도 점차 사라지고 있는 추세이다.

다음의 그림 1.12는 간단한 가압식 엔진의 개략도이다. 가장 상부에는 고압의 가압탱크가 위치한다. 여기의 고압의 가스를 이용하여 산화제와 연료 탱크를 가압하여 추진제를 연소실까지 공급한다. 가압기체는 분자량이 작고 저장상태에서 밀도가 높은 기체가 선호된다. 기체의 분자량이 작으면 동일한 압력일 경우 분자량이 높은 기체보다 가볍다는 의미이며 높은 저장밀도가 가능하다면 그 만큼 가압탱크의 부피를 줄일 수 있어 결국 무게에 장점이 생긴다. 또한 가압기체는 엔진의 추진제로 사용하는 산화제와 연료와의 반응성이 좋지 않아야 하며 추진제 탱크 내부에서 액화되거나 용해되지 않아야 한다. 이와 같은 요구사항 때문에 불활성 기체인 헬륨이 가압기체로 많이 사용된다.

가압식 엔진은 이와 같이 가압탱크를 사용하여 추진제 탱크를 가압하는 방식 이외에 작은 반응로를 이용하여 고체 혹은 액체연료를 사용하여 고압의 가스를 발생시키고 이 가스를 사용하여 추진제 탱크를 가압하는 방법도 가능하다. 이 밖에 추진제 탱크 내에서 매우 소량의 반응을 유도하여 생성되는 가스로 탱크를 가압하는 방법도 가능하다.

대표적인 가압식 엔진으로는 2004년 한국항공우주연구원에서 개발한 KSR-III 엔진과 유럽의 Astrium에서 개발되어 Ariane 5에 사용되는 Aestus[4] 엔진이 있다. 이들 엔진의 형상은 그림 1.13과 1.14에 나타내었다. 두 그림을 비교하여 보면 KSR-III는 1단 엔진이므로 작은 노즐을 Aestus 는 상단용 엔진이기 때문에 커다란 노즐을 장착하고 있다. 또한 KSR-III는

4 Astrium사에서는 최근 터보펌프 방식의 Aestus 2(RS-72)를 개발 중이다

그림 1.13 KSR-III 엔진, 연소 시험을 위해 시험대에 장착되어 있는 상태이다.

그림 1,14 Aestus 엔진, 상단에 사용되는 엔진이므로 높은 팽창비를 가지고 있다.[18]

냉각방식으로 삭마형[5] 엔진이기 때문에 재생냉각 방식을 사용하여 냉각을 시키는 Aestus보다 매우 두꺼운 노즐목 두께(외형적으로)를 가지고 있다.

1.4.2. 터보펌프방식 엔진

터보펌프 엔진은 높은 효율로 인하여 현재 가장 많이 사용되는 있는 액체로켓엔진 타입이다. 터보펌프 방식의 엔진은 말 그대로 연소실로 보내는 추진제를 가압하기 위해 펌프를 사용하며 펌프는 터빈에 의해 파워를 얻는다. 그리고 터빈은 가스발생기 혹은 예연소기에서 생성된 가스를 사용하여 구동되며 가스발생기는 추진제의 일부를 사용하여 고온기체를 생성한다. 즉, 터보펌프방식의 엔진은 추진제를 사용하여 터빈을 구동시킬 가스를 생성하고 또한 동시에 나머지 추진제를 연소실로 보내 추력을 발생시켜야 하므로 가압식에 비해 구조가 복잡하다.

터보펌프방식 엔진을 다시 세분하면 터빈을 구동시킨 가스를 그대로 방출하는 개방형(open cycle) 엔진과 이 가스를 연소실로 보내 다시 재연소 시키는 폐쇄형(closed cycle) 엔

5 연소실과 노즐 냉각 방식의 하나

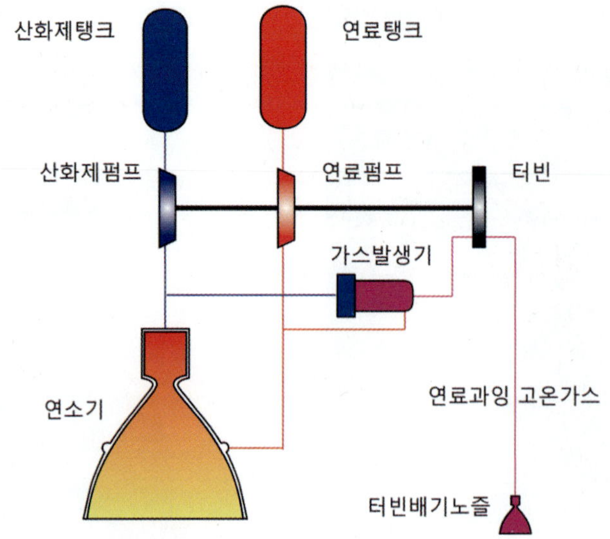

그림 1.15 개방형 가스발생기 사이클 엔진 개략도

진으로 구분된다. 개방형 엔진은 다시 터빈구동 용 가스를 생성하는 방법에 따라서 가스발생기사이클, 연소가스분리사이클(combustion tap-off cycle), 냉매구동사이클(coolant breed cycle) 등이 있으며 폐쇄형 엔진으로는 예연소기(preburner)를 장착하고 있는 예연소기사이클(preburner cycle) 방식 혹은 다단연소사이클(staged combustion cycle)과 냉매구동사이클과 유사한 팽창형사이클(expander cycle)이 있다

개방형 방식 중 가스발생기사이클 엔진은 그림 1.15와 같이 터보펌프 방식의 엔진으로서는 비교적 단순한 구조를 가지고 있다. 추진제 탱크에서 출발한 추진제는 모두 터보펌프를 통해 연소기와 가스발생기로 분기된다. 가스발생기에서는 연료과잉 연소를 통해 연소가스로서는 매우 낮은 온도인 900 K~1400 K의 연소가스를 생성한다. 터빈을 구동시키는 가스의 에너지가 높으면 터빈구동에 유리하지만 지나치게 높으면 터빈블레이드를 손상시키게 되므로 연료과잉 가스일 경우에는 이 정도의 온도로 터빈입구온도가 제한된다. 물론 이론적으로 산화제 과잉가스를 생성할 수도 있으나 산화제 과잉가스는 매우 위험하므로 가스발생기 사이클 엔진에는 사용되지 않는다.

별도의 터빈시동기가 있는 엔진일 경우에는 이를 통해 터빈을 구동시켜 엔진들 시동시킨다. 즉, 터빈시동기가 작동하고 터빈이 구동되면 펌프의 토출압이 증가하고 추진제가 흐르게 된다. 가압된 추진제를 가스발생기와 연소기에 넣고 연소를 시키면 가스발생기에서 연소가스가 발생하고 이 연소가스가 터빈을 구동하며 터빈의 회전수가 점점 증가하게 된다. 터빈의 회전수가 증가하면 펌프의 압력과 유량이 더욱 증가하면서 결국 목적하는 유량에 이

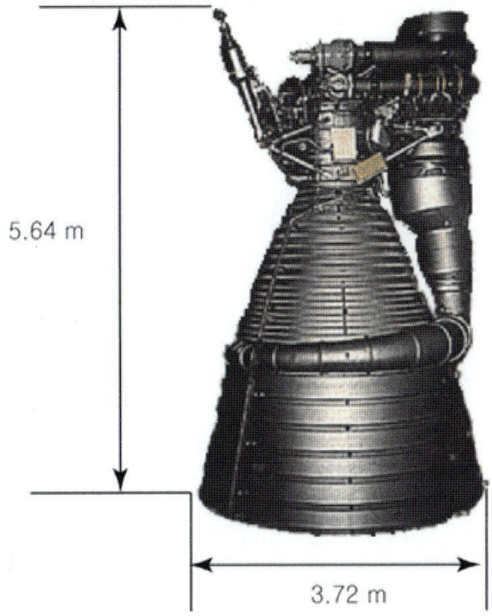

그림 1.16 F-1 엔진[19]

표 1.3 F-1 엔진 제원[19]

항목	값
추력	6747 kN (sea level) 7740 kN (vacuum)
비추력	265 sec (sea level) 304 sec (vacuum)
엔진 무게 (dry)	8391 kg
연소실 압력	70 bar
연소시간	150 sec
확장비	94.07
혼합비	2.27 ±2%

르게 된다.

개방형 엔진을 구성할 때에 러시아에서는 터빈 후단의 가스를 별도의 노즐을 통해 외기로 배출하고 미국에서는 주 연소기의 노즐을 통해 배출한다. 초기 터보펌프 방식의 엔진은 미국이나 구소련이나 모두 케로신과 액체산소를 사용하는 개방형 가스발생기사이클 엔진을 많이 사용했다. 가스발생기 사이클 엔진의 대표적인 예는 아폴로 계획에 커다란 역할을 담당한 F-1 엔진으로 이는 러시아의 RD-170 이전까지 가장 큰 엔진이며 지금까지도 개방형 엔진으로는 최대 추력을 가지고 있다. 다음 그림은 F-1 엔진과 간단한 규격이다[19]. 또한 Space X 사에서 개발하여 Falcon 9에 사용하는 멀린(Merlin)엔진 역시 케로신을 연료로 사용하는 가스발생기 사이클 엔진이다[20].

앞서 잠시 소개된 연소가스분리사이클과 냉매구동사이클은 가스발생기사이클과는 달리 별도의 연소장치 없이 터빈구동 가스를 발생시킨다. 먼저 연소가스분리방식은 연소실에서 발생된 연소가스를 사용하여 터빈을 돌리는 방식이다. 연소기에서 추출된 연소가스는 대단히 고온이므로 터빈을 구동하기 전에 추가 연료를 사용하여 연소가스의 온도를 낮추어 사용한다. 이러한 방식의 대표적인 엔진은 J-2S가 있으며 이는 달탐사 로켓으로 유명한 새턴 5형의 상단에 사용된 J-2 엔진을 개조한 것이다.

냉매구동형 엔진은 연료를 연소기의 열교환기를 통해 연료를 기화시키고 그 일부를 사용하여 터빈을 구동시키는 방식이다. 이 두 가지 방법은 가스발생기 방식에 비하여 구조가 간단하고 연소가 오로지 주 연소실에서만 일어나므로 시동시퀀스를 결정하기에 편리하다는 장점이 있다. 단 열교환기를 통해 기화가 이루어져야 하기 때문에 사용할 수 있는 연료가 매우 극저온 연료로 제한된다. 극저온 연료는 액체수소, 액체메탄 등이 있으나 실제 사용된 연료는 액체수소가 유일하다.

개방형 사이클과 상대적인 개념인 폐쇄형 방식의 엔진은 터빈을 지난 가스를 다시 연소실로 보내 재연소시키기 때문에 폐쇄형 방식이라고 부른다. 폐쇄형 방식에는 예연소기를 사용하는 다단연소사이클과 개방형의 냉매구동형과 유사한 팽창형사이클(expender cycle)이 있다. 폐쇄형 방식의 엔진은 터빈 구동가스를 외기로 배출시키지 않고 모두 연소실에서 재연소시키므로 개방형 방식의 엔진보다 고성능을 낼 수 있다. 따라서 현재 고성능 발사체에 많이 사용되고 있는 형태중의 하나이다. 다단연소사이클 엔진의 대표적인 예로는 RD-120, RD-171, RD-180, RS-25(SSME), RL-10 등이 있으며 러시아권과 미국에서 각각 독자적으로 기술을 발전시켜 개발을 진행했다. 러시아권에서는 계속해서 케로신과 액체산소를 사용하는 엔진을 발전시켜 다단연소사이클을 완성시켰으며 미국에서는 아폴로 계획을 통해 액체수소 기술을 보유하고 있었기 때문에 산화제과잉 기체를 다루어야 하는 케로신-액체산소 조합 대신 액체수소와 액체산소를 사용하는 엔진을 개발하였다. 그러나 액체수소를 사용한 다단연소사이클 엔진 기술이 케로신을 사용하는 기술보다 낮은 레벨의 기술이라는 것은 아니다. 수소가 산소보다 훨씬 낮은 온도에서 액화되므로 극저온 기술로만 볼 때는 액체수소를 다루는 기술이 더 어렵다고 하겠다. 즉, 산화제과잉 사이클과 연료과잉 사이클은 나름대로 일장일단이 있으며 어떤 사이클을 선택하느냐는 그 국가가 보유하고 있는 기술과 개발 철학에 의해 결정된다고 하겠다. 수소나 케로신 엔진 이외에도 저장성 추진제를 사용하는 엔진 역시 계속 개발을 해왔으나 이러한 엔진은 주로 군사적 목적으로 사용되었다.

그림 1.17은 액체산소 케로신 추진제를 사용하는 다단연소사이클의 개략도이다. 케로신을 연료로 예연소방식의 엔진을 구성하게 되면 가스발생기사이클 엔진과는 달리 예연소기내부에서 진행되는 연소반응이 산화제과잉 반응이 되어야 한다. 가스발생기방식과 같이 연료과잉 반응으로 고온의 가스를 생성하게 되면 케로신의 연소 특성으로 인하여 많은 그을음(soot)이 생성되게 된다. 이러한 그을음을 포함한 가스가 터빈을 지나 밖으로 배출된다면 큰 문제는 없겠지만 이를 다시 연소기로 보내게 된다면 연소기에 장착된 매우 정밀한 부품 중의 하나인 연료분사기에 매우 좋지 않은 영향을 미치게 된다. 따라서 이를 방지하기 위하여 연료과잉 반응이 아닌 산화제과잉 조건으로 화학 반응을 일으켜 보다 불순물이 없는 깨끗한 가스를 발생시켜 사용한다. 그런데 예연소기에서 산화제 과잉 반응을 일어난다는 것은 몇 가지 큰 문제를 야기 시킨다. 그중에 가장 큰 문제는 냉각문제이다. 예연소기에서는 O/F 비(산화제와

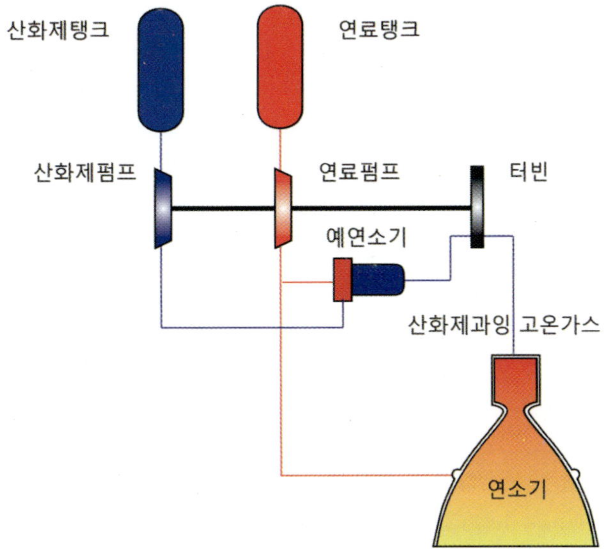

그림 1.17 케로신, 액체산소를 사용하는 다단연소 사이클 (예연소기 방식) 엔진 개략도

연료의 질량비)가 55-60의 산화제 과잉연소가 일어나기 때문에 생성된 기체는 순수 산소라고 해도 과언이 아니다. 그리고 고온의 산소와 금속이 접촉을 하게 되면 금속과 산소가 반응하여 순식간에 금속을 연료고하는 금속연소반응(metal burn)이 일어나게 된다. 즉, 예연소기 내부에서 발생된 열을 충분히 냉각시켜 주지 않으면 예연소기 내벽이 연소하여 폭발하는 사태가 일어날 수 있다.

그런데 예연소기내부에서는 산화제 과잉연소가 일어나기 때문에 예연소기를 냉각시킬 연료의 양이 턱없이 부족하다. 따라서 유일한 대안으로 액체산소를 사용하여 예연소기의 연소실을 냉각시켜야 하나 이는 앞서 설명한 바와 같이 유로와 유량이 매우 정밀하게 조절이 되지 않으면 연소실 벽이 순식간에 타버리는 현상이 생길 수 있다. 또한 예연소기에서 발생된 가스의 온도가 임계점 이상으로 올라가면 연소가스가 터보펌프나 배관과 접촉을 하는 순간 급격한 산화반응이 일어나 엔진이 순식간에 녹아버리는 현상이 발생할 수가 있다. 이를 방지하기 위해서는 열과 산화반응에 대해 내구성이 강한 소재를 사용하여야 하고, 금속에서 산화반응이 일어나지 않도록 예연소실에서 발생되는 가스의 온도를 낮추어야 한다. 경우에 따라서는 금속면을 보호하기 위하여 가스와 금속 사이에 특수코팅을 적용하기도 한다. 코팅은 금속표면을 산화반응으로 보호할 뿐만 아니라 불순물이 표면과 충돌하였을 때에 스파크가 일어나는 것을 방지하여 준다. 또 다른 산화제 과잉 연소의 어려움은 발생되는 가스를 어느 한계까지 낮추기 위해서는 매우 높은 O/F비 (혹은 매우 낮은 당량비)를 적용해야 하나 이렇게 극단적으로 높거나 낮은 O/F비에서는 화염을 유지하는 것이 불가능해진다. 따라서 예연소기

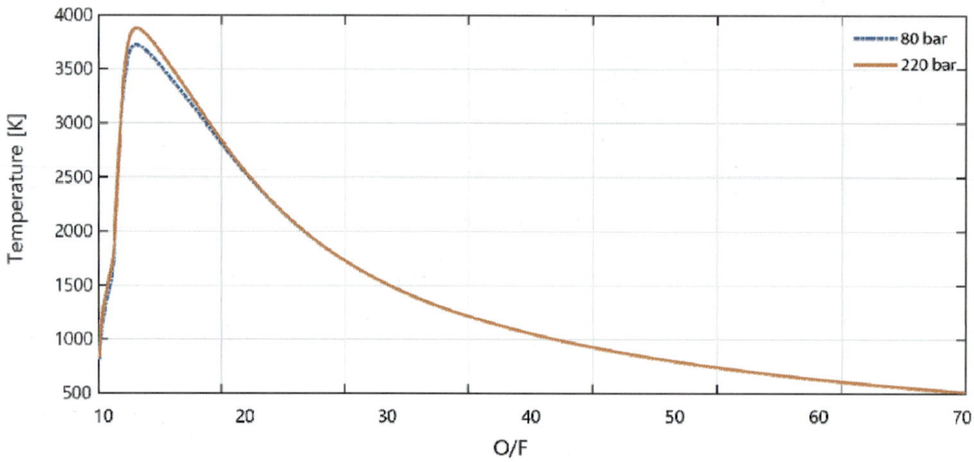

그림 1.18 O/F 비와 연소온도와의 관계

그림 1.19 RD-170(좌)과 RD-180(우) [21],[22]

내부에는 보염을 위한 2개 이상의 연소반응 장치를 마련해야 한다. 그림 1.18은 케로신과 산소의 조합일 때에 O/F 비와 연소온도의 관계를 보여준다. 연소온도를 연료과잉 반응으로 낮출 경우에는 O/F 비가 0.38 이하이어야 하며 산화제과잉반응으로 낮출 경우에는 50 내외이어야 한다. 또한 그림에서 연료과잉 연소는 O/F에 대단히 민감한 반면 산화제 과잉 연소는 그렇지 않음을 알 수 있다. 따라서 산화제 과잉 연소는 넓은 O/F 비 대역에서 안정적인 연소가 가능하다.

산화제 과잉 반응을 사용하는 대표적인 예연소기방식의 엔진으로는 러시아의 RD-170, RD-171, RD-180, (그림 1.19) 나로호 엔진 등을 들 수 있으며 이 엔진들은 현존 최고의 엔진 중 하나로 인정받고 있다. RD-170, RD-171은 2016년 현재 가장 커다란 추력을 내는 엔진으로 진공추력이 무려 7903 kN에 이른다. 이는 F-1 엔진의 7740 kN보다 크며 SSME의 2278 kN보다 약 3~4배 가량 큰 것이다. RD-180은 RD-170에서 파생된 엔진으로 하나의 터보펌프에 4개의 연소기를 갖는 RD-170을 기초로 터보펌프를 새로 설계하고 연소기의 수를 2개로 줄인 엔진이다. 참고로 나로호 엔진은 RD-180 연소기를 하나로 줄인 모델이다.

앞서 설명한 바와 같이 산화제 과잉 연소 장치를 개발하는 것이 쉽지 않았기 때문인지, 산화제 과잉 고온가스라는 장벽에 부딪힌 미국에서는 케로신 대신 다른 연료를 사용하는 것으로 이를 해결했다. 액체 수소를 사용한다면 연료과잉 가스라 하더라도 그을음(soot)이 발생하지 않기 때문에 이 가스를 직접 연소기로 보내는 것이 가능하다. 그러나 이 경우에는 또 다른 어려움이 생긴다. 그림 1.17과 같이 하나의 터빈에 두 펌프가 동축으로 연결되어 있는 경우에는 기계적 특성으로 인하여 펌프로 펌핑할 수 있는 연료와 산화제의 용량차이가 그리 크지 않다. 그런데 액체수소와 액체산소를 사용하는 경우에는 두 추진제의 밀도차이로 인하여 연소실에서 적정 혼합비를 유지하기 위해 필요한 산화제와 연료양이 많은 차이가 발생한다. 실제로 케로신을 연료로 한다면 산화제와 연료의 비율이 약 2.4에서 2.6 정도지만 액체수소가 연료로 사용할 경우에는 그 비율이 약 6 정도가 된다. 이를 해결하기 위해서 펌프내부에 기어를 사용하여 펌프의 회전수를 조정하는 방법도 있지만 기어를 적용하면 터보펌프의 구조가 복잡해지고 신뢰성이 떨어진다는 단점이 생긴다. 이러한 부작용을 줄이기 위해서 RS-25, RS-68과 같은 엔진에는 아예 2개의 터보펌프를 장착하여 각각의 추진제에 하나씩

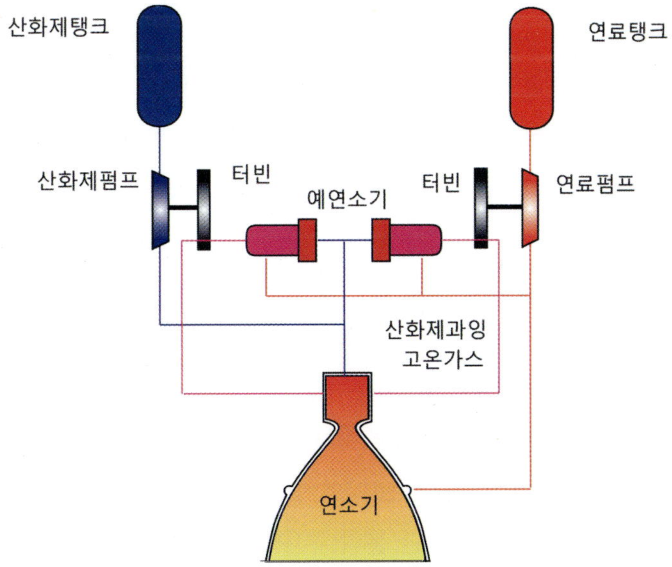

그림 1.20 예연소기 방식 엔진 개략도 (액체산소-액체수소)

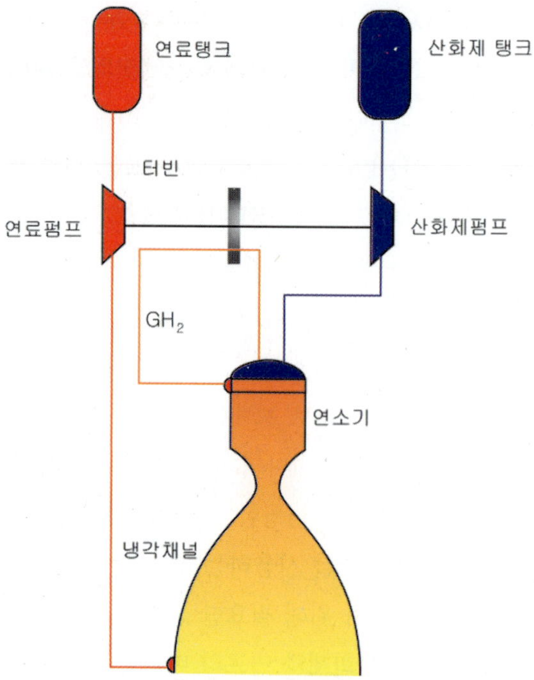

그림 1.21 팽창형 사이클 엔진 개략도

적합한 터보펌프를 배분하였다. 그림 1.20은 액체산소와 수소를 사용하는 예연소기방식의 엔진으로 산화제와 연료를 펌핑하기 위해 각각 1기, 총 2기의 터보펌프와 예연소기가 마련되어 있는 것을 보여준다.

가스발생기방식이나 예연소기방식 모두 추진제의 일부분을 연소시켜 이 가스를 사용하여 터빈을 구동시킨다는 공통점이 있다. 반면에 팽창형 엔진은 터빈을 구동시키기 위한 매체로 연소가스를 사용하지 않고 노즐과 연소실의 열교환기를 지나 기화/팽창된 연료를 사용하여 터빈을 구동시키는 독특한 체계이다. 이는 개방형 엔진의 냉매구동사이클(coolant bleed cycle)과 유사하나 터빈을 지난 가스가 노즐후단 쪽으로 유입되어 버려지는 것과는 달리 다시 연소실로 보내져 연소를 한다는 것에서 차이가 있다. 그림 1.21과 같은 팽창형 엔진은 주로 액체수소나 액체메탄 등과 같이 쉽게 기화할 수 있는 물질을 연료로 사용한다. 이런 방식의 대표적인 엔진으로는 미국의 RL-10이 있다. RL-10은 1963년 최초로 임무 성공을 한 엔진으로 상단(upper stage) 센토(Centaur)에 사용된다. RD-10은 개량을 거듭하여 10개 이상의 개량형 혹은 파생형이 있으며 현재(2016) 가장 최신 버젼은 RL-10C-1으로 개발 중에 있다. 그림 1.22는 RL-10의 개량형인 RL-10B-2형으로 보잉의 델타 IV의 상단에 사용된다. 그림에 엔진 주위로 보이는 커울링은 확장노즐로서 단 분리 후 아래로 전개되어 거대한 노즐을 형성한다.

최근 Space X사와 Blue Orgin사에서 메탄엔진을 개발하고 지구 이외의 행성에서 메탄을

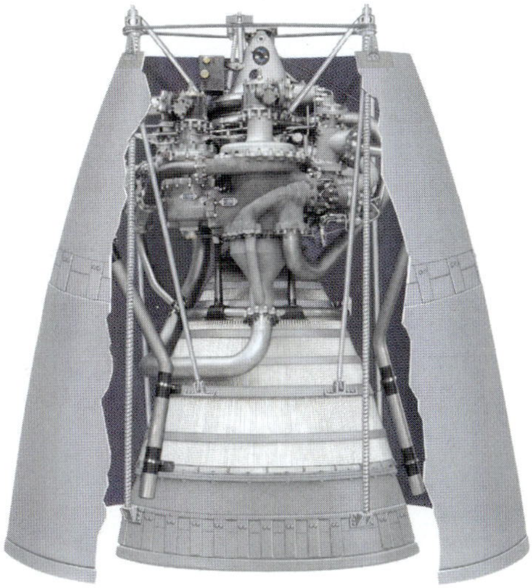

그림 1.22 RL-10B-2 로켓엔진 [23]

입수할 수 있는 가능성이 커지자 여느 때보다 메탄엔진에 대한 관심이 높아졌다. 메탄엔진은 주로 산화제로는 액체산소를 사용하고 연료로서 액체메탄 혹은 LNG를 사용한다. 연료로서의 메탄은 수소와 케로신의 중간에 위치한다. 케로신보다는 비추력에서 우수하며 밀도가 수소보다 높아 동일한 부피대비 수소보다 추력이 높다. 그러나 이러한 비유는 다른 관점에서보면 정확히 반대가 된다. 즉, 비추력은 수소만 못하며 추력면에서는 케로신에 비하지 못한다. 그럼에 메탄엔진은 독자적인 장점도 갖고 있다. 무엇보다 메탄 역시 극저온 연료지만 수소보다 끓는점이 높아 다루기가 쉽고 가격도 저렴한 편이다. 참고로 수소의 끓는점은 -253도이며 메탄의 끓는점은 -162도로 산소의 끓는점 -183도와 유사하다. 따라서 액체산소를 다룰 수 있는 기술로 메탄엔진개발에 필요한 극저온 기술은 충분하다고 할 수 있다.

Blue Orign사에서 개발하고 있는 메탄엔진(LNG 엔진)은 BE4라고 하며 추력이 240 tonf으로 러시아의 최신 엔진인 RD-191과 유사한 크기이다. 이 엔진은 케로신 다단연소사이클 엔진과 같이 산화제 과잉 예연소기를 사용한다. 한편 Space X사에서 개발하고 있는 엔진은 Raptor라는 이름으로 추력 300 tonf 급이다. 이 엔진은 특이하게 전추진제 다단연소사이클을 채택하고 있다. 전추진제 다단연소사이클은 산화제라인과 연료라인을 모두 기화시켜 연소기에서 기체-기체 연소를 하는 엔진을 말한다. 그림 1.23과 같이 산화제 라인에는 산화제 과잉 예연소기-터빈-산화제펌프를, 연료 라인에는 연료 과잉 연소기-터빈-연료펌프를 장비하여 각각의 라인을 가압한다. 먼저 연료라인을 살펴보면 연료펌프에서 가압된 연료는 1번 라인을 따라 연소기에 유입된 후 냉각채널을 지나 3번 라인을 따라 산화제 예연소기와 연료 예연소기에 들어간다. 이 중에 연료 예연소기에서 연료과잉 연소를 통해 고온, 고압의 연료과잉 가스가 생성되면 이 가스는 연료펌프와 연결되어있는 터빈을 구동시킨 뒤 4번 라인을 통해 연소실로 들어가 본격적인 연소를 하게 된다. 산화제 라인은 연소기의 냉각채널을 지나지 않기 때문에 연료라인보다는 단순하다. 펌프를 지난 산화제는 5번 라인을 통해 예연소기로 유입되며 산화제 연소기에서 산화제 과잉 기체를 만들어 터빈을 구동시킨 뒤 6번 라인을 따라 연소실로 들어간다. 이에 따라 연소실에서는 기체-기체 반응을 하게 되므로 기체-액체 반응을 하는 일반적인 다단연소사이클 엔진보다 연소안정성 면에서 유리하다. 그리고 이 사이클은 산화제와 연료를 모두 기체로 변환해야하므로 케로신 엔진이나 복잡한 분자구조의 추진제를 사용하는 엔진에는 적합하지 않다. 전추진제 다단연소사이클 엔진은 과거 소련에서 연구된 바는 있었으나 실제로 비행모델로 만들어 사용되는 것은 Raptor엔진이 최초일 것이라 생각된다.

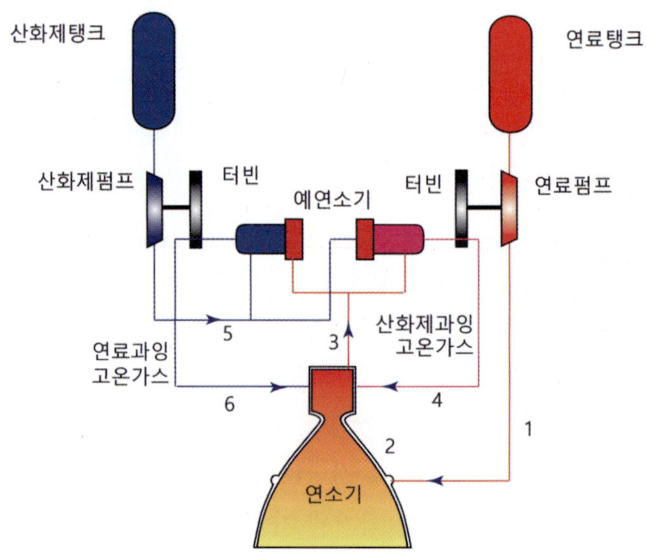

그림 1.23 전추진제 다단연소사이클 엔진

끝으로 엔진 사이클을 정리하면 다음과 같다.

표 1.4 엔진 사이클 분류

가압식		
터보펌프 방식	개방형	가스발생기사이클 연소가스분리사이클 냉매구동사이클
	폐쇄형	다단연소사이클 팽창형사이클

1.5. 액체로켓엔진 점화, 시동장치

액체로켓엔진에서는 점화와 시동을 엄밀히 구분한다. 점화란 연소기나 가스발생기 (혹은 예연소기, 이하 가스발생기) 같은 연소장치에서 화학반응을 시작하게 하는 것이고 시동이란 엔진을 동작시키는 것이다. 직관적으로 연소기가 점화되면서 엔진이 시동하는 것이 아니냐고 반문 할 수 있겠지만 이에 대한 대답은 엔진의 사이클에 따라서 예 혹은 아니오가 된다. 터보펌프를 사용하지 않는 가압식 엔진에서는 연소기의 점화가 곧 엔진의 시동과 같다. 물론 엔진을 시동하기 위해서는 연소기를 점화시키기 이전에 냉각(예냉)이나 퍼지 등 각종 조치를 취해야 하나 이는 엔진 시동 전에 필히 수행되어야 할 절차이며 엔진 시동은 이런 절차가 완료된 후에 수행된다. 모든 사전 조치가 완료되면 가압식 엔진은 연소기가 점화되는 순간 엔진도 시동한다.

그러나 터보펌프 방식의 엔진은 연소기만 점화한다고 엔진이 시동하는 것은 아니며 또한 엔진 사이클에 따라서 시동방법도 다르다. 가스발생기를 사용하는 엔진은 가스발생기, 터보펌프, 연소기 등을 적절한 시기에 구동시켜야 한다. 같은 사이클이라 하더라고 설계에 따라 구동 순서가 다르다. 즉, 터보펌프의 터빈을 먼저 구동할 수도 있고 가스발생기가 먼저 구동할 수도 있다. 한 가지 공통점으로는 주연소기는 마지막에 작동한다는 것이다. 따라서 엔진 시동순서는 다음과 같이 크게 두 가지 방법으로 나눌 수 있다.

① 터빈구동 - 펌프작동 - 가스발생기 점화 - 터빈회전수 상승 - 연소기 점화
② 가스발생기 점화 - 터빈(펌프)구동 및 회전수 상승 - 연소기 점화

터보펌프방식의 액체엔진은 터보펌프를 사용하여 추진제를 연소실로 공급하기 때문에 시동 시의 주안점은 어떻게 터보펌프를 구동하느냐하는 것이다. 일반적으로 터보펌프와 터빈은 하나의 축으로 연결되어 있으므로 터보펌프를 구동한다는 것은 곧 터빈을 구동한다는 말과 같다. 터빈이 구동하면 펌프도 회전하고 따라서 펌프 토출압이 생성되어 가스발생기와 연소기로 추진제가 공급된다.

엔진 사이클에 의하면 터빈은 가스발생기에서 생성되는 가스로 구동하나 처음 시동 시에는 터빈을 먼저 구동할 수도 있다. 아와 같은 경우에는 터빈 시동기가 필요하며 보통 두 가지 방법을 사용한다. 하나는 고압가스를 사용하여 터빈을 구동하는 방법이고 또 한 가지 방법은 별도의 터빈시동기를 사용하여 기체를 생성한 뒤 터빈을 구동시키는 방법이다. 터빈시동기는

주로 파이로시동기라고 하는 고체모터를 많이 사용한다. 터빈에서 생성되는 파워는 다음 식 (1.2)와 같기 때문에 고압가스로는 비열비가 큰 헬륨가스를 사용한다.

$$L_T = c_p\, T\, \dot{m} \eta \left\{ 1 - \left(\frac{p_2}{p_1} \right)^{\frac{\gamma-1}{\gamma}} \right\} \tag{1.2}$$

여기서 L_T는 터빈 파워, T는 터빈입구온도, $\dot{m}$은 유량, η는 터빈효율이며 회전수의 함수이다. p_1과 p_2는 터빈 전후단의 압력, γ는 가스의 비열비이다.

특별한 경우로 시동을 위한 터빈을 따로 구성하는 경우도 있다. 이러한 시동터빈은 오로지 시동 시에만 동작하므로 엔진이 정상상태에 도달하게 되면 과외의 무게가 되기 때문에 최신 엔진에는 시동터빈을 사용하지 않는다. 시동터빈의 존재 유무는 엔진 사이클에 크게 영향을 받는다.

개방형 가스발생기 사이클에서는 어떠한 기체를 사용하더라도 곧 엔진 밖으로 배출되기 때문에 시동터빈을 따로 구비할 필요가 없다. 그러나 터빈을 지난 가스가 연소기로 유입되는

그림 1.24 NK-33 액체로켓엔진 [24]

다단연소사이클 엔진은 터빈시동방법에 따라서 시동터빈이 필요한 경우가 있다. 예를 들어 헬륨구동식 시동방식이라면 터빈을 구동한 가스를 함부로 연소기로 보낼 수는 없는 노릇이다. 이러한 여러 가지 방법들은 각각 일장일단이 있기 때문에 엔진 개발 시의 상황에 맞는 방법을 선택한다. 시동터빈을 별도로 갖추고 있는 엔진으로는 우크라이나의 RD-8과 러시아의 NK-33 등이 있다. 다음 그림 1.23은 러시아의 NK-33이다. 여담으로 NK-33은 최초의 케로신 다단연소사이클 엔진으로 아이러니하지만 현재(2016)까지 최고의 추력 대 중량비를 가지고 있다(진공추력기준 204).

가스발생기를 구동시키는 방법도 여러 가지가 있으며 가스발생기 구동 순서가 터빈 보다 먼저인지 아니면 터빈 구동 이후인지에 따라서 구동방법이 달라진다. 터빈이 먼저 구동된다면 압력이 생성된 상태에서 추진제가 유입되기 때문에 별도의 가압장치가 필요 없고 단순히 가스발생기 내부에서 연소가 일어날 수 있도록 하는 점화장치만이 필요하다. 이러한 점화장치는 사용하는 추진제에 따라서 선택된다. 수소엔진이라면 점화가 매우 쉽게 일어나기 때문에 전기스파크나 가스토치를 사용하나 케로신 엔진은 수소엔진보다 점화가 어렵기 때문에 고체연료(파이로테크닉)이나 반응성연료를 점화원으로 사용한다. 다음 그림 1.25는 SSME에 사용된 점화기이다. 이 점화기는 산화제, 연료 예연소기와 연소기에 모두 사용되며 만일을 대비하여 두 개씩 장착되어 있다. 이외에도 플라즈마점화기, 가스공명기 등이 연구되고 있으나 아직 비행용으로는 사용되지 않고 있다.

가스발생기가 터빈보다 먼저 구동된다면 추진제가 가스발생기로 유입될 수 있도록 추진제에 압력을 가해 주어야 한다. 이 때 추진제 탱크의 헤드만을 사용하기도 하며 별도의 가압탱크를 사용하기도 한다. 추진제 탱크 헤드만을 사용하는 경우는 별도의 장치가 필요 없기 때문에 그만큼 엔진이 단순해지지만 엔진 시동시간이 길어진다는 단점이 있다. 대표적인 엔

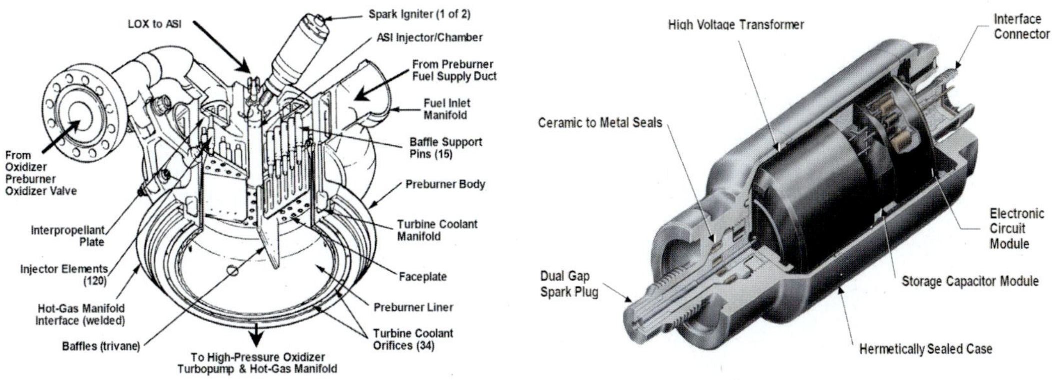

그림 1.25 SSME에 사용된 spark ignitor [25]

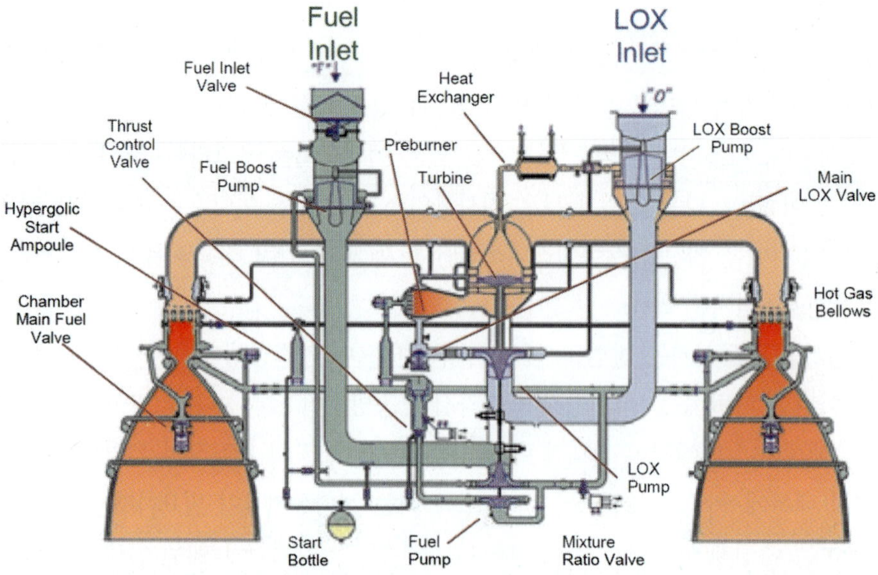

그림 1.26 RD-180 diagram [26]

진으로는 SSME(RS-25)가 있다. 별도의 가압탱크를 사용하는 엔진은 RD-120, RD-180, RD-170 등이 있다. 연소기는 언제나 터보펌프가 작동된 이후 일정 수준으로 가압이 된 상태에서 점화가 되기 때문에 별도의 가압장치는 필요치 않는다. 그리고 기본적으로 두 개의 추진제를 연소시키는 장치이기 때문에 연소기의 점화는 가스발생기의 점화와 비슷하다. 즉, 추진제와 설계 철학에 따라서 가스토치, 반응성 연료 등을 사용한다. 그림 1.25는 RD-180 엔진의 다이어그램으로 아래 부분에 가스발생기를 가압하기 위한 'Start Bottle'이 장착되어 있는 것을 볼 수 있다.

로켓엔진의 시동시간은 점화부터 정상상태에 진입할 때까지의 시간 혹은 시동명령이 떨어진 순간부터 lift off까지의 시간으로 정의된다. 다시 말해 이 시간 동안에는 엔진이 정상적으로 작동을 하고 있지 않다는 말과 동일하므로 추진제 소모측면에서 본다면 이 시간은 짧을수록 바람직하다. 그러나 동시에 이 시간은 엔진이 불완전하게 동작하는 시간이기도 하므로 매우 위험한 구간이기도 하다. 따라서 시동시간은 엔진의 설계철학에 맞춰 적절하게 조절해야 함은 당연한 일이다. 앞서 설명한 SSME의 경우에는 엔진 사이클, 스페이스셔틀의 구조 등을 고려하여 시동은 추진제 탱크 헤드를 사용하여 최초 가압을 시작한다. 따라서 시동시간은 약 6.6초로 비교적 긴 편이며 RD-180 시리즈는 이보다 짧은 약 3초이다.

02 로켓추진 개념 및 정의

RESEARCH CONTRIBUTING TO PROJECT MERCURY

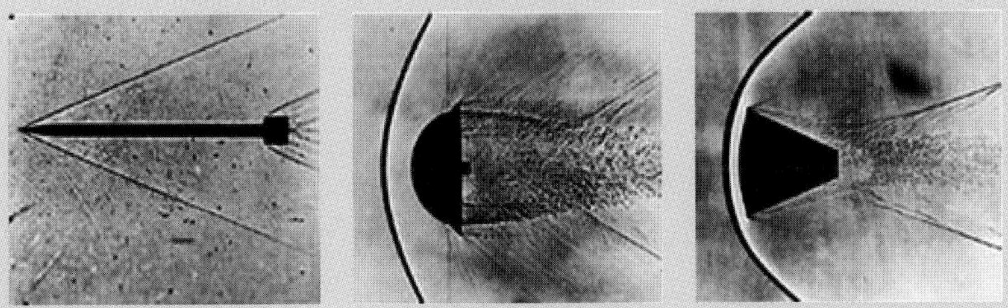

INITIAL CONCEPT BLUNT BODY CONCEPT 1953 MANNED CAPSULE CONCEPT 1957

2.1. 압축성 유체

2.1.1. 서론

액체로켓엔진의 연소실 뒤에는 노즐이 장착되어 있는데 이는 기체의 압축성을 이용하여 추력을 최적화하기 위함이다. 그러므로 노즐의 작동원리를 이해하기 위해서는 먼저 기체의 특징 중의 하나인 압축성을 파악해야 한다. 압축성이란 모든 가스와 특정한 몇몇 액체들에게 나타나는 현상으로 압력이 증가하면 부피가 줄어드는 즉, 부피가 압축되는 현상을 일컫는다. 압축되는 성질 혹은 압축성은 물질을 이루고 있는 분자간의 거리의 변화에 의해 일어난다. 기술한 바와 같이 압력의 변화가 있다면 부피가 변하게 되지만 비단 압력의 변화에 의해서만 부피가 변화하는 것은 아니다. 빠른 속도로 움직이거나 순간적으로 속도에 큰 변화가 생길 때에도 부피가 변화하게 된다.

매우 빠른 속도에 의해 관측이 되는 압축성질의 대표적인 특성으로는 shock을 꼽을 수 있다. Shock은 압축성 물질의 속도가 음속보다 빠르면 형성되며 이 shock을 기점으로 shock 전후의 온도, 압력 등이 급격하게 변화한다. 물리적으로 shock은 급격한 압력의 변화가 있는 지점의 고압과 저압의 경계면이라 할 수 있으며 수학적으로는 무한한 수의 특성곡선(characteristics 혹은 characteristics line) 만나는 곳이다. 그림 2.1은 경계면을 따라 흐르는 유동이 압축될 때에 형성되는 충격파를 도식화한 것이다. 그림 2.1의 우측은 경계면이 부드럽게 곡면을 형성 할 경우 곡면을 이루는 모든 점에서 특성곡선이 형성되며 이 특성곡선은 경계면 위쪽 어딘가에서 모두 모이게 된다. 이렇게 특성곡선이 합쳐지는 곳에서 충격파가 형성되게 된다. 만일 곡면의 곡율이 0에 수렴하게 되면 곡선이 아닌 각이 형성되며 경

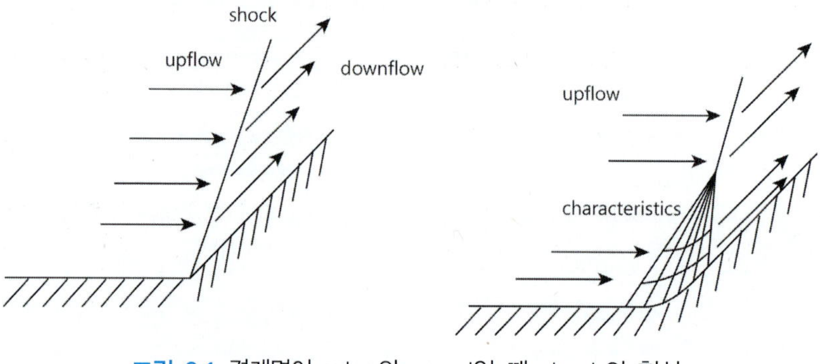

그림 2.1 경계면이 edge와 round일 때 shock의 형성

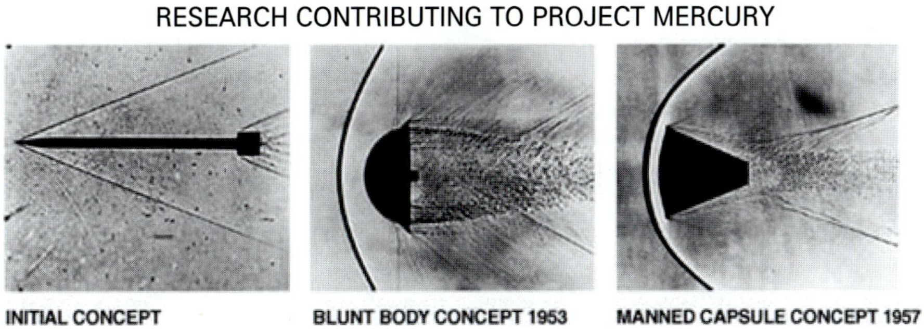

그림 2.2 Shock wave의 Schlieren Image[1]

계면상에서 바로 충격파가 형성된다. 즉 충격파는 무한한 숫자의 특성곡선의 집합이라고 생각하면 이해하기 쉬울 것이다. 그림 2.2는 NASA에서 실험한 여러 가지 충격파의 schlieren image이다.

충격파는 압축성 유체에서 나타나는 대표적인 현상이며 그 형상에 따라 크게 두 가지로 구분된다. 먼저 normal shock은 진행방향에 수직으로 나타나는 shock이며 oblique shock은 normal shock이 아닌 모든 shock이다. 일차원적으로 (1D) 설명할 수 있는 shock은 normal shock이 유일하다. 1차원 문제는 또다시 1차원 유동(one dimensional flow)과 준 1차원 유동(quasi one dimensional flow)으로 나눌 수 있다. 1차원 유동은 말 그대로 유체의 특성이 한 가지 방향 좌표의 함수로 나타낼 수 있는 것이며 준1차원유동은 유동의 특성을 나타내는 인자가 유체가 흐르는 단면(cross section)의 함수이며 그 단면은 한 방향만의 함수로 나타낼 수 있어야 한다. 단면이 x좌표만의 함수라면 다음 식과 같이 나타낼 수 있다.

- 1차원 유동(1 dimensional flow): $f = f(x)$
- 준 1차원 유동(pseudo 1 dimensional flow): $f = f(A),\ A = A(x)$

2.1.2. 1차원 유동

다음과 같이 normal shock 주위에 매우 작은 control volume를 구성하면, control volume 내에서 shock을 중심으로 좌우 유동의 특성을 아래첨자 1과 2를 사용하여 구분할 수 있다. 그림 2.3에서 보여주는 바와 같이 shock을 중심으로 하류는 상류에 비해 속도는 감소하고 압력과 온도, 내부에너지, 밀도는 증가하게 된다.

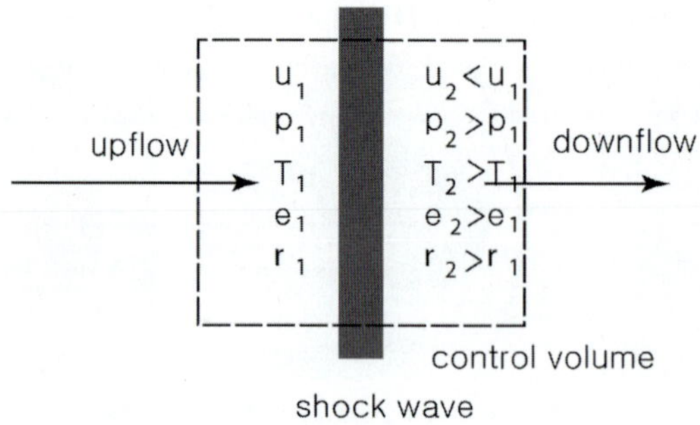

그림 2.3 1차원 유동에서 shock 전후의 특성 변화

Shock 전후의 질유량은 보존되어야 하므로 shock 전후의 control volume에 대해서 다음과 같이 연속방정식이 성립한다.

$$\oiint_s \rho\vec{v} \cdot d\vec{S} + \frac{\partial}{\partial t}\iiint_V \rho dV = 0 \tag{2.1}$$

식 (2.1)에서 S는 표면, V는 부피이다. 정상상태(Steady state)를 가정하면 시간의 편미분항이 0이 되므로

$$\oiint_s \rho\vec{v} \cdot d\vec{S} = 0 \tag{2.2}$$

$$\rho_1 u_1 = \rho_2 u_2 \tag{2.3}$$

또한 운동량 방정식은 다음과 같다.

$$\oiint_s (\rho\vec{v} \cdot d\vec{S})\vec{v} + \oiint_s pd\vec{S} + \iiint_V \frac{\partial}{\partial t}(\rho\vec{v})dV - \iiint_V \rho\vec{f}dV = 0 \tag{2.4}$$

여기서 $\vec{f}$는 body force이며 유동이 정상상태이며 body force가 없다고 가정하면 식 (2.4)에서 편미분항과 $\vec{f}$가 0이므로

$$\oiint_s (\rho\vec{v} \cdot d\vec{S})\vec{v} + \oiint_s \vec{p} \cdot d\vec{S} = 0 \tag{2.5}$$

와 같이 된다. 식 (2.5)를 적분하면 다음을 얻을 수 있다.

$$-\rho_1 u_1^2 A + \rho_2 u_2^2 A - p_1 A + p_2 A = 0 \tag{2.6}$$

$$\rho_1 u_1^2 + p_1 = \rho_2 u_2^2 + p_2$$

에너지 방정식은

$$\oiiint_V \dot{q}\rho dV - \oiint_s p\vec{v} \cdot d\vec{S} + \oiiint_V \rho(\vec{f} \cdot \vec{v})\, dV = \oiiint_V \frac{\partial}{\partial t}\left[\rho\left(e+\frac{v^2}{2}\right)\right] dV + \oiint_s \rho\left(e+\frac{v^2}{2}\right)\vec{v} \cdot d\vec{S} \tag{2.7}$$

이다. 여기서 $\dot{q}$는 단위 질량당 에너지의 변화율이며 e는 단위 질량당 내부에너지이다. 역시 유동이 정상상태이며 body force가 없다고 가정하면

$$\oiiint_V \dot{q}\rho dV - \oiint_s p\vec{v} \cdot d\vec{S} = \oiint_s \rho\left(e+\frac{v^2}{2}\right)\vec{v} \cdot d\vec{S} \tag{2.8}$$

식 (2.8)의 첫 번째 항은 단위 질량당의 열전달량을 전체 질량으로 적분한 것이므로 식 (2.9)와 같이 쓸 수 있다.

$$\oiiint_V \dot{q}\rho dV = \dot{Q} \tag{2.9}$$

그러므로 식 (2.8)은 식 (2.10)과 같이 된다.

$$\dot{Q} - \oiint_s p\vec{v} \cdot d\vec{S} = \oiint_s \rho\left(e+\frac{v^2}{2}\right)\vec{v} \cdot d\vec{S} \tag{2.10}$$

식 (2.10)을 적분하여 간단히 하면 식 (2.11), (2.12)와 같은 유명한 Bernoulli 방정식을 얻게 된다. 식 (2.12)는 식 (2.11)에서 단열계를 적용하고 내부 에너지 e 대신에 엔탈피 h를 사용한 것이다.

$$\frac{\dot{Q}}{\rho_1 u_1 A} + \frac{p_1}{\rho_1} + e_1 + \frac{u_1^2}{2} = \frac{\dot{Q}}{\rho_2 u_2 A} + \frac{p_2}{\rho_2} + e_2 + \frac{u_2^2}{2} \tag{2.11}$$

또는 $\dot{Q}=0$일 경우,

$$h_1 + \frac{u_1^2}{2} = h_2 + \frac{u_2^2}{2} \tag{2.12}$$

여기서 $h=\frac{p}{\rho}+e$이다. 식 (2.11)과 식 (2.12)는 shock 전후의 관계를 설명해 준다.

2.1.3. 음속과 마하수(Mach number)

그림 2.4는 총알이 날아가는 모습을 schlieren image로 촬영한 것으로, 초음속 비행을 하는 물체에 의해 충격파가 형상되는 것을 보여주고 있다. 지금까지는 충격파에 중점을 두고 연구하였지만 이제 충격파 대신 sound wave로 초점을 바꿔보자. 상류와 하류에 커다란 변화가 있는 shock wave와는 달리 sound wave는 weak wave로서 하류의 성질이 상류와 크게 다르지 않다. 즉 상류와 하류의 압력차이가 크지 않기 때문에 sound wave를 지난 뒤의 유체의 상태는 식 (2.13)과 같이 나타낼 수 있다.

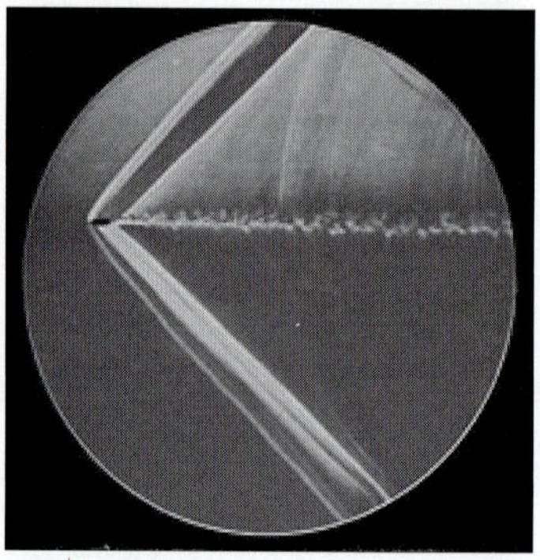

그림 2.4 Shlieren image of a bullet [2]

$$\begin{aligned} p_2 &= p_1 + dp \\ \rho_2 &= \rho_1 + d\rho \\ u_1 &= a \\ u_2 &= a + da \end{aligned} \tag{2.13}$$

식 (2.13)에서 모든 증분 값은 매우 작은 값이며 유체의 속도는 음속이라고 하자. Sound wave의 전후 유체의 성질을 알기 위해서 먼저 continuity equation 식 (2.14)에 식 (2.13)을 대입여

$$\rho_1 u_1 = \rho_2 u_2 \tag{2.14}$$

$$\rho a = (\rho + d\rho)(a + da) \tag{2.15}$$

식 (2.15)를 얻을 수 있다. 여기서 a는 음속(speed of sound)이고, 첨자 1은 생략하였다. 같은 방법을 momentum equation에 사용하면 식 (2.6)으로부터

$$\rho_1 a^2 + p_1 = (\rho_1 + d\rho_1)(a + da)^2 + (p_1 + dp) \tag{2.16}$$

식 (2.16)이 되며 이 식에서 증분의 곱은 매우 작다고 가정하고 정리하면 식 (2.17)을 얻을 수 있다.

$$da = \frac{dp + a^2 d\rho}{-2a\rho} \tag{2.17}$$

식 (2.17)과 식 (2.15)를 사용하면 다음과 같이 음속을 정의할 수 있다.

$$a^2 = \left(\frac{\partial p}{\partial \rho}\right)_s \tag{2.18}$$

식 (2.18)을 유도하기 위해서 증분의 곱은 매우 작다고 가정을 하였다. 이것은 실제 유동의 변화가 매우 작다는 말이며 다시 말하면 마찰 등과 같은 기타 비가역효과가 영향이 거의 없다는 것을 의미한다. 따라서 유동은 가역(reversible)이 된다. 또한 외부로부터의 영향을 배제하였으므로($\dot{Q} = 0$) 단열(adiabatic) 상황이다. 즉 reversible이면서 adiabatic이므로 isentropic이다. 따라서 식 (2.18)에 첨자 s가 사용되었다. 식 (2.18)은 isentropic 조건에서 유효하므로 엔트로피의 변화가 있는 shock wave에는 적용할 수 없다.

기체의 특성을 기술하기 위해서 다루고자 하는 기체를 이상기체[1]로 가정하는 경우가 많다. 이상기체에는 크게 thermally perfect gas와 calorifically perfect gas, 두 가지 정의가 있다. 먼저 thermally perfect gas는 calorifically perfect gas보다 실제 기체에 가까운 모델로서 각종 물성치가 온도의 함수로 표현된다. 반면에 calorifically perfect gas의 물성치는 상수로 가정한다.

Thermally perfect gas와 calorifically perfect gas 모두 식 (2.19)와 같이 정의 된다.[2]

$$pv^k = constant \tag{2.19}$$

여기서 v는 비체적(specific volume)으로 $v = 1/\rho$와 같이 정의 되므로, 식 (2.19)의 v를 밀도, ρ로 치환한 뒤 ρ로 미분하면 식 (2.20)을 얻게 된다.

1 분류에 따라 perfect gas와 ideal gas를 나누기도 하지만 여기서는 구분 없이 사용하였다.

2 For a calorifically perfect gas, the specific heats are constants,

$$\left(\frac{dp}{d\rho}\right)_s = \frac{kp}{\rho} \tag{2.20}$$

상태방정식, $p = \rho RT$를 식 (2.20)에 사용하고 식 (2.19)에 대응하면 식 (2.21)과 같이 음속을 오로지 온도만의 함수로만 나타낼 수 있다.

$$a = \sqrt{kRT} \tag{2.21}$$

참고로 식 (2.21)에 나타나 있는 R은 기체상수로 universal gas constant가 아니다.

어떠한 flow element가 임의의 flow field 안에서 속도 v로 움직이고 있다고 가정해보자. 그리고 이 flow element는 정압 p 온도 T를 갖는다. 만약 이 flow element의 속도가 음속보다 크다면 단열조건하에서 천천히 속도를 줄이고 음속보다 작다면 역시 단열조건하에 천천히 속도를 증가시켜 음속에 도달시킨다. 이 element의 속도가 변화하면 당연히 온도 역시 변화하게 된다. 이렇게 인위적으로 음속에 도달했을 때의 온도를 T^*라 하자. 그리고 초기에 속도 v를 갖는 기체를 가상적으로 음속 (M=1)으로 만들었을 때 이 가상적인 음속(sound speed)을 a^*라 하자. 그러면 식 (2.21)은 식 (2.22)와 같이 쓸 수 있다.

$$a^* = \sqrt{kRT^*} \tag{2.22}$$

식 (2.22)에 나타난 바와 같이 위첨자 *는 속도가 음속 즉, M=1의 상태를 의미한다.

이번에는 flow element를 계속 감속시켜 속도를 0으로 만들면 element의 압력은 전압(total pressure)과 같아지며 온도 역시 total temperature가 된다. Total temperature 혹은 total pressure은 stagnation temperature와 stagnation pressure와 같은 의미이며 아래첨자 '0'으로 나다낸다. 이에 따라 stagnation point(v=0 지점)에서 음속은 식 (2.23)과 같이 표현할 수 있다. (기체의 속도는 0이지만 음속은 0이 아님)

$$a_o = \sqrt{kRT_o} \tag{2.23}$$

Total(stagnation) density

$$\rho_o = \frac{p_o}{RT_o} \tag{2.24}$$

한편 외부로부터 열유입이 없다면, Bernoulli 방적식, 식 (2.12)가 성립한다.

$$h_1 + \frac{u_1^2}{2} = h_2 + \frac{u_2^2}{2} \tag{2.12}$$

Calorifically perfect gas($h = c_p T$)라 가정하면,

$$c_p T_1 + \frac{u_1^2}{2} = c_p T_2 + \frac{u_2^2}{2} \tag{2.25}$$

그리고

$$\begin{aligned} k &= \frac{c_p}{c_v} \\ c_p &= kc_v, \quad (R = c_p - c_v,\ c_v = c_p - R) \\ \therefore c_p &= \frac{kR}{k-1} \end{aligned} \tag{2.26}$$

이므로 식 (2.26)과 식 (2.25)를 사용하면 식 (2.27)이 된다.

$$\frac{a_1^2}{k-1} + \frac{u_1^2}{2} = \frac{a_2^2}{k-1} + \frac{u_2^2}{2} \tag{2.27}$$

여기에 sound speed, 식 (2.21)을 삽입하면,

$$\frac{k}{k-1}\left(\frac{p_1}{\rho}\right) + \frac{u_1^2}{2} = \frac{k}{k-1}\left(\frac{p_2}{\rho}\right) + \frac{u_2^2}{2} \tag{2.28}$$

열의 유입과 유출이 없다고 가정하였기 때문에 식 (2.28)은 adiabatic 조건에서만 성립한다.

Flow element가 adiabatically 가속 혹은 감속하여 음속에 도달한다고 가정하면 식 (2.28)의 down stream은 식 (2.29)와 같이 된다.

$$\frac{a^2}{k-1} + \frac{u^2}{2} = \frac{a^{*2}}{k-1} + \frac{a^{*2}}{2} \tag{2.29}$$

혹은

$$\frac{a^2}{k-1} + \frac{u^2}{2} = \frac{k+1}{2(k-1)} a^{*2} \tag{2.30}$$

이제 천천히 속도를 줄여 stagnation 상태가 되면 식 (2.31)과 같이 된다.

$$c_p T + \frac{u^2}{2} = c_p T_o \tag{2.31}$$

식 (2.31)에서 up stream의 조건은 이미 알고 있는 값이며 또한 c_p는 상수(혹은 온도만의 함수)이므로 이 식을 통해 T_o를 구할 수 있다. 또한 식 (2.31)은 adiabatic 조건만을 가정하였고 isentropic 조건을 포함하고 있지 않기 때문에 이 식을 통해 구한 T_o는 adiabatic condition 뿐 아니라 non-isentropic condition에서도 적용된다. 그러나 p_o과 ρ_o를 정의하기 위해서는 isentropic 조건이 수반되어야 한다.

식 (2.20)과 (2.26)을 사용하여 식 (2.31)을 다시 정리하면 식 (2.32)가, 이를 간단히 하면 식 (2.33)이 된다.

$$\frac{T_o}{T} = 1 + \frac{u^2}{2c_p T} = 1 + \frac{u^2}{\frac{2kRT}{k-1}} = 1 + \frac{u^2}{\frac{2a^2}{(k-1)}} \tag{2.32}$$

$$\frac{T_o}{T} = 1 + \frac{k-1}{2} M^2 \tag{2.33}$$

여기서 M은 Mach number, 마하수이다. Entropy와 gas properties와의 관계는 식 (2.34)와 같으며

$$ds = c_p \frac{dT}{T} - R\frac{dp}{p} \tag{2.34}$$

isentropic condition 조건에서 엔트로피 변화는 0이므로 $ds = 0$이다 그러므로

$$\frac{p_2}{p_1} = \left(\frac{T_2}{T_1}\right)^{\frac{k}{k-1}} = \left(\frac{\rho_2}{\rho_1}\right)^k \tag{2.35}$$

가 되며 stagnation point에서 식 (2.35)는 식 (2.33)에 의해 다음과 같이 쓸 수 있다.

$$\frac{p_o}{p} = \left(1 + \frac{k-1}{2} M^2\right)^{\frac{k}{k-1}} \tag{2.36}$$

$$\frac{\rho_o}{\rho}=\left(1+\frac{k-1}{2}M^2\right)^{\frac{1}{k-1}} \tag{2.37}$$

Stagnation point에서 flow element의 속도는 0이므로,

$$\frac{a^2}{k-1}+\frac{u^2}{2}=\frac{a_o^2}{k-1} \tag{2.38}$$

식 (2.29)로부터 stagnation condition과 characteristic condition을 사용하면,

$$\left(\frac{a^*}{a_o}\right)^2=\frac{T^*}{T_o}=\frac{2}{k+1} \tag{2.39}$$

Characteristic condition에서 M=1이므로

$$\frac{p^*}{p_o}=\left(\frac{2}{k+1}\right)^{\frac{k}{k-1}} \tag{2.40}$$

$$\frac{\rho^*}{\rho_o}=\left(\frac{2}{k+1}\right)^{\frac{1}{k-1}} \tag{2.41}$$

식 (2.40)과 (2.41)은 오직 비열비, k만의 함수이므로 기체의 특성값(property)에 의해 결정된다. 즉, 어떤 기체의 stagnation 지점과 characteristic 지점에서 각각 압력, 온도, 밀도의 관계는 기체의 특성값, k만으로 결정되는 고유의 값이다. $k=1.4$일 경우 각각의 값은

$$\frac{T^*}{T_o}=0.833,\ \ \frac{p^*}{p_o}=0.528,\ \ \frac{\rho^*}{\rho_o}=0.634 \tag{2.42}$$

가 된다. 식 (2.30)을 u^2으로 나누고 다시 정리하면

$$M^2=\frac{2}{\left(\frac{k+1}{M^{*2}}\right)-(k-1)} \tag{2.43}$$

여기서 $M^*=u/a^*$이다. 식 (2.43)은 M과 M^*의 관계를 보여주며 M^*는 M에 따라 다음과 같은 특성을 나타낸다.

$$M^* = 1 \quad \text{if} \quad M = 1$$
$$M^* < 1 \quad \text{if} \quad M < 1$$
$$M^* > 1 \quad \text{if} \quad M > 1$$
$$M^* \to 1 \quad \text{if} \quad M \to 1$$

Question 2.1 비행시험을 하는 도중 비행기 날개 어느 지점에서 압력은 90.5 kPa 온도는 250 K 마하수는 1.5이다. 이 지점에서 T_o, p_o, T^*, p^*와 속도를 구하라.

Question 2.2 Isentropic condition으로부터 다음의 식을 유도하라.

$$\frac{p_2}{p_1} = \left(\frac{\rho_2}{\rho_1}\right)^{\gamma} = \left(\frac{T_2}{T_1}\right)^{\frac{\gamma}{\gamma-1}}$$

Question 2.3 Calorifically perfect 가스가 로켓의 노즐을 통해 isentropically 흐르고 있다. 연소실 압력은 40 bar 온도는 3500 K이다. 이 가스의 평균 분자량과 c_p는 각각 12와 5760 J/kg K라고 하자. 그리고 이 가스는 노즐에서 팽창하여 끝단부의 온도가 2000 K까지 떨어졌다. 이 때 Question 2의 결과를 활용하여 출구에서의 압력을 구하라. 또한 출구에서의 마하수를 구하라.

Question 2.4 Sea level에서 200 km/h 속도를 가진 free stream이 비행기 날개의 에어포일을 따라 가속되어 어느 지점에서 300 km/h까지 속도가 증가하였다. 이때의 압력과 밀도변화를 구하라. 표준대기모델 sea level에서 값은 다음과 같다.

$$\rho = 1.225\ kg/m^3,\ p = 1.013\ bar,\ T = 288.15K,$$
mean molecular mass = 28.84 kg/kmol

2.1.4. Normal shock wave

유체의 흐름에 수직으로 나타나는 normal shock wave에 대해서 좀더 자세히 알아보기로 한다. 다음 그림 2.5는 그림 2.3과 동일한 것으로 이미 연속방정식, 운동량 방정식, 에너지

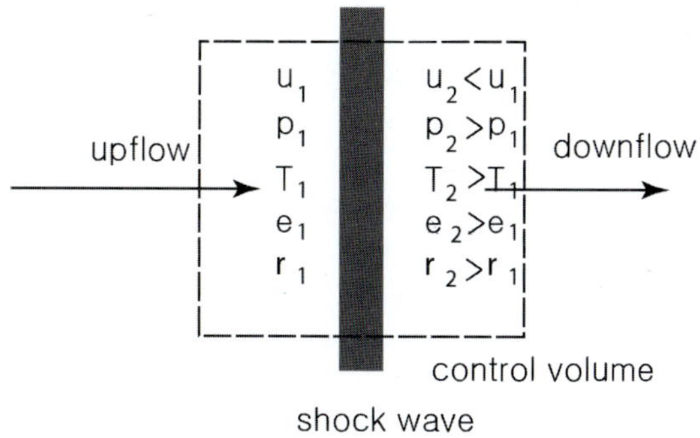

그림 2.5 One dimensional shock wave

방정식을 다음과 같이 유도하였다.

$$\rho_1 u_1 = \rho_2 u_2 \tag{2.3}$$

$$\rho_1 u_1^2 + p_1 = \rho_2 u_2^2 + p_2 \tag{2.6}$$

$$h_1 + \frac{u_1^2}{2} = h_2 + \frac{u_2^2}{2} \tag{2.12}$$

식 (2.6)을 식 (2.3)으로 나누면

$$\frac{\rho_1 u_1^2 + p_1}{\rho_1 u_1} = \frac{\rho_2 u_2^2 + p_2}{\rho_2 u_2} \tag{2.44}$$

$$u_1 + \frac{p_1}{\rho_1 u_1} = u_2 + \frac{p_1}{\rho_2 u_2} \tag{2.45}$$

Calorifically perfect gas 가정에 의해 c_p는 온도와 무관한 상수가 되므로,

$$p = \rho R T \tag{2.46}$$

$$h = c_p T \tag{2.47}$$

이며, 음속은

$$a^2 = kRT \tag{2.48}$$

이므로

$$\frac{p}{\rho} = RT = \frac{a^2}{k} \tag{2.49}$$

과 같다. 식 (2.49)를 식 (2.45)에 넣으면

$$u_1 + \frac{a_1^2}{ku_1} = u_2 + \frac{a_2^2}{ku_2} \tag{2.50}$$

식 (3.50)과 같이 되며 이를 다시 정리하면 식 (2.51)과 같다.

$$\frac{a_1^2}{ku_1} - \frac{a_2^2}{ku_2} = u_2 - u_1 \tag{2.51}$$

유체의 속도가 단열 조건으로 음속까지 줄어들면 당연히 음속과 유속은 같아지며 또한 특성 속도 역시 음속과 같아진다. 그러므로 식 (2.27)에

$$\frac{a_1^2}{k-1} + \frac{u_1^2}{2} = \frac{a_2^2}{k-1} + \frac{u_2^2}{2} \tag{2.27}$$

$a_2 = u_2 = a^*$를 대입하면,

$$\frac{a_1^2}{k-1} + \frac{u_1^2}{2} = \frac{a^{*2}}{k-1} + \frac{a^{*2}}{2} = \frac{k+1}{2(k-1)} a^{*2} \tag{2.52}$$

이 되므로

$$a_1^2 = \frac{k+1}{2} a^{*2} - \frac{k-1}{2} u_1^2 \tag{2.53}$$

같은 방법으로 하류 쪽 조건인 state 2에 대해서는

$$a_2^2 = \frac{k+1}{2} a^{*2} - \frac{k-1}{2} u_2^2 \tag{2.54}$$

식 (2.53)과 (2.54)를 식 (2.51)에 대입한 뒤 간단히 하면 식 (2.55)를 얻을 수 있다.

$$a^{*2} = u_1 u_2 \tag{2.55}$$

식 (2.55)는 Prandtl relation라 불린다. 식 (2.55)로 부터

$$1 = \frac{u_1}{a^*}\frac{u_2}{a^*} = M_1{}^* M_2{}^* \tag{2.56}$$

가 되며 이는 다시

$$M_1{}^* = \frac{1}{M_2{}^*} \tag{2.57}$$

식 (2.57)이 된다.

충격파 전단의 속도는 언제나 음속을 넘기 때문에, 즉 $(M>1)u>a$이고 따라서 $M_1^*>1$이 된다. 그러므로 식 (2.57)은 $M_2^*<1$, $M<1$임을 보여주며 이는 충격파 뒤의 속도는 항상 음속보다 작다는 것을 의미한다.

식 (2.43)을 M^*에 대해 풀면 식 (2.58)을 얻을 수 있다.

$$M^{*2} = \frac{(k+1)M^2}{2+(k-1)M^2} \tag{2.58}$$

또한 식 (2.58)을 식 (2.57)에 대입하고 M_2에 관하여 풀면 식 (2.59)와 같다.

$$M_2^2 = \frac{1+\left(\frac{k-1}{2}\right)M_1^2}{kM_1^2-\left(\frac{k-1}{2}\right)} \tag{2.59}$$

식 (2.59)를 통해 shock 하류의 마하수는 오로지 상류의 마하수만의 함수라는 것을 알 수 있다. 그림 2.6은 식 (2.59)에 나타난 상류와 하류의 마하수 M_1과 M_2의 관계를 나타낸다.

식 (2.59)와 그림 2.6에서 알 수 있듯이, M_1과 M_2는 서로 반비례의 관계에 있다. 즉 상류의 마하수가 커지면 하류의 마하수가 작아진다. 어떠한 유동에서 전단의 속도가 커지면 후단의 속도도 따라서 커져야 한다는 직관적인 생각과는 매우 다른 결과이다. 이는 마하수가 단순히 속도만의 함수가 아닌 음속과 속도 모두의 함수이기 때문이다. 일반적으로 강한 shock일 수록 전단의 속도가 크나 shock 이후에 온도가 급격하게 올라가기 때문에 shock 이후의 음속 역시 빠르게 증가하게 된다. 또한 강한 shock을 지나면 속도도 많이 떨어지므로 마하수는 매우 빠르게 감소하게 된다. 다시 말해 shock 후단에서는 온도의 증가로 인하여 음속은

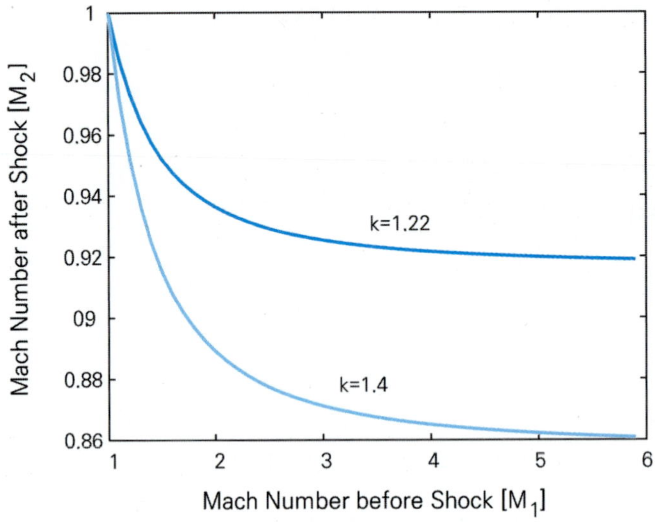

그림 2.6 상류와 하류 마하수, M_1, M_2와의 관계

증가하고 속도는 낮아지게 되므로 u/a인 마하수는 더욱 작아지게 된다. $M_1=1$일 경우에는 역시 $M_2=1$이어야 하는데 이러한 shock은 Mach wave로 불리며 infinitely weak normal shock이라 한다.

이 반대의 경우로 M_2의 최소값을 구하기 위해 식 (2.58)의 우변의 분모와 분자를 각각 M_1^2을 나누고 ∞값을 대입하면 M_2의 최소값은 $\sqrt{\dfrac{k-1}{2k}}$가 된다. 유체가 대기라면 $k=1.4$이므로 그 값은 0.378이 된다. 즉, shock 전단의 속도가 매우 빨라, M_1이 매우 클 경우에 M_2의 값은 0.378에 수렴하게 된다.

Shock의 상류와 하류의 속도는 식 (2.58)으로부터 알 수 있으므로 이를 통해 온도, 압력 등의 관계식을 구해보자. 연속방정식으로부터

$$\frac{\rho_2}{\rho_1}=\frac{u_1}{u_2}=\frac{u_1^2}{u_1u_2}=\frac{u_1^2}{a^{*2}}=M_1^{*2} \tag{2.60}$$

그리고

$$M^{*2}=\frac{(k+1)M^2}{2+(k-1)M^2} \tag{2.61}$$

그러므로

$$\frac{\rho_2}{\rho_1}=\frac{u_1}{u_2}=\frac{(k+1)M_1^{*^2}}{2+(k-1)M_1^2} \tag{2.62}$$

또한 상류와 하류의 압력과 온도의 관계는 각각 다음과 같다.

$$\frac{p_2}{p_1}=1+\frac{2k}{k+1}({M_1}^2-1) \tag{2.63}$$

$$\frac{T_2}{T_1}=\frac{h_2}{h_1}=\left[1+\frac{2k}{k+1}({M_1}^2-1)\right]\left[\frac{2+(k-1){M_1}^2}{(k+1){M_1}^2}\right] \tag{2.64}$$

주의할 점은 식 (2.63)이나 (2.64)는 M_1이 1보다 작아도 방정식은 성립할 수 있다는 것이다. 그러나 이 경우는 shock 전단의 속도가 음속을 넘지 못하고 shock 이후에서 압력과 온도가 하강해야 하므로 물리적으로 불가능하다. 따라서 M_1이 1보다 작으면 안 된다는 제한이 필요하며 이는 열역학 제 2법칙을 통해 설명이 가능하다. 열역학 제 2법칙에 의하면 엔트로피는 같거나 증가해야 하며 식 (2.65)와 같이 표현된다.

$$s_2-s_1=c_p\ln\frac{T_2}{T_1}-R\ln\frac{p_2}{p_1} \tag{2.65}$$

식 (2.65)에 식 (2.63)과 식 (2.64)를 대입하면 식 (2.63)과 같은 결과를 얻을 수 있다.

$$s_2-s_1=c_p\ln\left[\left\{1+\frac{2k}{k+1}(M_1^2-1)\right\}\left\{\frac{2+(k-1)M_1^2}{(k+1)M_1^2}\right\}\right]-R\ln\left[1+\frac{2k}{k+1}(M_1^2-1)\right] \tag{2.66}$$

식 (2.66)은 그림 2.7에서 알 수 있듯이 $M_1=1$일 경우 $ds=0$이고 $M_1<1$일 경우에는 $ds<0$이 된다. 이는 열역학 법칙에 위배되므로 $M_1>1$이어야 한다. 따라서 식 (2.63), (2.64)에 의해 shock을 지난 뒤 온도와 압력은 항상 증가하게 된다. 예를 들어 비열비가 1.4일 때 shock 전후의 압력, 밀도, 온도의 극한값은 $M_1=1$일 때의 값이며 다음과 같다.

$$\frac{\rho_2}{\rho_1}=\frac{u_1}{u_2}=6,\quad \frac{p_2}{p_1}=\infty,\quad \frac{T_2}{T_1}=\frac{h_2}{h_1}=\infty,\quad M_2=0.378 \tag{2.67}$$

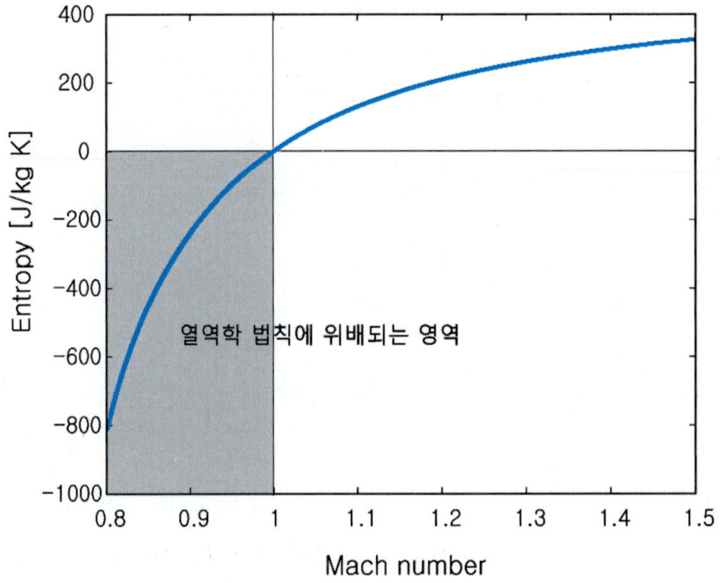

그림 2.7 M_1에 따른 엔트로피 변화

Shock 전후에서 에너지 방정식은 식 (2.25)로 표현된다.

$$c_p T_1 + \frac{u_1^2}{2} = c_p T_2 + \frac{u_2^2}{2} \tag{2.25}$$

이 때 shock 전후단의 유체의 속도를 0까지 천천히 그리고 isentropically 감속시킨다고 가정해보자. Stagnation point에서 온도와 속도와의 관계는 식 (2.31)로 나타낼 수 있으므로 shock 상류와 하류에서 각각의 관계는 다음과 같다.

$$c_p T_{o1} = c_p T_1 + \frac{u_1^2}{2} \tag{2.68}$$

$$c_p T_{o2} = c_p T_2 + \frac{u_2^2}{2} \tag{2.69}$$

식 (2.68)과 (2.69)를 식 (2.25)에 대입하면

$$c_p T_{01} = c_p T_{02} \tag{2.70}$$

가 된다. 그러므로 stagnation temperature 즉, 전온도(total temperature)는 shock을 지나서

도 변하지 않는다. 이에 따라 shock의 전후의 전엔탈피(total enthalpy) 역시 달라지지 않는다. 이번에는 shock 전후에서 유동을 가상적으로 그리고 isentropically 정지시켰을 때 entropy의 변화를 살펴보자.

$$s_{02} - s_{01} = c_p \ln \frac{T_{02}}{T_{01}} - R \ln \frac{p_{02}}{p_{01}} \tag{2.71}$$

식 (2.71)에서 shock 전후의 유동을 isentropally 감속시켰기 때문에 $s_{01} = s_1$, $s_{02} = s_2$가 되며, 전온도는 shock 전후가 같기 때문에 식 (2.71) 우변의 온도항은 0이 된다. 그러므로 전압력은 shock 전후로 같지 않고 식 (2.72)와 같이 표현된다.

$$s_2 - s_1 = - R \ln \frac{p_{02}}{p_{01}} \tag{2.72}$$

식 (2.72)에서 엔트로피의 변화는 항상 0보다 커야 하므로 로그 내 압력의 비는 0보다 작아야 한다. 즉 $p_{02} < p_{01}$이 되며 따라서 전압력은 shock을 지나게 되면 항상 감소함을 알 수 있다. 이는 압력이 shock을 지나게 되면 증가하는 것과는 반대이다. 그림 2.8은 shock 전후단에서 밀도, 압력, 온도, 전압력의 관계를 나타낸 것이다.

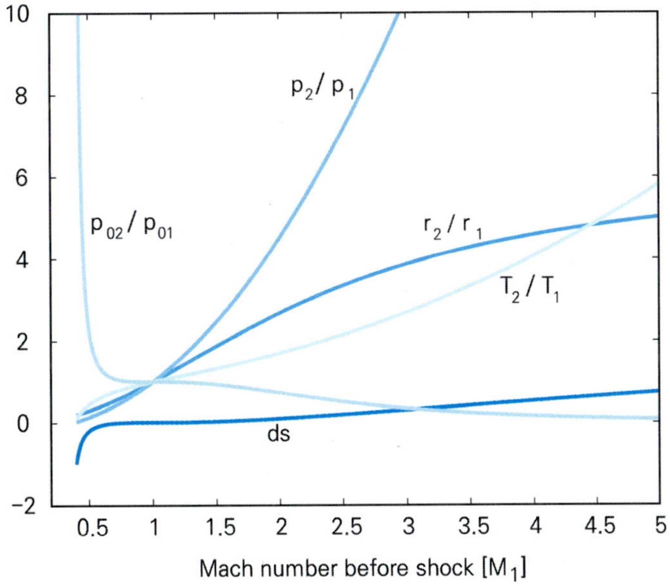

그림 2.8 Shock 전후 유동특성의 관계

2.1.5. Hugoniot Equation

지금까지 normal shock 상류의 마하수 M_1은 shock을 중심으로 상류와 하류의 관계를 설명하는데 가장 중요한 변수로 다루어졌다. 그러나 normal shock wave 전후단의 관계는 상류의 속도나 마하수를 매개변수로 하지 않고 순수히 열역학 변수만으로도 설명이 가능하다.

연속방정식, 식 (2.3)과 운동량 방정식, 식 (2.6)을 사용하면 다음과 같은 결과를 얻을 수 있다.

$$p_1 + \rho_1 u_1^2 = p_2 + \rho_2 \left(\frac{\rho_1}{\rho_2} u_1 \right)^2 \tag{2.73}$$

식 (2.73)을 u_1에 대해서 풀면

$$u_1^2 = \frac{p_2 - p_1}{\rho_2 - \rho_1} \left(\frac{\rho_2}{\rho_1} \right) \tag{2.74}$$

같은 방법으로

$$u_2^2 = \frac{p_2 - p_1}{\rho_2 - \rho_1} \left(\frac{\rho_1}{\rho_2} \right) \tag{2.75}$$

에너지 방정식 식 (2.12)로부터

$$h_1 + \frac{u_1^2}{2} = h_2 + \frac{u_2^2}{2} \tag{2.12}$$

식 (2.12)에서 엔탈피는 식 (2.76)과 같다.

$$h = e + \frac{p}{\rho} \tag{2.76}$$

식 (2.75)와 식 (2.76) 그리고 식 (2.74), (2.75)를 사용하면 다음과 같은 결과를 얻을 수 있다.

$$e_2 - e_1 = \frac{p_1 + p_2}{2} \left(\frac{1}{\rho_1} - \frac{1}{\rho_2} \right) \tag{2.77}$$

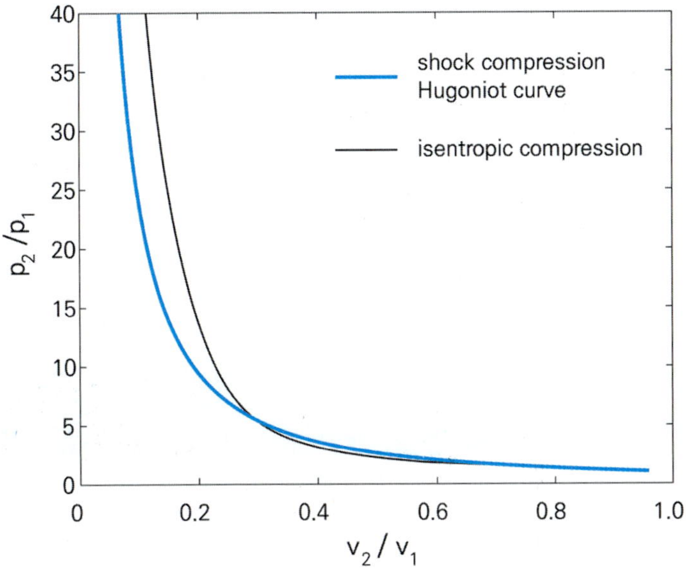

그림 2.9 질소의 충격파와 등엔트로피(isentropic) 압축 비교. 여기서 p는 압력, v는 비체적이면 첨자 1, 2는 상류와 하류를 의미한다.

혹은

$$e_2 - e_1 = \frac{p_1 + p_2}{2}(v_1 - v_2) \tag{2.78}$$

여기서 $v = \frac{1}{\rho}$로 비체적이다. 식 (2.78)은 휴고니오 방정식(Hugoniot equation)이라고 하며 shock 전후의 관계를 속도항 없이 설명하고 있다. Hugoniot eq.는 shock wave로 인한 압축뿐 아니라 이 방정식을 유도하기 위해 어떠한 가정도 하지 않고 있기 때문에 화학반응이 일어나고 있는 기체를 포함하여 거의 모든 분야에 적용가능하다.

화학적 평형상태에 있는 기체의 상태는 두 개의 독립적인 상태변수를 알 수 있으면 다른 모든 변수를 구할 수 있다. 예를 들어 $e = e(p, v)$이므로 이 관계식을 식 (2.78)에 사용하게 되면 Hugoniot eq.에서 내부에너지를 소거하고 압력과 비체적만의 함수를 유도하는 것이 가능하다. 그러므로 식 (2.78)은 두 개의 독립변수만을 사용하여 설명된다. 즉, 상류의 조건 p_1과 v_1이 주어지면 p_2를 v_2의 함수로 나타낼 수 있다. 다음 그림은 이러한 관계식을 나타낸 것으로 Hugoniot curve라고 한다.

Question 2.5 발사체의 페어링 덮개는 설계에 따라 뾰족하지 않고 무딘 형상을 갖는 것이 많다. 이러한 발사체가 초음속으로 비행할 때에는 bow shock이 생기게 되고 페어링의 형상에 의해 페어링 전단은 normal shock으로 가정을 해도 큰 무리가 없다. 발사체가 마하 3으로 비행할 때에 M_2, p_2, T_2, u_2와 페어링 끝단에서의 온도와 압력을 구하라(단, 이 때에 대기압은 0.5 bar 온도는 278 K, k=1.4, R=287 J/kg K이다.).

2.2. 로켓추진 기초

2.2.1. 추력

로켓의 추진력은 흔히 작용-반작용에 의해 발생된다고 하지만 실제로 작용-반작용의 원리보다는 운동량 보존 법칙에 더 큰 영향을 받는다. 운동량은 질량과 속도의 곱이며 로켓의 운동량은 보존되어야 하므로 로켓의 질량이 줄어들면 속도가 빨라진다. 엔진을 통해 분사되는 추진제는 단위시간당 일정하게 분사되므로 추진제의 운동량은 일정하나 로켓의 무게가 줄어들어 점점 더 속도가 빨라진다. 그러므로 더 빠른 로켓의 속도를 얻기 위해서는 로켓의 무게 감소량이 커지거나 추진제의 속도가 빠르거나 혹은 시간당 분사되는 추진제의 질량이 커야 한다. 쉽게 말해 로켓에서 줄어든 무게가 속도로 환산된다. 로켓의 무게비, 추진제의 질량 혹은 밀도, 추진제의 속도 등 이러한 모든 요소들은 로켓의 성능을 좌우하는 중요한 파라미터이다. 고성능 로켓이란 초기무게와 최종무게의 차이가 크거나 엔진의 성능을 높여 분사되는 추진제의 속도를 빠르게 만든 로켓이다.

로켓에 적재 가능한 추진제는 한계가 있으므로 로켓의 초기무게와 최종무게의 차이를 무한정 크게 할 수는 없다. 게다가 최근에는 로켓에 탑재되는 페이로드가 커지는 추세이므로 무게비는 더욱더 줄어든다. 따라서 효율적으로 큰 추력을 얻기 위해서는 단위 부피당 질량이 큰 추진제를 사용하거나 추진제의 속도를 빠르게 분사시킬 필요가 있다.

로켓의 뒤로 분사되는 가스의 질량은 로켓의 무게에 비해 매우 작기 때문에 Δm으로 표시하고 발사체 속도와 상대적인 분사속도를 v_2, 발사체의 질량을 m_v, 발사체의 속도를 u라 하자. 매우 작은 시간 동안 로켓에서 분사되는 가스의 운동량과 로켓의 운동량은 동일해야 하므로

$$m_v \Delta u = \Delta m(u - v_2) \tag{2.79}$$

식 (2.79)를 시간으로 미분하면 운동량 보존법칙에 의해 미분값은 0이 되어야 한다. 그러므로

$$m_v \frac{du}{dt} = -\frac{dm}{dt} v_2 \tag{2.80}$$

가 된다. 식 (2.80)의 좌변은 추력, 뉴튼 제2 법칙의 F와 같다. 추력과 $\dot{m}$이 상수라 가정하면

$$F = \frac{dm}{dt} v_2 = \dot{m} v_2 = \frac{\dot{w}}{g_o} v_2 \tag{2.81}$$

가 된다. 여기서 $\dot{m}$은 단위시간당 소모되는 추진제의 양과 같으므로 실제로도 그 변화가 매우 작다. 식 (2.81)을 통해 결정되는 추력은 실제 로켓에서 노즐의 출구 압력이 대기압과 같을 때 발생되는 추력이다. 즉, 로켓 주위의 압력은 추력에 영향을 미치게 된다.

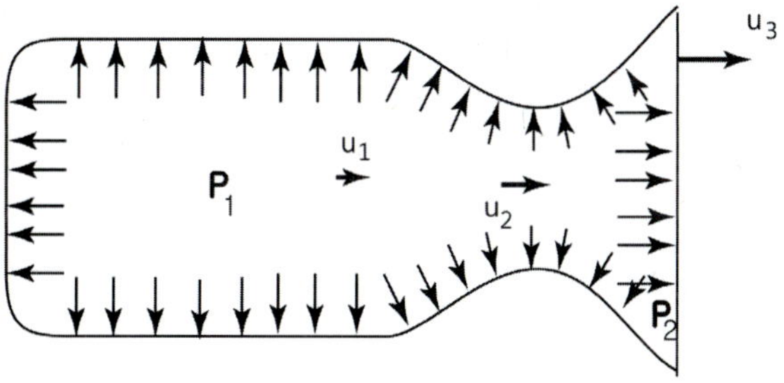

그림 2.10 연소실과 대기와의 압력 균형

위의 그림은 주위 압력이 엔진의 연소실에 어떠한 영향을 미치는가를 보여준다. 그림 2.10에서 실제 추력은 노즐을 주위의 압력과 대기압의 차이를 노즐에 따라 적분한 값이라는 것을 알 수 있다. 노즐의 축 방향이 아닌 방향의 압력은 서로 상쇄되어 추력에 영향을 미치지 못한다. 그러므로 정상상태의 엔진이 일정한 특성을 가진 대기를 비행할 경우 추력은 다음과 같다.

$$F = \dot{m} v_2 + (p_2 - p_3) A_2 \tag{2.82}$$

식 (2.1)에서 로켓에 작용하는 힘은 크게 두 가지로 나뉘는 것을 알 수 있다. 첫 번째 항은 운동량에 의한 추력으로 분사가스의 속도와 질유량의 곱으로 나타난다. 두 번째 항은 압력

에 의한 추력으로 노즐의 크기인 단면적과 출구압과 대기압 차이의 곱으로 나타난다. 식 (2.82)에서 출구압이 대기압과 같을 경우에는 최대추력이 발생하며 식 (2.81)과 같게 된다. p_2는 노즐출구 크기의 함수이며 대기압과 출구압이 같을 경우 이때의 목면적과 노즐면적의 비를 최적확장비(optimum expansion ratio)라 한다.

Question 2.6 식 (2.82)에서 $p_2 = p_3$일 때에 추력이 최대가 됨을 증명하라.

2.2.2. 비추력, 질량비

로켓의 추진은 어떠한 힘이 로켓에 작용하여 가속도가 꾸준히 변화하거나 혹은 어떠한 저항력에 대항하여 속도가 유지되도록 하는 역할을 한다. 이렇게 로켓에 작용하는 힘은 로켓의 진행방향과는 반대로 매우 높은 속도로 분출되는 가스를 통해 발생하게 된다. 이 절에서는 고속으로 분출되는 가스와 로켓의 추진과의 관계를 다루어 보기로 하겠다.

어떠한 임의의 시점에서 발생하는 추력을 F라 할 때, 총추력, total impulse (I_t)는 순간적인 시간에 작용하는 추력(F)을 모두 합산한 것으로 수학적으로는 식 (2.83)과 같이 순간추력을 시간으로 적분한 것이다.

$$I_t = \int_0^t F\,dt \tag{2.83}$$

일반적으로 로켓의 엔진이 정상작동하는 동안에는 추력이 거의 일정하며 엔진시동과 정지에 걸리는 시간은 엔진이 작동하는 전체시간에 비해 매우 짧기 때문에 비행시간 동안 추력, F는 일정하다고 가정한다. 따라서 식 (2.83)은 다음과 같이 쓸 수 있다.

$$I_t = Ft \tag{2.84}$$

비추력, specific impulse(I_s, I_{sp})는 총추력(total impulse)을 소비된 추진제의 무게로 나눈 값이다. 그러므로

$$I_s = \frac{I_t}{w} = \frac{\int_0^t F\,dt}{g_o \int_0^t \dot{m}\,dt} \tag{2.85}$$

여기서 w는 비행시간 동안 소모된 추진제 무게, g_o는 지상에서의 중력가속도를 의미하며 값으로는 9.80665 m/sec^2이다. 그리고 $\dot{m}$는 단위시간당 소모되는 추진제의 질량 혹은 단위시간당 변화하는 발사체의 질량이다. (시간당 소모되는 추진제의 질량과 시간당 변화하는 발사체의 질량은 같음을 유의하라.) 식 (2.85)에서 분모는 주어진 시간동안 소모되는 추진제의 질량에 중력가속도를 곱한 값이므로 결국 주어진 시간에 소모된 추진제의 무게가 된다. 또한 분자는 힘과 시간의 곱이므로 식 (2.85)는 '시간×힘/힘'이고 그 단위는 시간인 sec가 된다.

비추력의 물리적 의미는 추력과 단위시간당 소모되는 추진제의 질량이 모두 상수라 가정하면 이해하기가 훨씬 쉬워진다. 이 경우에는 분자와 분모 모두 시간에 대해 독립항이 되므로 식 (3.85)는 다음과 같이 간단해진다.

$$I_s = \frac{F}{g_o \dot{m}} \tag{2.86}$$

식 (2.86)에서 비추력은 단순히 추력과 소모되는 추진제의 비라는 것을 알 수 있다. 즉 비추력은 단위 시간당 단위량의 추진제가 소모되어 발휘되는 추력을 의미한다. 예를 들어 비추력이 320 sec일 경우 이 엔진은 1초 동안 1 kg의 추진제를 소모하여 320×9.8 N의 힘을 발휘할 수 있다는 의미이다.

일반적으로 비(比), specific이라는 용어는 비교한다는 의미로 사용된다. 예를 들어 비중은 어떤 물체의 밀도와 물과의 비율을 의미한다. 그러므로 비중은 밀도와 밀도의 비이기 때문에 단위가 존재하지 않는다. 반면에 비열은 어떠한 물체를 1도 올리기 위해 필요한 에너지이다. 그러므로 비열은 $Kcal/kg$이라는 단위가 필요하다. 다시 말해 비열은 단위가 존재한다. 마찬가지로 비추력 역시 단위가 필요하다. 비중과 같이 비추력도 힘과 힘(무게)의 비라면 이해가 쉽겠지만 불행히도 힘과 단위시간동안 변화하는 무게로 표현된다.

로켓이 비행할 때에는 속도가 점점 빨라진다. 이는 추력이 점점 커져서가 아니고 로켓이 점점 가벼워지기 때문이다. 즉, 추력은 일정하지만 속도는 빨라지는 것이다. 식 (2.82)에서 알 수 있듯이 $\dot{m}$과 추력과의 관계는 서로 비례하므로 추력이 일정하다는 말은 엔진을 통해 소모되는 추진제의 양이 일정하다는 말과 동일하다. (물론 고도에 따라 외기압이 달라지므로 추력에 변화가 생기지만 문제를 간단히 하기 위해 여기서는 동일한 고도를 비행한다고 가정하자.) 로켓이 비행 할 때에 두 가지 상수가 존재한다는 것을 눈치 챌 수 있다. 하나는 추력이며 또 하나는 추진제 소모량이다. 이 두 가지 상수를 서로 비교하면, 다시 말해 추력을 추

표 2.1 추진제별 비추력 (연소압=1000 PSI, 확대비 100:1 진공비추력)[3]

산화제	연료	O/F	압력 [PSI]	Isp [sec]	산화제밀도 [lb/ft³]	연료밀도 [lb/ft³]
AP	HTPB-Al	5.17	1000	312.6	121.7	167.6
Nitric Acid	Furfuryl Alcohol	2.40	1000	323.0	93.7	70.5
H_2O_2 (100%)	Kerosene	7.00	1000	331.0	90.5	49.9
N_2O_4	Hydrazine	1.08	1000	348.0	90.1	63.7
Nitirc Acid	Kerosene	4.60	1000	310.0	93.7	49.9
H_2O_2 (90%)	Kerosene	7.00	1000	310.0	86.6	49.9
AK27	T185	3.56	1000	312.0	92.4	49.3
LOx	Kerosene	2.33	1000	347.0	71.2	49.9
LOx	IPA	1.70	1000	341.0	71.2	49.1
AP	HTPB	2.33	1000	224.0	121.7	57.4
LOx	Butane	2.20	1000	365.0	71.2	37.5
LOx	Methane	2.77	1000	365.0	71.2	29.0
LOx	Propane	2.20	1000	355.0	71.2	30.8
LOx	LH2	6.00	1000	457.0	71.2	4.4

진제 소모량으로 나누면 엔진의 크기에 상관없이 단위 추진제가 소모되어 환산되는 추력을 구할 수 있다. 이 값이 비추력이며 엔진의 효율을 나타낼 수 있는 지표임과 동시에 추진제의 특성을 말해주는 값이다. 다음 표 2.1은 추진제와 비추력을 보여준다. O/F(산화제와 연료의 비)에 따라서 변화가 있을 테지만 여기서 수소와 산소의 조합이 가장 큰 비추력을 생성하는 것을 알 수 있다. 또한 그림 2.11은 각종 연소기관의 비추력을 나타낸 것으로 산화제를 싣고 다니는 로켓은 비추력이 다른 기관에 비해 매우 낮을 것을 알 수 있다.

실제 추진제는 노즐에서 분사될 때 발사체의 방향과 노즐의 방향에 따라 속도의 변화가 달라진다. 그러나 편의상 분사가스가 노즐과 같은 방향, 동일한 속도를 가지고 분사된다고 가정하여 평균분사속도[3]를 구한다. 이 평균분사속도를 effective exhaust velocity, c라 하며 다음과 같이 정의된다.

$$c = I_s g_o = \frac{F}{\dot{m}} \tag{2.87}$$

3 평균분사속도는 정의에 의거하여 저자에 의한 명명법이며 타문헌에서는 원어에 의거하여 유효분사속도라고 정의한 경우도 있다. 본 저에서는 혼용하여 사용하였다.

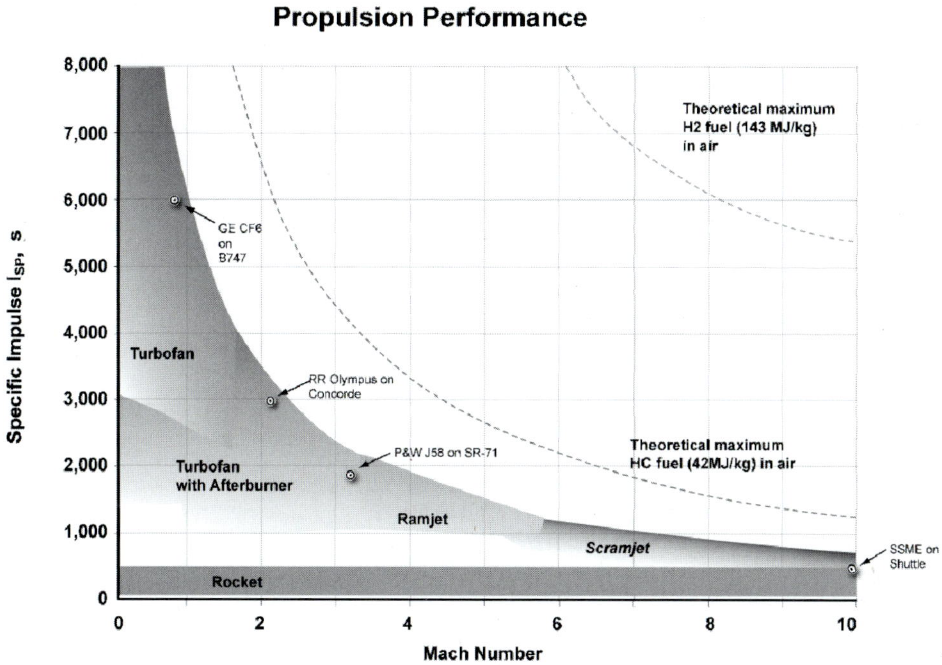

그림 2.11 각종 기관별 비추력[4]

발사체의 성능은 종종 무게비로 표현되기도 한다. 무게비(질량비)는 발사체나 발사체를 구성하고 있는 단의 초기질량과 최종질량의 비로 정의된다.

$$MR = \frac{m_f}{m_o} \tag{2.88}$$

식 (2.88)에서 m_f 최종질량을 의미하며 이는 엔진이 작동을 멈춘 뒤 남은 추진제와 hardware 질량의 합이다. 이 때 hardware의 무게는 더 이상 사용하지 않는 hardware를 버리고 난 뒤의 무게를 의미한다. 예를 들어 1단 로켓의 경우 엔진 정지 이후 엔진을 버리게 되면 엔진 무게를 제외시키고 엔진이 정지된 이후라도 엔진을 버리지 않으면 엔진 무게를 포함시키게 된다.

최종질량이 작다는 의미는 남겨진 추진제가 적고 발사체를 구성하는 hardware가 가볍다는 뜻이므로 일반적으로 무게비가 작을수록 고성능 발사체가 된다. 또한 엔진 종료 시 필요치 않은 무게를 버리면 m_f의 값이 작아지므로 가급적 필요치 않은 hardware는 버려 효율을 높이는 것이 좋은 설계방향이라고 할 수 있다.

식 (2.88)은 다단로켓의 경우에도 성립한다. 예를 들어 3단 발사체인 경우 각 단의 초기 질량을 m_{o_i} $(i=1,2,3)$이라 하면 1단의 질량비는 초기 질량에서 1단의 추진제를 다 소모한 뒤 1단을 버린 뒤의 무게이므로

$$MR_1 = \frac{m_{o_2} + m_{o_3}}{m_{o_1} + m_{o_2} + m_{o_3}} \tag{2.89}$$

마찬가지로 2단과 3단의 질량비는 다음과 같다.

$$MR_2 = \frac{m_{o_3}}{m_{o_2} + m_{o_3}} \tag{2.90}$$

$$MR_3 = \frac{m_{f_3}}{m_{o_3}} \tag{2.91}$$

$m_o = m_{o_1} + m_{o_2} + m_{o_3}$라 하면

$$MR = \frac{m_f}{m_o} = \frac{m_{o_2} + m_{o_3}}{m_{o_1} + m_{o_2} + m_{o_3}} \times \frac{m_{o_3}}{m_{o_2} + m_{o_3}} \times \frac{m_{f_3}}{m_{o_3}} \tag{2.92}$$

최종 단계에서 $m_f = m_{f_3}$이므로

$$MR = MR_1 \times MR_2 \times MR_3 \tag{2.93}$$

즉 전체 발사체의 질량비는 각 단의 질량비의 곱과 같다.

질량비가 초기질량과 최종질량과의 관계라 한다면 추진제질량비(propellant mass fraction), ζ는 발사체 혹은 단에 있는 추진제와 전체 질량과의 비율이다. 즉

$$\zeta = \frac{m_p}{m_o} = \frac{m_o - m_f}{m_o} = \frac{m_p}{m_p + m_f} \tag{2.94}$$

$$m_o = m_f + m_p \tag{2.95}$$

여기서 m_p는 추진제 질량이다. 식 (2.95)에서의 m_o는 발사체의 초기 질량으로 전체 발사체의 무게가 아닌 추진과 관련된 hardware만을 의미하여 일반적으로 발사체의 엔진시스템

과 연료탱크, 그리고 연료의 질량만을 포함한 값이다. 따라서 발사체 자체의 구조물, 탑재체, 가이던스 등의 hardware는 포함되지 않는다. 그러므로 식 (2.88)과 구분해야 한다. 식 (2.95)의 m_o를 좀 더 설명하면 이는 inert propulsion mass(추진시스템, m_f)와 effective propellant mass(추진제, m_p)로 나눌 수 있다[5]. 액체로켓 엔진의 경우 inert propulsion mass, m_f는 추진제 저장탱크, 가압시스템, 연소기, 파이프라인, 피팅, 밸브, 엔진 마운트, 센서, 필터, 잔여추진제 등이다. 발사체에서는 가급적 기본 hardware의 무게를 가볍게 하고 동시에 많은 추진제를 탑재하는 것이 바람직하므로 ζ는 1에 가까운 값을 가질수록 고성능 발사체가 된다.

Impulse-to-weight ratio는 total impulse를 발사체의 무게로 나눈 값이다. 여기서 발사체의 무게는 공허질량과 추진제의 무게를 합산한 무게이다. 이 값 역시 높을수록 고성능 발사체라는 것을 의미하며 다음과 같이 표현된다.

$$\frac{I_t}{w_o} = \frac{I_s t}{(m_f + m_p) g_o} = \frac{I_s}{\dfrac{m_f g_o}{t} + \dot{m} g_o} \tag{2.96}$$

식 (2.96)에서, 추진제비가 매우 커지면 즉, $\zeta \rightarrow 1$이 되면 $m_f \rightarrow 0$이 되므로, Impulse-to-weight ratio는 비추력에 가까워지는 것을 알 수 있다. 그러나 이 값은 I_s보다 커질 수는 없다. 탑재중량은 일반적으로 추진시스템을 구성하는 hardware와 추진제와의 합을 가리킨다.

Ex. 2.1 어떤 발사체가 다음과 같은 특성을 가지고 있다.

- 초기 질량 2,000 kg
- 최종 질량 500 kg
- 탑재체 및 기타 비추진 구조 질량 200 kg
- 작동시간 100 sec
- 비추력 280 sec

이 때에 다음의 값들을 구하라

(1) mass ratio
(2) 추진제질량비
(3) 추진제 유량
(4) thrust to weight ratio
(5) 가속도
(6) effect exhaust velocity
(7) total impulse
(8) impulse to weight ratio

Sol. (1) 발사체의 무게비(mass ratio of vehicle)

$$MR = \frac{m_f}{m_o} = \frac{200}{2000} = 0.1$$

mass ratio of rocket(propulsion) system

$$MR = \frac{m_{propulsion}}{m_{propellant}} = \frac{500-200}{2000-200} = 0.1667$$

(2) 추진제질량비

Empty mass of the propulsion system=500−200=300 kg

Initial(loaded) mass of the propulsion system=2000−200=1800 kg

$$\zeta = \frac{m_o - m_f}{m_o} = \frac{1800-300}{1800} = 0.8333$$

(3) 추진제 유량

추진제의 유량=Intial mass−final mass=2000−500=1500 kg

$$\text{그러므로 추진제 유량} = \dot{m} = \frac{m}{t} = \frac{1500}{100} = 15\ kg/\mathrm{sec}$$

(4) thrust to weight ratio

$$I_s = \frac{F}{g_o \dot{m}},\quad F = I_s g_o \dot{m} = 280 \cdot 9.8067 \cdot 15 = 41.89\ k\mathrm{N}$$

Thrus-to-weight ratio

$$\text{initial: } F/W_o = \frac{41.89}{2000 g_o} = 2.1358$$

$$\text{final: } F/W_f = \frac{41.89}{500 g_o} = 8.5431$$

(5) 가속도

$$a = F/W_f g_o = 83.8\ m/\mathrm{sec}$$

(6) effect exhaust velocity

$$c = I_s g_o = 280*9.8067 = 2.7459\ km/\sec$$

(7) total impulse

$$I_t = I_s m g_o = 280 \cdot 1500 \cdot g_o = 4.1188 \times 10^6\ N \cdot \sec$$

(8) impulse to weight ratio

$$\frac{I_t}{w_o} = \frac{4.1188 \times 10^6}{2000 g_o} = 210.0$$

2.2.3. Isentropic flow through nozzle

연소기와 외부와의 열전달이 없다고 가정한다면 전엔탈피, h_o는 연소기 내에서 일정한 상수값을 갖는다. 연소기 내의 두 지점을 x, y라 하면

$$h_x + \frac{v_x^2}{2} = h_y + \frac{v_y^2}{2} \tag{2.98}$$

이 된다. 식 (2.97)을 사용하여 연소실 내부와 노즐출구의 속도와의 관계를 정리하면 다음과 같다.

$$v_2 = \sqrt{2(h_1 - h_2) + v_1^2} \tag{2.99}$$

식 (2.98)과 Question 2.2를 사용하면

$$v_2 = \sqrt{\frac{2k}{k-1} R T_1 \left[1 - \left(\frac{p_2}{p_1} \right)^{\frac{k-1}{k}} \right] + v_1^2} \tag{2.100}$$

또한 연소가스는 연소실 내에 높은 압력에 의해 높은 밀도를 가지고 아음속으로 이동을 하는 반면 노즐 출구에서는 초음속으로 배출되므로 두 속도의 차이는 매우 크다. 따라서 v_1은 v_2에 무시할 수 있는 작은 값이며 연소실 내의 조건은 stagnation 조건과 유사하다고 할 수 있

다. 그러므로 식 (2.99)는 다음과 같이 쓸 수 있게 된다.

$$v_2 = \sqrt{\frac{2k}{k-1} RT_o \left[1 - \left(\frac{p_2}{p_o} \right)^{\frac{k-1}{k}} \right]} = \sqrt{\frac{2kRT_o}{k-1} \eta} \tag{2.101}$$

식 (2.100)에서 $\eta = 1 - \left(\frac{p_2}{p_1} \right)^{\frac{k-1}{k}}$ 이며 일정한 압력에서 작동하는 연소기의 ideal cycle efficiency와 같다. 그림 2.12는 k에 따라 η와 압력비를 나타낸 그림이다.

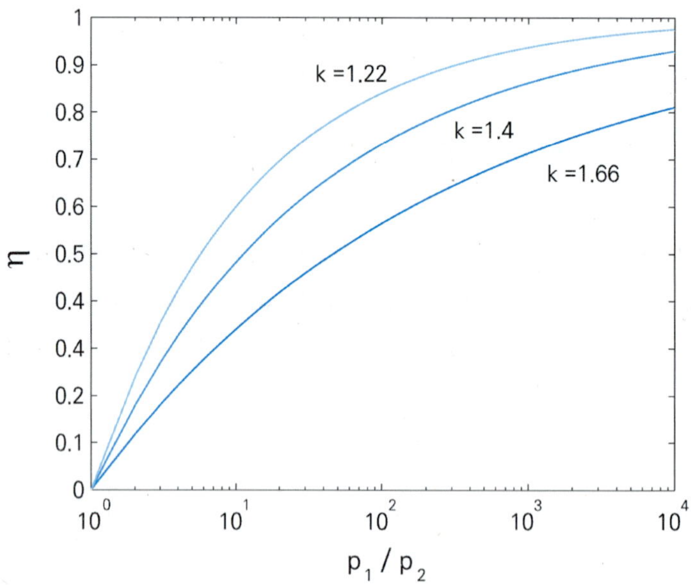

그림 2.12 Ideal cycle efficiency와 압력비와의 관계(그림의 k는 비열비이다.)

```
clear all
close all

k=[1.1 1.2 1.3 1.4 1.5 1.6];

[m n]=size(k);

for i=1:n
 for j=1:10000
  p(i,j)=1/j;
  eta(i, j)=1-p(i,j)^((k(i)-1)/k(i));
```

```
  end
end

plot(1./p(1,:), eta(1,:), 1./p(2,:), eta(2,:), 1./p(3,:), eta(3,:), 1./p(4,:),
eta(4,:), 1./p(5,:), eta(5,:), 1./p(6,:), eta(6,:))
set(gca, 'XScale', 'log')
xlabel(' p_1 / p_2 ')
ylabel('\eta')

legend ('k =1.1', 'k =1.2', 'k =1.3', 'k =1.4', 'k =1.5', 'k =1.6')
```

그림 2.12를 보면 압력비가 클수록 효율이 높아지는 것을 알 수 있다. 또한 연소실의 압력을 높이는 데에는 기술적으로 한계가 있으므로 외기의 압력이 낮은 고공에서 연소효율이 높아지는 것을 알 수 있다. 또한 가스상수는 분자량에 반비례하므로 식 (2.100)을 통해 가스의 분자량이 작을수록 그리고 챔버의 온도가 높을수록 고성능을 발휘할 수 있다는 것을 알 수 있다.

Ex. 2.2 지상에서 연소기의 연소시험을 하려고 한다. 출구압은 1 atm, 연소압은 6 MPa, 연소실 온도는 3800 K, 그리고 추진제 소모량은 초당 1 kg/sec이다. 이 때 연소가스의 비열비는 1.14, 비열 (c_p)은 5.53 kJ/kg K이다. 노즐내부에서 어떤 위치에서의 압력과 노즐의 크기(노즐 단면적), 출구속도, 출구가스밀도(비체적)와의 압력을 그래프를 사용하여 나타내

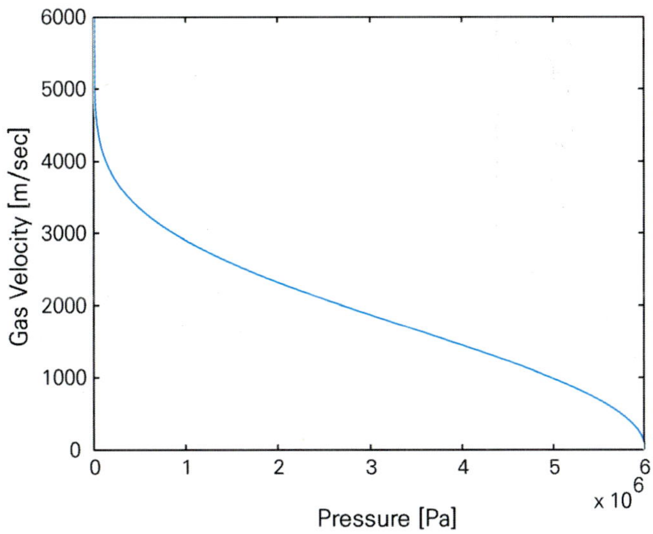

그림 2.13 압력과 노즐 출구속도와의 관계

어라.

$$R = c_p\left(1-\frac{1}{k}\right) = 5.53\left(1-\frac{1}{1.14}\right) = 679\ J/kg\ K$$

Sol. (1) 노즐출구속도

$$v_x = \sqrt{\frac{2k}{k-1}RT_o\left[1-\left(\frac{p_x}{p_o}\right)^{\frac{k-1}{k}}\right]}$$

$$= \sqrt{\frac{2\cdot 1.14}{1-1.14}679\cdot 3800\left[1-\left(\frac{p_2}{6\times 10^6}\right)^{\frac{1.14-1}{1.14}}\right]}$$

$$= 6.4823\times 10^3\sqrt{1-0.1471p_2^{0.1228}}$$

(2) 비체적

연소실 내부에서 압력, 온도, 가스상수를 알고 있으므로 비체적(밀도)를 구할 수 있다.

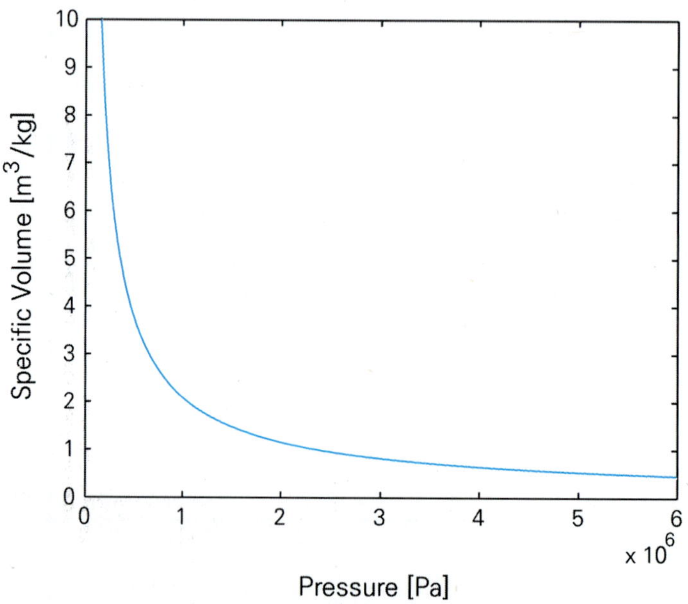

그림 2.14 압력과 비체적

$$V_1 = \frac{RT_1}{p_1} = \frac{679 \cdot 3800}{6000000} = 0.4301\ m^2/kg$$

$$V_x = V_1 \left(\frac{p_1}{p_x} \right)^{\frac{1}{\gamma}}$$

(3) 단면적

$$A_x = \frac{\dot{m}_x V_x}{v_x} = \frac{1 \cdot V_x}{v_x}$$

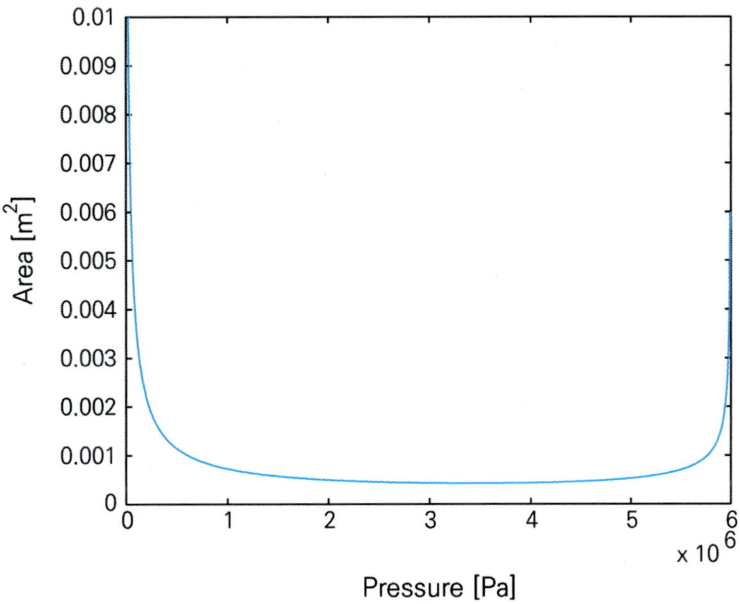

그림 2.15 압력과 단면적

```
clear all
close all

p1=6e6;   % Pa
p2=1.013; % 1 atm in Pa
T1=3800;  % K
k=1.14;   % specific heat
cp=5.53e3;  % J/kg K
mdot=1; % kg/sec

R=cp*(1-1/k);

n=1000;
dp=(p1-p2)/n;

V1=R*T1/p1;

for i=1:n+1
 p(i)=p2 + dp*(i-1);  % pressure in side the nozzle
 % velocity
 v(i)=sqrt(2*k*R*T1/(k-1) * (1-(p(i)/p1)^((k-1)/k)));
 %specific volume
 V(i)=V1*(p1/p(i))^(1/k);
 % cross-sectional area
 A(i)=mdot*V(i)/v(i);
end

plot(p, v); % exit velocity
xlabel('Pressure [Pa] ');
ylabel('Gas Velocity [m/sec]');

figure  % specific volume
plot(p, V)
axis([0 6e6 0 10])
xlabel('Pressure [Pa] ');
ylabel('Specific Volume [m^3/kg]');

figure
plot(p, A)
axis([0 6e6 0 0.01])
xlabel('Pressure [Pa] ');
ylabel('Area [m^2]');
```

03 연소기

3.1. 노즐

노즐은 연소실에서 발생된 가스를 압축-팽창을 통해 고속으로 만들어 주는 장치이다. 연소실을 통해 배출되는 가스는 배출되는 곳의 최소넓이(그림 3.1에서 C의 위치)에 반비례해서 속도가 증가하게 된다. 또한 연소실과 연소실 바깥의 압력차가 크면 속도가 증가하게 되나 이러저러한 이유로 증가되는 속도에는 한계가 있다. 연소실을 통해서 빠져나갈 수 있는 단면 중에서 면적이 가장 작은 부분을 노즐목(C)이라 부르며 수축팽창을 통한 초음속 노즐의 노즐목의 면적이 어느 이상으로 작아지면 노즐목에서의 속도는 항상 음속이 된다.

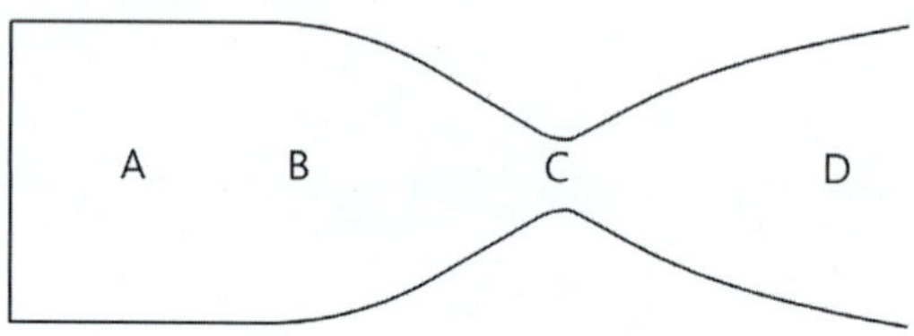

그림 3.1 수축팽창노즐

그림 3.1에서와 같이 연소실 A에서의 압력을 p_A라 하고 노즐 내부의 압력을 p_D라 할 때 p_D와 p_A의 압력차가 클수록 노즐목 C를 통해 나가는 가스가 많아지게 된다. 노즐끝단이 더 넓어져서 p_D가 줄어들면 즉, A와 D의 압력차가 커지면 이신호가 C를 통해 A, B로 전달이 된다. 따라서 A에서는 좀 더 많은 가스를 보내서 D와의 압력차를 줄이려고 한다. 그러므로 좀 더 많은 가스가 A에서 B, C를 통해 D로 빠져나가게 되고 이에 따라 C에서의 속도는 점점 더 빨라진다. 그러다 C에서의 속도가 음속에 도달하면 아무리 D에서의 압력이 낮아져도 이 신호가 더 이상 C를 통해 A로 전달되지 않는다. 2장에서 공부하였듯이 기체의 상태는 characteristics line(혹은 characteristics)을 통해 전달되기 때문에 음속보다 빠른 기체에서는

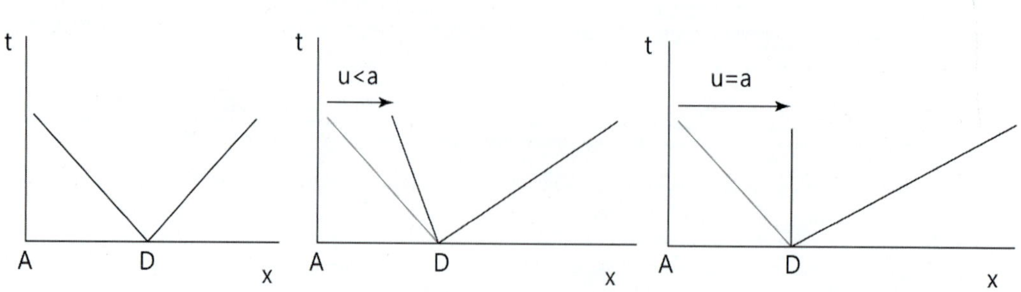

그림 3.2 t-x 다이어그램, u: 가스속도, a:음속

음속을 넘어 기체움직임의 반대 방향으로 신호가 전달 될 수 없다.

그림 3.2의 t-x 다이어그램에서 유속이 0일 때에 유체 내에서 신호의 전달 과정은 가장 왼쪽 그림과 같다. 어떠한 유체를 1차원으로 가정했을 경우(혹은 그림 3.1의 노즐을 완전한 1차원으로 가정했을 경우) D 지점의 신호는 같은 속도로 좌우로 퍼져가게 된다. 그러나 유속이 있을 경우 좌우로 전달되는 신호가 유속의 영향을 받게 되어 좌측으로는 천천히 우측으로는 빨리 전달된다. (중앙 그림) 그리고 유속이 더욱 빨라져서 음속에 도달하게 되면 신호 전달 속도와 유속이 같아져서 왼쪽으로는 신호가 전달되지 않는다. 다시 말해 유속이 음속에 도달하게 되면 전단의 신호가 후단에 도달하지 못한다.

이를 다시 노즐에 적용하여 생각해보면 D 지점의 압력이 점점 낮아지면 이 신호는 노즐목을 통해 연소실로 전달이 되고 점점 더 많은 유량이 흐르게 된다. 따라서 유속이 빨라지게 되고 단면적이 가장 작은 노즐목에서 가장 빠른 유속을 지니게 된다. 그러다가 노즐목에서의 유속이 음속에 도달하면 D의 압력이 아무리 낮아도 D의 압력이 낮다는 신호가 연소실에 도달하지 못한다. 이상태가 되면 노즐의 형상은 연소실에 아무런 영향을 주지 못하며 이렇게 노즐목에서의 속도가 음속에 도달하였을 때를 초킹(chocking)되었다고 표현한다.

이러한 직관적인 현상을 식으로 표현하면 다음과 같다. 연속방정식에 의하면 가스가 배관과 같이 경계가 있는 곳을 지날 때에 가스의 속도, v와 밀도 ρ와의 곱, ρv는 가스가 지나는 단면적에 반비례하며 또한 ρv는 최댓값이 존재한다. 이때에 단면적은 최솟값이 된다(예제 2.2 참조). 이렇게 단면적이 최소화되는 장소를 목이라고 부른다. 목면적은 보통 A_t로 표시하면 목면적과 노즐끝단 면적의 비인 확장비, ϵ은 연소기 설계에 매우 중요한 요소이다.

$$\epsilon = \frac{A_2}{A_t} \tag{3.1}$$

편의상 연소기를 연소실과 노즐로 구분하면 연소실 내부를 첨자 1, 노즐끝단을 첨자 2, 노즐목을 첨자 t 그리고 외기를 첨자 3으로 나타내기로 하자. 이에 따라 연소실 압력은 p_t, 노즐목에서의 압력은 p_2, 노즐끝단에서의 압력은 p_3, 외기의 압력은 가 된다. 로켓의 연소기는 isentropic, steady flow라고 가정할 수 있으므로 노즐에 임의의 점에서 압력과 면적과의 관계는 식 (2.99)로부터 다음과 같이 나타낼 수 있다.

$$\dot{m} = \frac{A_x p_1}{R} \sqrt{\frac{2c_p}{T_1}\left[\left(\frac{p_x}{p_1}\right)^{\frac{2}{k}} - \left(\frac{p_x}{p_1}\right)^{\frac{k+1}{k}}\right]} \tag{3.2}$$

단위 면적당 최대유량은 목에서 발생하며 최대 flow density가 되는 곳에서 압력값은 유일하게 결정된다. 그러므로 단위 면적당 최대 유량이 되는 곳을 목이라 하면 이 때의 압력은 목의 압력, p_t가 된다. 목에서의 압력을 구하기 위해 식 (3.2)를 미분하고 0으로 놓으면

$$\frac{p_t}{p_1} = \left(\frac{2}{k+1}\right)^{\frac{k}{k-1}} \tag{3.3}$$

이 된다. 식 (3.3)을 통해 계산되는 목압력, p_t는 critical pressure(임계압)라 부르며 일반적인 연소기에서 p_t/p_1는 비열비가 증가함에 따라 대략 0.57에서 0.53의 값을 갖는다. Critical pressure(목) 지점에서의 비체적과 온도 역시 isentropic relation과 식 (3.3)을 사용하여 구할 수 있다. 그림 3.3은 식 (3.3), (3.4), (3.5)를 통해 구할 수 있으며 그림 3.3은 이 식들의 결과로서 목에서 각각의 임계값을 보여준다.

$$V_t = V_1\left(\frac{k+1}{2}\right)^{\frac{1}{k-1}} \tag{3.4}$$

$$T_t = \frac{2T_1}{k+1} \tag{3.5}$$

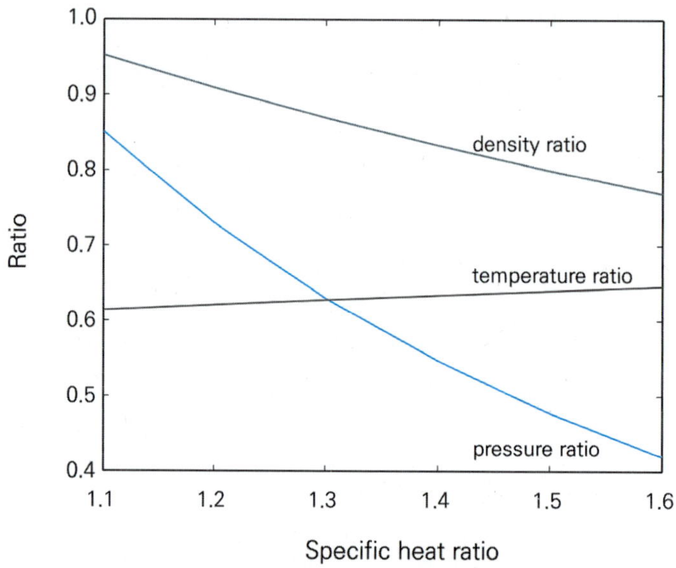

그림 3.3 비열비의 변화에 따른 임계값의 변화

2장의 식 (2.100)과 식 (3,3), (3.5)를 사용하여 노즐목에서의 속도를 구하며 다음과 같다.

$$v_t = \sqrt{\frac{2k}{k+1}RT_1} = \sqrt{kRT_t} \tag{3.6}$$

따라서 식 (3.6)으로부터 목에서의 속도는 음속과 같음을 알 수 있다. 초음속 노즐에서 목면적과 노즐내부(down stream) 면적과의 관계는 다음 식과 같다.

$$\frac{A_t}{A_x} = \frac{V_t v_x}{V_x v_t} = \left(\frac{k+1}{2}\right)^{\frac{1}{k-1}} \left(\frac{p_x}{p_1}\right)^{1/k} \sqrt{\frac{k+1}{k-1}\left[1-\left(\frac{p_x}{p_1}\right)^{\frac{k-1}{k}}\right]} \tag{3.7}$$

식 (3.7)에서 x가 노즐의 끝단이라면 $\frac{A_t}{A_x} = \frac{1}{\epsilon}$ 으로 팽창비(확대비)의 역수와 같다. 유사한 방법으로 목에서의 속도와 노즐하류의 속도와의 비는 다음과 같다.

$$\frac{v_x}{v_t} = \sqrt{\frac{k+1}{k-1}\left[1-\left(\frac{p_x}{p_1}\right)^{\frac{k-1}{k}}\right]} = \sqrt{\frac{k+1}{k-1}}\ \eta \tag{3.8}$$

Ex. 3.1 연속실 압력이 2.068 MPa의 엔진이 고도 25 km에서 5000 N의 추력을 내고 있다. 비열비, k=1.3, 기체상수, R=355.4 J/kg K라 가정했을 때 목넓이, 노즐끝단의 넓이, 목에서의 속도, 그리고 노즐 출구에서의 온도를 구하라.

Sol. at 25 km, $p_3 = 0.002549\ MPa$

따라서 압력비는

$$\frac{p_3}{p_1} = \frac{0.002549}{2.068} = 0.001232 = \frac{1}{811.3}$$

$$\frac{p_t}{p_1} = \left(\frac{2}{k+1}\right)^{\frac{k}{k-1}} = \left(\frac{2}{1.3+1}\right)^{\frac{1.3}{1.3-1}} = 0.546$$

$$p_t = 0.546 \cdot 2.068 = 1.129\ MPa$$

목에서의 속도

$$v_t = \sqrt{\frac{2k}{k+1}RT_1} = \sqrt{\frac{2 \cdot 1.3}{1.3+1}355.4 \cdot 2800} = 1060\ m/\sec$$

출구속도

$$v_2 = \sqrt{\frac{2k}{k-1}RT_1\eta} = \sqrt{\frac{2 \cdot 1.3}{1.3-1}355.4 \cdot 2800 \cdot 0.7969} = 2605\ m/\sec$$

비체적

$$V_1 = \frac{RT_1}{p_1} = 355.4 \cdot \frac{2800}{2.068 \times 10^6} = 0.481\ m^3/kg$$

목과 출구에서 비체적

$$V_t = V_1\left(\frac{ka+1}{2}\right)^{\frac{1}{k-1}} = 0.481\left(\frac{1.3+1}{2}\right)^{1/0.3} = 0.766\ m^3/kg$$

$$V_2 = V_1\left(\frac{p_2}{p_1}\right)^{1/k} = 0.481\left(\frac{2.068}{0.002549}\right)^{1/1.3} = 83.15\ m^3/kg$$

목면적과 노즐출구의 면적 및 확장비

$$A_t = \frac{\dot{m}V_t}{v_t} = 1.919 \cdot \frac{0.766}{1060} = 13.87\ cm^2$$

$$A_2 = \frac{\dot{m}V_2}{v_2} = 1.919 \cdot \frac{83.15}{2605} = 612.5\ cm^2$$

$$\epsilon = \frac{A_2}{A_t} = \frac{612.5}{13.87} = 44.16$$

출구온도

$$T_2 = T_1 \cdot \left(\frac{p_2}{p_1}\right)^{\frac{k-1}{k}} = 2800\left(\frac{0.002549}{2.068}\right)^{\frac{1.3-1}{1.3}} = 597\ K$$

3.1.1. 노즐의 형상 결정 방법

일반적으로 로켓엔진의 노즐은 콘모양과 벨모양의 노즐을 사용하며 고성능엔진은 대부분 벨모양의 노즐을 사용한다. 콘노즐은 말 그대로 노즐외과의 형상이 직선이며 벨노즐은 실제 벨과 같이 부드러운 곡선을 그리게 된다.

콘노즐은 노즐의 길이와 노즐목 크기 그리고 확장비만 알면 간단히 설계할 수 있으나 벨노즐은 노즐목에서 끝단까지 곡률이 변하므로 좀 더 복잡한 방법이 필요하다. 노즐내부의 유동은 초음속이므로 특성곡선을 사용하여 노즐을 설계하는 방법을 가장 먼저 떠올릴 수 있을 것이다. 실제로 Rao 방법이라는 특성곡선을 이용하여 벨노즐의 형상을 결정하는 방법이 있으나 이는 특성곡선을 풀어야 하므로 즉각적인 설계가 어렵다는 단점이 있다. 특성곡선을 사용하여 노즐의 형상을 결정하거나 노즐내부의 유동해석을 하는 기본적인 이론은 이 책의 후반에 다룰 것이며 실제 설계와 해석은 다음기회에 기술하도록 하겠다.

Huzel과 Huang(1992)은 저서 Modern Engineering for Design for Liquid-Propellant Rocket Engines[1]를 통해 액체로켓엔진 설계의 일반적인 개념과 기초설계방법을 설명하였다. 벨노즐을 설계할 때에도 기본적으로는 콘노즐을 상정하고 여기에 벨노즐을 투영한다는 방식으로 진행한다. 즉, 콘노즐의 길이와 확장각은 벨노즐에서도 매우 중요한 인자이다.

벨노즐 형상은 그림 3.4와 같이 목의 후단부터 노즐끝단까지이며 이 형상은 크게 두 가지 부위로 구분된다. 먼저 목에서부터 일정부분까지 노즐의 형상은 원으로 가정한다. 즉, 그림

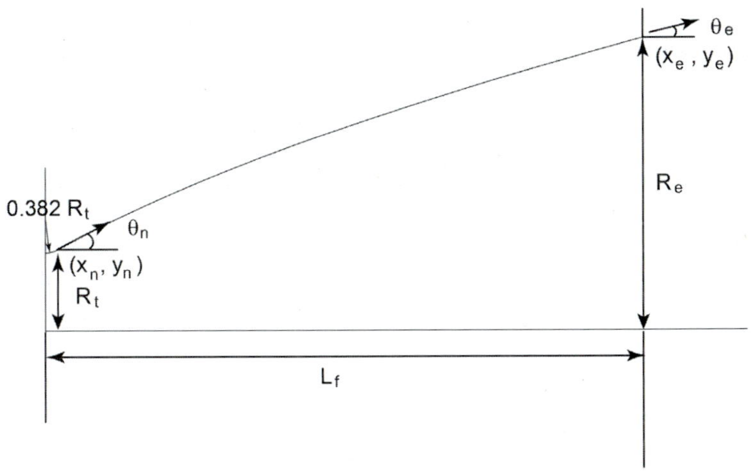

그림 3.4 다항식 형상의 벨노즐, R_t는 목은 반경이다.

3.4에서 노즐목의 x좌표를 0이라 했을 때, 0부터 x_n까지 노즐의 형상을 원이라고 가정하고 그 후부터 노즐끝단까지는 다항식으로 정의한다. 원과 3차원 다항식이 만나는 곳은 같은 기울기가 되는 곳으로 결정한다. 이 때, 목주변의 원형의 크기는 목반경의 0.382배로 한다. 그리고 노즐이 시작하는 부위(x_n, y_n)와 끝단(x_e, y_e)의 각도 θ_n, θ_e는 사전에 계산된 값을 사용한다. Huzel과 Huang(1992)은 다항식 부위를 2차함수라 가정하고 그 형상을 결정하였으나 이와 같이 2차함수로 노즐의 형상을 결정하게 되면 과규정(over determined) 시스템이 되기 때문에 실무에서는 잘 사용하지 않는다. 2차방정식은 $y = ax^2 + bx + c$의 형태이므로 미지수는 a, b, c 3개이나 미지수를 결정하는 조건은 좌표 (x_n, y_n), (x_e, y_e) 그리고 각각 이 지점에서의 기울기 θ_n, θ_e이므로 모두 4개이다. 그러므로 4개의 미지수가 필요한 3차 다항식을 많이 사용한다. 결론적으로 그림 3.4에서 0부터 x_n은 원, x_n부터 x_e까지는 3차 다항식이다.

노즐의 형상을 결정할 때에 가장 먼저 결정할 파라미터는 노즐의 길이, L_f이다. L_f는 먼저 콘노즐의 길이를 정하고 이를 적당히 축소시켜 결정한다. 콘노즐의 길이는 노즐목과 확장비에 비례하며 확장각은 30도를 많이 사용한다. 콘노즐의 길이, L_n는 다음의 식 (3.9)를 통해서 결정한다.

$$L_n = \frac{R_t(\sqrt{\epsilon} - 1) + R(\sec\alpha - 1)}{\tan\alpha} \tag{3.9}$$

여기서 R_t는 목반경, ϵ은 노즐확장비, α는 콘노즐이라 가정했을 때 확장되는 각도의 반, 즉 콘노즐의 반각이다. 일반적으로 30도의 절반인 15도를 사용한다. 식 (3.9)에 의해 콘노즐의 길이가 결정되면 여기서부터 벨노즐의 길이를 유추한다. 보통 벨노즐의 길이 L_f는 L_n보다 짧게 결정하는데, L_f가 L_n의 80% 이상일 경우에는 노즐성능의 차이가 거의 없으므로 L_n의 80%가 많이 사용한다[1]. 참고로 엔진의 무게를 줄이는 것은 엔진 설계의 중요한 덕목 중의 하나이기 때문에 노즐의 길이는 무게적인 측면에서 짧을수록 좋다. 다만 노즐의 길이가 너무 짧으면 노즐이 팽창하는 정도가 크므로 노즐 내부에서 shock이나 박리가 생길 수 있다. 끝으로 그림 3.4의 θ_n과 θ_e는 Huzel & Huang(1992)[1]의 그림 3.5로부터 구할 수 있다.

θ_n와 θ_e이 결정되면 3차원 다항식을 사용하여 벨노즐 전체 형상을 구한다. 먼저 노즐이 시작하는 위치를 x_o, 원과 다항식이 만나는 곳을 x_n, 노즐 끝을 x_e라 하면 x_o부터 x_n까지는

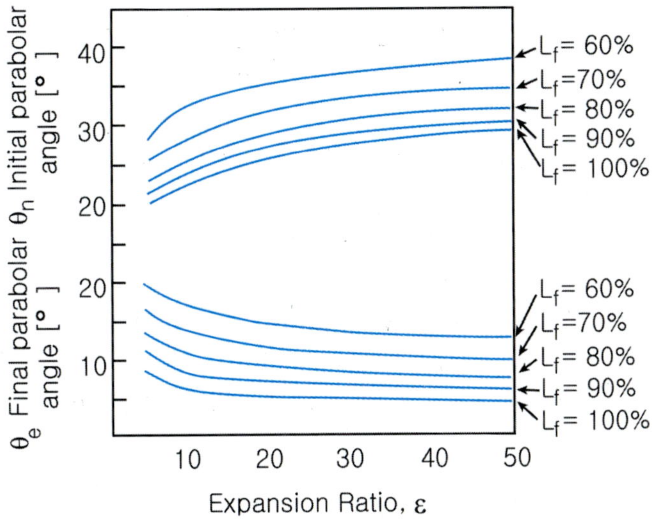

그림 3.5 θ_n and θ_e as a function of expansion ratio, ε. [1]

중심이 $(0,\ 1.382R_t)$ 반경이 $0.382R_t$인 원이 된다. 벨노즐의 형태상 y 값에 비하여 x 값의 변화가 많으므로 3차원 다항식은 다음과 같이 가정한다.

$$x = ay^3 + by^2 + cy + d \tag{3.10}$$

x_n 지점에서는 원과 다항식의 y값이 같아야 하고 또한 기울기가 각각 θ_n으로 같아야 하므로

$$(x_1,\ y_1)_{circle} = (x_1,\ y_1)_{polynomial} \tag{3.11}$$

$$\left.\frac{dy}{dx}\right|_{circle} = \left.\frac{dy}{dx}\right|_{polynomial} = \tan\ \theta_n \tag{3.12}$$

이 성립해야 한다. 그러나 실제로 x_n을 구할 때에 식 (3.10)과 식 (3.12)를 연립시킬 필요는 없다. 하나의 원에서 같은 기울기를 같은 점은 딱 두 점밖에 없기 때문에 원의 방정식과 기울기만으로 원하는 x_n을 구할 수 있다.

원의 반경을 $0.382R_t$라고 하면 원의 형태는 다음과 같다.

$$x^2 + (y - 1.382R_t)^2 = (0.382R_t)^2 \tag{3.13}$$

식 (3.13)에서 기울기를 구하고 식 (3.12)를 사용하면

$$\frac{dy}{dx} = -\frac{x_n}{y_n - 1.382R_t} = \tan\,\theta_n \tag{3.14}$$

가 된다. 식 (3.14)와 식 (3.13)을 (x_n, y_n)에 대하여 연립하여 풀면

$$x_n = 0.382\,R_t\,\sin\,\theta_n \tag{3.15}$$

$$y_n = \sqrt{0.382^2 R_t^2 - x_n^2} + 1.382R_t$$

원에서 같은 기울기를 갖는 점은 두 개가 있고 우리는 지금 1/4분면을 다루고 있으므로 식 (3.15)는 (x_n, y_n)이 모두 양이 되는 값을 선택한 것이다. 이와 같이 식 (3.15)를 사용하여 원과 다항식의 접점인 (x_n, y_n)을 구할 수 있다.

노즐의 나머지 부분은 순수하게 다항식으로만 결정이 되며 다항식이 시작하는 처음과 끝에서의 기울기와 위치를 알고 있기 때문에, 식 (3.10)의 미지수, a, b, c, d를 구할 수 있다. 식 (3.10)에 노즐의 양 끝단의 값을 대입하면 다음과 같다.

$$ay_n^3 + by_n^2 + cy_n + d = x_n \tag{3.16}$$

$$ay_e^3 + by_e^2 + cy_e + d = x_e \tag{3.17}$$

그리고 식 (3.10)을 y에 대하여 미분하면

$$3ay^2 + 2by + c = \left(\frac{dy}{dx}\right)^{-1} \tag{3.18}$$

이므로 양 끝단에서

$$3ay_n^2 + 2by_n + c = \left.\frac{dy}{dx}\right|_{x_n}^{-1} \tag{3.19}$$

$$3ay_e^2 + 2by_e + c = \left.\frac{dy}{dx}\right|_{x_e}^{-1} \tag{3.20}$$

가 된다. 그러므로 식 (3.16), (3.17), (3.19), (3.20)을 사용하여 다항식의 계수 a, b, c, d를 구할 수 있다. 다항식이 완성되면 목직경과 팽창비 그리고 원의 방정식과 다항식을 사용하여

노즐의 형상을 결정할 수 있다.

Ex. 3.2 목직경, $D_t = 24.90$ inch, 확장비, $\epsilon = 14$, 길이는 80%의 콘노즐, 노즐 반각은 15°, 노즐목 부근의 형상을 $0.382R_t$ 원, 나머지 부분을 3차원 다항식의 벨노즐이라 가정할 때 전체노즐의 형상을 구하라.

Sol. 식 (3.9)로부터,

$$L_n = \frac{R_t(\sqrt{\epsilon} - 1) + R(\sec\alpha - 1)}{\tan\alpha}$$

$$L_n = \frac{12.45\sqrt{14} - 1) + 0.382 \cdot 12.45 \cdot (\sec 15^\circ - 1)}{\tan 15^\circ} = 128.0146\ in$$

L_f는 L_n의 80%이므로

$$L_f = 0.8 \times L_n = 102.4\ \ in$$

노즐확장비와 벨노즐과 콘노즐의 길이비를 알고 있으므로 그림 3.5로부터, $\theta_n = 27.4°$, $\theta_e = 9.8°$를 구할 수 있다.

원과 다항식의 접점을 구하기 위해 식 (3.15)에

$$x_n = \frac{0.382 R_t \tan\theta_n}{\sec\theta}$$

$$y_n = \sqrt{0.382^2 R_t^2 - x_n^2} + 1.382 R_t$$

θ_n과 R_t를 대입하면

$$x_n = 2.19\ in, \quad y_n = 12.99\ in$$

을 얻을 수 있다.

식 (3.16), (3.17), (3.19), (3.20)에 의해

$$
\begin{aligned}
&ay_n^3 + by_n^2 + cy_n + d = x_n \\
&ay_e^3 + by_e^2 + cy_e + d = x_e \\
&3ay_n^2 + 2by_n + c = \left.\frac{dy}{dx}\right|_{x_n}^{-1} \\
&3ay_e^2 + 2by_e + c = \left.\frac{dy}{dx}\right|_{x_e}^{-1}
\end{aligned}
$$

위 식을 행렬로 다시 표현하면

$$
\begin{pmatrix} y_n^3 & y_n^2 & y_n & 1 \\ y_e^3 & y_e^2 & y_e & 1 \\ 3y_n^2 & 2y_n & 1 & 0 \\ 3y_e^2 & 2y_e & 1 & 0 \end{pmatrix} \begin{pmatrix} a \\ b \\ c \\ d \end{pmatrix} = \begin{pmatrix} x_n \\ x_e \\ \dfrac{1}{\tan\theta_n} \\ \dfrac{1}{\tan\theta_e} \end{pmatrix}
$$

대입하고 정리하면 다음을 얻을 수 있다.

$$
a = 0.0016,\ b = -0.0812,\ c = 3.2530,\ d = -29.7548
$$

지금까지는 3차 다항식을 사용하여 노즐을 설계하였으나 3차 다항식 형상 이외에, 쌍곡선이나 Narayanan Komerath(2003)[2] 시스템을 사용할 수도 있다.

- 쌍곡선 시스템: $x^2 + ax + by^2 + cy + d = 0$
- Narayanan Komerath: $y = ax + \sqrt{bx + c} + d$

이러한 시스템의 결과는 그림 3.6에서 볼 수 있으며 각 시스템 별로 노즐의 형상에는 큰 차이가 없음을 알 수 있다.

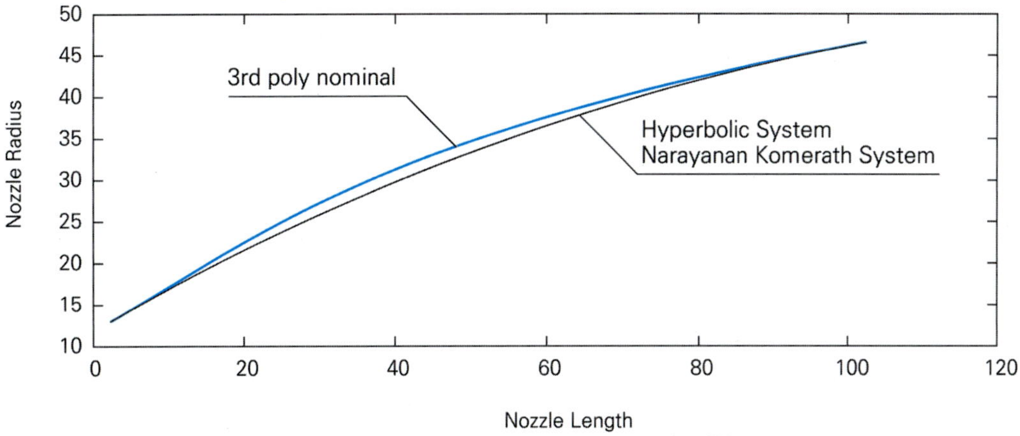

그림 3.6 Nozzle geometries determined by the various approximation

3.1.2. 노즐 확장비 효과

가장 이상적인 노즐의 확장비는 주위의 압력과 노즐끝단의 압력이 같아지는 값이다. 그러나 로켓이 대기권을 비행할 때면 고도에 따라 압력이 달라지므로 일반 노즐로서는 이러한 요구사항을 만족시킬 수 없다. 또한 로켓이 대기권 밖으로 나가게 되면 주위압력이 거의 0에 가까워지므로 연소기의 확장비는 이론적으로 무한히 커져야 한다. 그러므로 현실적으로 이상적인 노즐을 설계하는 것은 불가능하다. 또한 노즐의 크기는 고정되어 있고 주위의 압력은 고도, 온도, 압력 등에 따라 시시각각 변화하므로 로켓이 비행하는 동안의 대부분은 이상적인 노즐의 확장비보다 크거나 작은 값을 갖게 된다. 만일 노즐의 크기가 작아서 노즐끝단의 압력이 주위보다 클 경우를 저팽창(under expansion), 노즐이 커서 주위의 압력보다 작을 경우를 과팽창(over expansion)이라고 한다. 그림 3.7은 연소압 60 bar, 노즐끝단의 압력 0.5를 가정했을 때 고도에 따른 추력계수의 변화이다. 노즐의 확장비에 관계없이 고도가 올라가 주변의 압력이 낮아지면 추력계수는 커지게 되고 따라서 추력이 증가한다. 그러나 그림에서 알 수 있듯이 고고도에서는 팽창비가 큰 엔진의 추력계수가, 저고도에서는 팽창비가 낮은 엔진의 추력계수가 더 크다. 또한 그림 3.7을 보면 확장비가 클 때에 저고도에서 추력계수가 급격히 떨어지는 것을 알 수 있는데 이 값들은 이론적인 값이며 실제로는 노즐이 과팽창을 하면 내부에서 박리나 shock이 생긴다. 운이 좋아서 shock 대신에 박리가 일어나게 되면 그림처럼 급격히 감소하지는 않는다.

노즐확장비와 분사가스의 형상과의 관계는 그림 3.8과 같다. 저팽창의 경우는 노즐끝단의

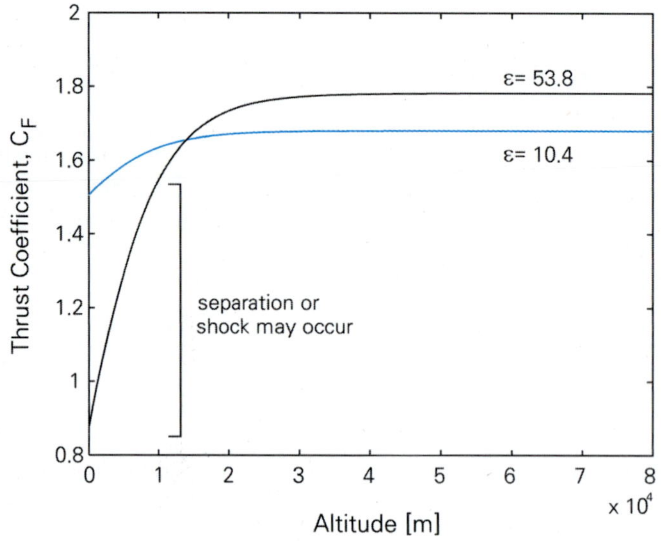

그림 3.7 고도에 따른 추력계수 변화. 연소압 60 bar, 노즐끝단 0.5 bar, 0.05 bar

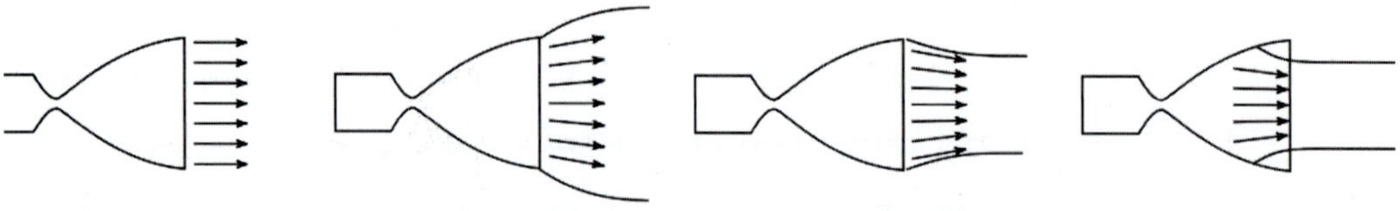

그림 3.8 노즐의 팽창비에 따른 분사가 형상

압력이 주위의 압력보다 크기 때문에 노즐을 통해 분사되는 가스들이 노즐 면에 수직하게 (수학적인 정의에 의하면 노즐면의 방향으로) 분사되지 않고 밖으로 확산되는 현상이 일어난다. 이와는 반대로 과팽창 노즐의 경우에는 주위의 압력으로 인해 유동이 수축되게 되며 팽창비가 커짐에 따라 유동이 노즐 내부에서 박리되기 시작한다. 그리고 확장비가 더욱 커지게 되면 노즐 내부에서의 급격한 압력차가 발생하여 내부에서 충격파가 생기게 된다.

노즐의 측면에서만 본다면 노즐끝단의 면적을 변화시킬 수 있다면 매우 넓은 범위에서 최적화된 노즐 확장비를 구현할 수 있을 것이다. 그리고 이러한 시도는 이미 비행기에서는 일반화된 기술이다. 그림 3.9는 F-100 엔진의 노즐 크기 변화 모습이다.

그러나 로켓엔진에 위와 유사한 메커니즘이 사용되는 예는 두 가지의 예외를 제외하고 아직 필자가 아는 한도 내에서 찾지 못하였다. 하나는 그림 1.21과 같이 노즐확장부를 준비하여 필요시 전개하는 예이다. 그러나 그림 1.21의 LR-10-B-2 엔진은 넓은 범위의 고도에서 노즐의 크기를 최적화시키기 위한 것은 아니고 사용하지 않을 때 노즐확장부를 접어서 엔진

그림 3.9 F-100 엔진의 노즐 크기 변화[3]

의 크기를 줄이면서 진공 중에 확장비를 크게 하기 위함이다. 다른 하나는 스페이스 셔틀 엔진에 사용된 노즐인데 스페이스 셔틀의 엔진은 지상부터 고공까지 넓은 범위에서 사용되기 때문에 1단 엔진으로는 70이 넘는 매우 큰 확장비를 가지고 있다. 이렇게 큰 확장비의 노즐은 지상에서 작동 시 박리나 shock이 일어나서 원하는 추력을 얻기 힘들다. 이를 방지하고자 SSME의 노즐에는 노즐끝 부분의 확장각을 줄여 비정상 유동을 방지하였다. 비행기 엔진처럼 주위환경에 따라 노즐끝단의 크기가 능동적으로 변화하는 것이 아니고 사전에 설계된 값 내에서 유동의 특성을 변화시키는 방법을 사용한 것이다. SSME 노즐의 길이는 콘노즐 길이의 80.6%이며 끝단의 값은 약 5.5도이다. 이는 그림 3.6의 최적값에 비해 매우 작은 값이다. 이에 따라 유동 중심의 압력은 0.178 atm이나 노즐 벽 주위에서의 압력은 0.384 atm으로 주위 압력에 대응이 가능하게 되었다.

이러한 기계적인 조작 없이 고도가 변할 때에 주위환경에 부응하여 엔진의 효율을 높이고자하는 시도로는 에어로스파이크(aerospike) 노즐을 들 수 있다. 에어로스파이크 노즐은 밖으로 볼록한 벨형 노즐을 사용하지 않고 그림 3.10과 같이 안으로 오목한 노즐을 사용한다. 노즐의 상부에는 작은 연소실을 배치하여 연소가스를 배출하고 배출된 연소가스는 스파이크 노즐의 벽면을 따라 흘러 나가게 된다. 따라서 연소가스는 처음부터 외기에 노출되어 주변의 압력에 따라 유동패턴이 바뀌게 된다. 그림 3.10(a)는 저고도에서 유동패턴을 나타낸 것으로 연소실에서 분사된 가스가 많이 팽창하지 못하고 노즐의 벽면을 따라서 분사된다. 반면에 고공 혹은 우주공간에서 사용될 때에는 주변의 압력이 매우 낮기 때문에 주위의 압력에 맞춰 배기가스가 팽창하게 된다.

에어로스파이크 엔진 연구의 시초는 새턴 V의 상단에 사용되었던 J-2 엔진을 변형한 J-2T-200k와 J-2T-250k이다. 이들 엔진은 환상형 에어로스파이크를 장착한 엔진으로 각각 200,000 lbf(890 kN)과 250,000 lbf(1.1 MN)의 추력을 낼 수 있었다[4]. 이들 엔진은 실용화까지 도달하지 못했으나 후에 X-33에 사용되는 엔진 컨셉의 기초가 되었다. 에어로스파이크 엔진은 주위 환경 변화에 능동적인 대처가 가능하기 때문에 SSTO(Single Stage to Orbit)에 적합한 엔진이다. 몇몇 전문가에 따르면 현재 벨형의 노즐을 장착한 화학로켓엔진으로는 SSTO의 구현이 불가능하다고 한다. 이에 대한 대안으로 에어로스파이크 엔진을 들 수 있으며 실제로 X-33 프로젝트를 통해 개발된 리니어 에어로스파이크 엔진은 지상에서 연소시험을 성공한 바가 있다. 에어로스파이크 엔진의 장점은 주위 환경에 따른 능동적 반응 뿐 아니라 그림 3.10의 좌우에 있는 연소실의 분사량을 조절하여 힘의 편향을 일으켜 방향조절이 가능하다는 것이다. 즉, 한쪽의 분사량을 줄이면 그 방향으로 토크가 작용하기 때문에 실제로 노즐을 움직이지 않고도 TVC(Thrust Vector Control)가 가능하다.

이상에서 언급한 바와 같이 에이로스파이크 노즐이 장점만 있는 것은 아니다. 노즐 주위의 연소실과 커다란 노즐을 모두 냉각시켜야 하기 때문에 냉각에 어려움이 있다. 또한 여러 개의 연소실을 통해서 분출되는 가스가 노즐의 벽면에 부딪히면서 유동이 형성되므로 약간의 손실이 발생한다. 그리고 무엇보다 큰 약점은 아직 실용화된 엔진이 없다는 것일 것이다.

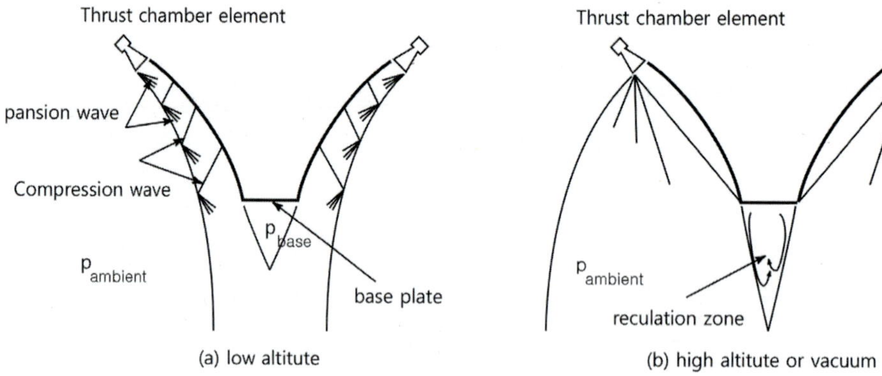

그림 3.10 저고도와 고고도에서 에어로스파이크 노즐의 유동패턴

3.1.3. 추력과 추력 파라미터

앞선 2.2절에서 로켓 추진의 기본원리를 알아보았다. 여기서는 로켓의 추력을 엔진설계와 연관시켜 살펴보도록 하자. 연소실, 노즐끝단, 외기를 각각 첨자 1, 2, 3으로 나타내면 노즐을 통해 외기로 빠져나가는 기체와 노즐의 면적, 그리고 외기압과의 관계는 다음과 같이 나타낼 수 있다.

$$F = v_2 \dot{m} + (p_2 - p_3) A_2 \tag{3.21}$$

식 (3.21)에서 A_2는 엔진 노즐끝단의 넓이이므로 상수이다. 또한 주어진 엔진에 대해 v_2, $\dot{m}$, p_2 역시 비행 중에 큰 변화가 없으므로 상수로 볼 수 있다. 그러므로 주어진 식에서 유일한 변수는 주위의 압력 p_3로서 고도가 높아지면서 대략 지수함수로 감소한다. 따라서 로켓이 발사되면 고도에 따라 추력이 증가하게 된다.

v_2가 시간에 대한 변화는 그리 크지 않다고는 하지만 공간상으로 모두 같은 값을 갖는 것은 아니다. 당연히 노즐 벽 근방에서는 경계층의 영향으로 인하여 값이 작아지고 중앙에서 가장 큰 값을 갖는다. 그러므로 v_2의 값을 정확하게 예측하는 것은 쉬운 일이 아니며 1차원 해석으로 이러한 효과를 나타낼 수 없다. 따라서 좀 더 사용하기 편리한 속도가 필요하게 되는 데 이를 유효분사속도(effective exhaust velocity)라 한다. 유효분사속도는 노즐에서 분사되는 가스는 모두 같은 크기로 축방향으로 분사된다고 가정하는 속도로 다음과 같이 정의된다.

$$c = I_s g_o = \frac{F}{\dot{m}} \tag{3.22}$$

식 (3.22)는 식 (3.21)을 질유량으로 나눈 값으로 다음과 같이 쓸 수 있다.

$$c = v_2 + (p_2 - p_3)\frac{A_2}{\dot{m}} \tag{3.23}$$

이상적엔진(ideal engine)을 가정하면 $p_2 = p_3$이므로 유효분사속도는 가스의 노즐 출구속도인 v_2와 같다. 또한 실제 엔진이라 하더라도 p_2와 p_3가 큰 차이가 없기 때문에 c와 v_2 역시 크게 차이가 나지는 않는다.

추력을 속도 대신에 압력의 함수로 나타내는 경우가 많다. $\dot{m}$은 연소기 내부의 모든 단면적에서 변화가 매우 적으므로 $\dot{m}$은 시간과 위치에 무관하게 노즐의 목넓이와 가스의 속도 그리고 밀도로 표현할 수 있다. 이를 식 (3.21)에 대입하면

$$F = \frac{A_t v_2 v_t}{V_t} + (p_2 - p_3)A_2 \tag{3.24}$$

여기서 V_t는 목에서의 비체적을 의미한다. 엔진 내부의 조건을 isentropic이라 가정하고 노즐끝단의 속도, v_2를 식 (2.100), 비체적, V_t를 식 (3.4)로 표현하고 목에서의 chocking되었

다고 가정하면 속도는 음속과 같아진다. 이에 따라 식 (3.24)는 다음과 같이 된다.

$$v_2 = \sqrt{\frac{2k}{k-1}RT_o\left[1-\left(\frac{p_2}{p_o}\right)^{\frac{k-1}{k}}\right]} \tag{2.100}$$

$$V_t = V_1\left(\frac{k+1}{2}\right)^{\frac{1}{k-1}} \tag{3.4}$$

$$\begin{aligned}
F &= A_t\sqrt{\frac{2k}{k-1}RT_1\left[1-\left(\frac{p_2}{p_1}\right)^{\frac{k-1}{k}}\right]}\sqrt{kRT_t}\,\frac{1}{V_1}\left(\frac{2}{k+1}\right)^{\frac{1}{k-1}} + (p_2-p_3)A_2 \\
&= \frac{A_tR}{V_1}\sqrt{\frac{2k^2}{k-1}T_1T_t\left(\frac{2}{k+1}\right)^{\frac{2}{k-1}}}\ \eta + (p_2-p_3)A_2 \\
&= A_t\frac{RT_1}{V_1}\sqrt{\frac{2k^2}{k-1}\left(\frac{2}{k+1}\right)\left(\frac{2}{k+1}\right)^{\frac{2}{k-1}}}\ \eta + (p_2-p_3)A_2 \\
&\quad \left(\because\ T_t = \frac{2T_1}{k+1}\right) \qquad (3.5) \\
&= A_tp_1\sqrt{\frac{2k^2}{k-1}\left(\frac{k+1}{k+1}\right)^{\frac{2}{k-1}}\left[1-\left(\frac{p_2}{p_1}\right)^{\frac{k-1}{k}}\right]} + (p_2-p_3)A_2
\end{aligned}$$

$$F = A_tp_1\sqrt{\frac{2k^2}{k-1}\left(\frac{2}{k+1}\right)^{\frac{k+1}{k-1}}\left[1-\left(\frac{p_2}{p_1}\right)^{\frac{k-1}{k}}\right]} + (p_2-p_3)A_2 \tag{3.25}$$

식 (3.24)는 일반적인 엔진에 적용 가능하지만 식 (3.25)를 유도하기 위해서 isentropic 상황에서 k값을 상수로 가정하였으므로 식 (3.25)는 이상적인 엔진에만 적용이 가능하다. 그리하여 식 (3.25)는 이상적인 엔진의 추력을 기술하고 있기 때문에 이상추력방정식(ideal thrust equation)이라고 한다. 다행히도 연소실의 내부는 온도가 매우 높고 손실이 적기 때문에 이상적이 엔진과 크게 벗어나지 않는다. 이를 감안하면 식 (3.25) 역시 실용적으로 사용하기에 충분하다고 하겠다. 식 (3.25)를 살펴보면 추력은 목넓이와 연소압 그리고 연소압과 노즐끝단의 압력비에 의해 결정되며 특히 노즐목 넓이와 연소압에 비례하는 것을 알 수 있다. 여기서 한가지 재미있는 사실은 목넓이와 연소실 압력이 서로 독립적이지 않다는 것이다. 같은 유량이라면 목의 크기가 작아질수록 연소압이 높아지고 연소압을 높이려면 목넓이를 작게 만들어야 하므로 단순히 목의 크기를 키운다거나 연소압을 높인다고 해서 원하는 만큼 추력이 늘어나지는 않는다. 관건은 추력은 목넓이와 연소압의 곱에 비례해서 증가한다는 것이다.

추력계수(thrust coefficient), c_F는 식 (3.25)를 연소실 압력, p_1과 목면적, A_t으로 나눈 값이다.

$$c_F = \sqrt{\frac{2k^2}{k-1}\left(\frac{2}{k+1}\right)^{\frac{k+1}{k-1}}\left[1-\left(\frac{p_2}{p_1}\right)^{\frac{k-1}{k}}\right]} + \frac{(p_2-p_3)A_2}{p_1 A_t} \tag{3.26}$$

식 (3.26)에서 알 수 있듯이 주어진 어떤 연소압과 출구압과의 압력비 $\frac{p_2}{p_1}$에 대해서, 추력계수, c_F는 외기압력과 노즐출구압력이 같을 때 최대값이 되며 이 값을 최적 추력계수(optimum thrust coefficient)라 한다. 추력계수를 사용하여 식 (3.25)를 다시 쓰면 식 (3.27)과 같다.

$$F = C_F A_t p_1 \tag{3.27}$$

식 (3.27)에서 추력은 연소실 압력에 비례하나 추력계수는 연소실 압력과 반비례하므로 전체적으로 추력은 압력과 직접적으로 비례관계를 유지하지 못한다. 그러나 목면적은 추력계수의 파라미터가 아니기 때문에 추력과 목면적은 직접적으로 비례한다고 할 수 있다. 또한 목면적와 연소실 압력의 곱은 힘을 나타내며 여기에 추력계수를 곱한 값이 전체 추력이 되므로 추력계수는 노즐을 통해 추력이 증가하는 척도로서 의미를 가지고 있다. c_F는 이상적인 노즐에서 최댓값이 되며 실제노즐에서는 그 형상에 따라 이상적인 c_F 값에 가까운 값을 가지게 된다. 그러므로 이 두 값의 비를 노즐효율이라고 한다. 따라서 얼마나 노즐을 효율적으로 설계했느냐를 가늠할 수 있는 지표로서 노즐효율 또는 c_F 값을 사용한다.

연소실의 연소효율을 나타내기 위해서는 특성속도(characteristic effective velocity)를 사용한다. 특성속도, c^*는 연소실 압력과 목면적과의 곱을 질유량으로 나눈 값이다.

$$c^* = \frac{p_1 A_t}{\dot{m}} = \frac{I_s g_o}{C_F} = \frac{\sqrt{kRT_1}}{k\sqrt{\left(\frac{2}{k+1}\right)^{\frac{k+1}{k-1}}}} \tag{3.28}$$

식 (3.28)에서 특성속도, c^*는 연소온도와 비열비, k 그리고 기체상수, R만의 함수임을 알 수 있다. 따라서 특성속도는 기본적으로 추진체 고유의 특성값과 연소실 특성만의 함수이다. 여기서 연소실의 특성은 연소실 압력, O/F 비 등이다. 따라서 이상적인 연소기일 경우 특성속도는 식 (3.28)과 같이 나타낼 수 있으며 실제 연소기의 특성속도와의 차이는 연소기 효율로 이해될 수 있다. 또한 특성속도는 식 (3.28)을 통해 알 수 있듯이 비추력과 직접적인 관계가 있기 때문에 추진제와도 관련이 있는 값이다. 따라서 두 엔진의 특성속도를 비교할 때에는 동일한 추진제를 사용하는 엔진끼리 만이 가능하며 다른 추진제를 사용하는 엔진의 특성속도를 비교하는 것은 무의미하다. 다른 추진제의 엔진의 연소효율을 비교하게 위해서는 연소효율 값 자체를 비교해야 하나 이마저도 추진제의 특성으로 인해 단순비교는 지양하는 것이 좋다.

케로신 엔진일 경우 이론적인 c^*값은 약 1840 m/sec이다. 만일 개발된 연소기의 c^* 값이 1780 m/sec로 측정되었다면 연소효율은 이 두 값의 비인 약 0.97이 된다. 연소기는 연소실과 노즐로 구성되었으므로 연소기의 전체 효율은 연소실의 효율과 노즐 효율의 곱이 된다.

또한 식 (3.28)은 목넓이와 연소실과의 관계를 말해주는 매우 중요한 식이다. 즉, 식 (3.28)에서 목넓이와 연소실과의 관계만으로 다시 쓰면 다음과 같다.

$$A_t = \frac{\sqrt{kRT_1}}{k\sqrt{\left(\frac{2}{k+1}\right)^{\frac{k+1}{k-1}}}} \frac{\dot{m}}{p_1} \tag{3.28a}$$

식 (3.28a)를 보면 목넓이는 유량과 연소압과의 함수이다. 따라서 동일한 유량을 소모하는 엔진이라 하더라도 노즐목 크기를 줄이면 이에 따라 연소압이 증가되어야 한다. 따라서 엔진을 설계할 경우 엔진의 추력이 결정된다 하더라도 연소압에 따라 노즐목 크기가 변화한다. 그리고 변화된 노즐목의 크기는 동일한 팽창비를 유지하기 위해 노즐 크기에 영향을 미쳐 결과적으로 엔진의 크기가 변화한다. 팽창비는 엔진의 추력과 비추력에 영향을 주므로 가급적 연소실의 압을 올리면 동일한 추력과 비추력을 가지면서 좀 더 작은 엔진을 설계할 수 있다.

Ex. 3.3 챔버압이 120 bar인 연소기가 있다. 비열비 k를 1.3, 확장비를 12이라 할 때 지상과 고도 25 km에서 추력의 변화(추력의 차이)를 계산하라.

Sol. 지상에서의 외기압: 1 bar

식 (3.27)에서 c_F를 제외한 A_t와 p_1은 상수이므로 c_F의 변화로 부터 추력의 변화를 유추할 수 있다. 그리고 식 (3.26)에서 외기압의 변화는 c_F에 영향을 미친다는 것을 알 수 있다. 식 (3.26)에서 p_2 제외한 모든 값을 알고 있으므로 p_2를 구하기 위해 노즐목의 면적과 노즐끝단의 면적과의 관계(식 3.7)에서 x 위치에 노즐끝단을 적용하면,

$$\frac{A_t}{A_x}=\frac{V_t v_x}{V_x v_t}=\left(\frac{k+1}{2}\right)^{\frac{1}{k-1}}\left(\frac{p_x}{p_1}\right)^{1/k}\sqrt{\frac{k+1}{k-1}\left[1-\left(\frac{p_x}{p_1}\right)^{\frac{k-1}{k}}\right]}$$

$$\frac{p_2}{p_1}=0.0074,\ p_2=0.0564\ \text{bar}$$

가 된다. 그러므로

$$c_F=\sqrt{\frac{2k^2}{k-1}\left(\frac{2}{k+1}\right)^{\frac{k+1}{k-1}}\left[1-\left(\frac{p_2}{p_1}\right)^{\frac{k-1}{k}}\right]}+\frac{(p_2-p_3)A_2}{p_1A_t}=1.4481$$

같은 방법으로 25 Km에서 외기압은 0.0251 bar이므로

$$c_F=1.7444$$

그러므로 c_F는 1.2043배 만큼 증가한다.

Question 3.1 어떠한 엔진의 지상 추력이 25,400 kg이며 연소실 압력이 20 bar이다. 노즐 출구의 직경이 740 mm이고 노즐출구압력이 0.8 bar일 때, 12 km 상공에서의 추력을 구하라. 단, 12 km 상공에서의 대기압은 0.257 bar이다.

Question 3.2 어떤 로켓의 제원이 다음과 같을 때 1) critical pressure ratio, 2) v_t, 3) 확장비, 4) v_2를 구하라. (이상적 엔진이라 가정)

- 연소압 27 bar
- 노즐 출구압 0.2 bar
- 비열비 1.2
- 평균분자량 17 kg/kg mole
- 연소온도 2500°C

Question 3.3 특성 속도 c^*가 1200 m/sec이고 유량이 5 kg/sec, 추력계수는 1.5, 그리고 노즐목 넓이는 6 cm^2일 때, 유효연소속도, 추력, 연소압, 비추력을 구하라.

Question 3.4 상단로켓엔진의 연소온도가 3600°C이고 비열비는 1.3, 분자량은 15 kg/kg mole이다. 이 엔진의 연소압은 60 bar, 추력은 30 ton 노즐의 확장비는 50일 때 추진제의 유량과 목의 직경을 구하라.

Question 3.5 식 (2.96)으로부터 식 (3.2)를 유도하시오.

3.2. 연소실

3.2.1. 화학평형식

연소실은 화학에너지를 기체의 운동에너지로 전환하는 장치로서 로켓엔진에서 추력을 발생시키는 장치이다. 다시 말하면 추진제인 반응물과 연소가스인 화합물과의 엔탈피 차이를 이용하여 열을 발생시킨다. 따라서 연소실 내부는 두 물질의 엔탈피 차이로 인한 열이 발생하므로 연소실 손상을 방지하기 위해서는 끊임없이 계속해서 연소실을 냉각시켜야 한다. 또한 일반적으로 연소실은 고압용기이므로 고압에 견딜 수 있도록 튼튼하게 제작해야 한다. 반면에 연소실이 가벼울수록 전체 발사체의 성능이 향상되므로 연소실은 가능한 가볍게 만들어야 한다. 또 한 가지 중요한 것으로, 연소실 내부에서 연소가 잘 일어날 수 있도록 액체인 추진제를 미립화하고 잘 혼합해 주어야 하는데, 이는 보통 분사기를 통해 이루어진다.

연소실 내부 연소의 현상을 쉽게 이해하기 위해 발생되는 연소가스를 이상기체라 가정하면 연소실 내부에 상태방정식을 적용할 수 있다. 그리고 연소실 내부의 연소가스의 양은 다음과 같이 정의된다.

$$n = \sum_{j=1}^{m} n_j \tag{3.29}$$

여기서 n은 연소기 내부기체의 전체 몰수(kg mol in MKS or g mol in CGS), j는 species

를 가리키는 인덱스, m은 전체 species 종류의 수, n_j는 j species 몰수이다.

또한 평균 분자량은

$$\mathbb{M} = \frac{\sum_{j=1}^{m} n_j \mathbb{M}_i}{\sum_{j=1}^{m} n_j} \tag{3.30}$$

여기서 $\mathbb{M}$는 평균분자량, $\mathbb{M}_i$는 i번째 분자의 분자량이다.

로켓엔진을 연구할 때에 연소실에서 반응하는 연료와 산화제 양의 비율은 흔히 O/F 비로 나타내며 O/F 비는 산화제와 연료의 질량비이다.

$$O/F = \frac{mass_{oxygen}}{mass_{fuel}} \tag{3.31}$$

그러나 일반적인 연소현상은 보통 연료와 산화제의 비를 나타내는 지표로 fuel-oxidize mass ratio와 equivalence ratio를 많이 사용한다.

$$MR = \frac{fuel\ mass}{oxidizer\ mass} \tag{3.32}$$

$$\phi = \frac{MR}{MR_{stoi}} \tag{3.33}$$

식 (3.32)에서 MR은 mixture ratio이며 식 (3.33)에서 ϕ는 equivalence ratio, MR_{stoi}는 모든 연료와 산화제가 반응하여 반응물로 변화하는 mixture ratio로서 stoichiometric mixture ratio라 한다. 예를 들어 산소와 메탄의 반응일 경우 stoichiometric mixture ratio는 다음 식 (3.34)와 같다.

$$CH_4 + 2O_2 \rightarrow 2H_2O + CO_2 \tag{3.34}$$

이 경우 연료는 메탄, 산화제는 산소이므로 MR_{stoi}는

$$MR_{stoi} = \frac{(12 + 4 \cdot 1)}{2 \cdot 32} = 0.5 \tag{3.35}$$

가 된다.

연소속도는 직관적으로 단위시간당 소모되는 추진제의 척도로서 연소속도가 빠를수록 격렬하게 연소가 일어난다는 것을 의미한다. 연소속도는 우선 물질의 특성에 따라 달라지지만 같은 물질일 경우에는 혼합비의 함수이다. 특이하게도 연소속도는 stoichiometric mixture에서가 아닌 이보다 약간 더 연료가 많은 상태에서 가장 빠르다. 따라서 연소기는 equivalence ratio가 1보다 약간 더 높은 곳에서 연소를 시키는 것이 이상적이다.

그림 3.11은 Andrew and Bradley(1972)[5]가 여러 연구자들이 발표한 메탄의 연소속도를 종합한 것이다. 각 그래프의 번호는 다른 연구자들의 결과를 나타내고 있고 대체적으로 $\phi \approx 1.1$인 지점에서 연소속도가 가장 높은 것을 알 수 있다.

그러므로 $\phi \approx 1.1$ 근방에서 연소가 일어나게 되면 가장 효율적인 연소장을 만들 수 있겠지만, 연소실의 냉각이나 추진제 특성 등의 이유로 실제 연소기에서는 최적연소를 위한 조합과는 다른 조합을 사용한다. 예를 들어 수소일 경우 stoichiometric reaction은 다음 식 (3.36)과 같이 일어난다.

$$H_2 + \frac{1}{2}O_2 \rightarrow H_2O \tag{3.36}$$

이 경우 O/F ratio는 $O/F = \dfrac{0.5 \cdot 32}{2 \cdot 1} = 8$이 되지만 실제 연소기에서는 6 정도의 값을 사용하게 된다. 이를 MR과 ϕ로 환산하면 MR은 1/6, $\phi = 1.33$ 정도로 그림 3.11에서 판단해볼

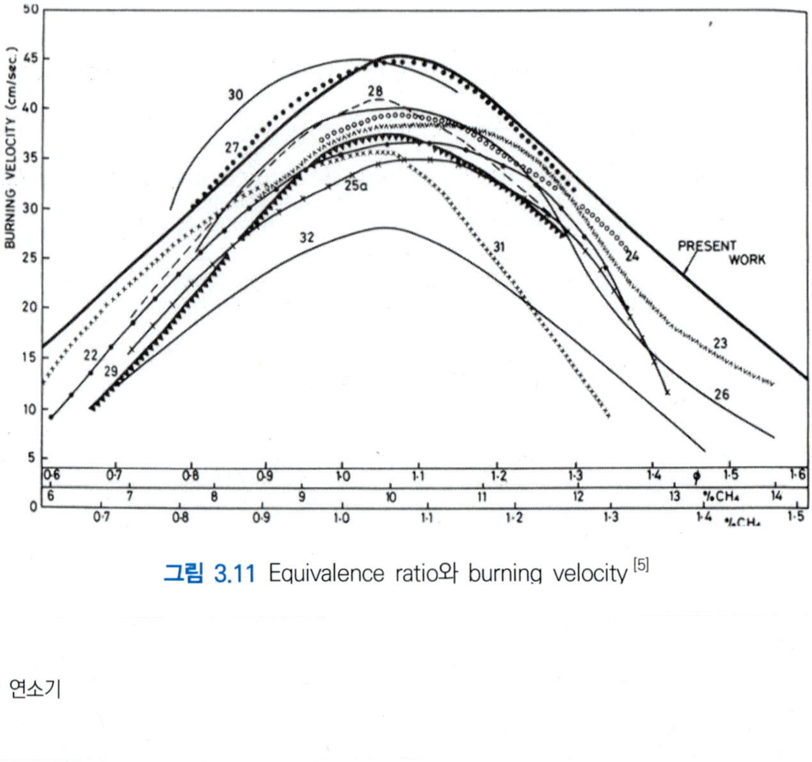

그림 3.11 Equivalence ratio와 burning velocity[5]

때 최대 연소속도가 나오는 ϕ보다 연료를 많이 사용한다는 것을 알 수 있다. 케로신 엔진일 경우에도 비슷한 현상이 일어난다. 케로신의 분자구조를 $C_{12}H_{23}$라고 하면

$$C_{12}H_{23} + \frac{71}{4}O_2 \rightarrow \frac{23}{2}H_2O + 12CO_2 \tag{3.37}$$

식 (3.37)에 의해 $O/F_{stoi} = 3.4$의 값을 가지나 실제로는 이보다 낮은 2.4~2.6 정도의 값을 사용한다. 이를 MR_{stoi}과 ϕ로 환산하면 각각 0.294와 1.417~1.308이다.

실제로 연소실에서 연소가 일어날 때에 stoichiometric mixture ratio로 반응을 한다하더라도 식 (3.37)처럼 완전한 화합물만이 발생하는 것은 아니다. 각종 이온, H, H_2, O, O_2, OH 등과 같이 불완전 연소화합물이 발생하며 케로신과 같이 복잡한 화합물을 연료로 사용할 경우에는 물, 이산화탄소, 산소 이외에 일산화탄소 C_2H_2 등과 같은 각종 탄소화합물이 생성되게 된다. 따라서 이러한 불완전 연소화합물로 인하여 실제 연소는 이상적인 연소인 식 (3.37)에 비하여 그 온도가 매우 낮아진다.

Ex. 3.4 Kerosene-LOx 연소기를 설계하려고 한다. Kerosene의 분사식을 $C_{12}H_{23}$이라 할 때 stoichiometric reaction과 이때의 O/F 비를 구하라. 또한 Kerosene과 LOx의 mass ratio를 2.46이라 할 때, 이 때의 equivalence ratio를 구하라

Sol.

$$C_{12}H_{23} + aO_2 \rightarrow bH_2O + cCO_2$$

핵반응이 아닌 한 element는 반응전과 반응후의 숫자가 같아야 한다. 그러므로

$$C:\ 12 = c$$

$$H:\ 23 = 2b,\ b = 11.5$$

$$O:\ 2a = b + 2c,\ a = \frac{(11.5 + 2 \cdot 12)}{2} = 17.75$$

$$\therefore\ C_{12}H_{23} + 17.75O_2 \rightarrow 11.5H_2O + 12CO_2$$

$$O/F_{stoi} = \frac{17.75 \cdot 32}{12 \cdot 12 + 23} = 3.400$$

$$MR_{stoi} = \frac{1}{O/F} = 0.2941$$

$O/F = 2.46$이므로 $MR = 0.4065.$

$$\phi = \frac{MR}{MR_{stoi}} = \frac{0.4065}{0.2941} = 1.382$$

; Fuel rich reaction.

3.2.2. 내부에너지와 엔탈피

연소기에서 발생하는 에너지는 반응물과 생성물의 엔탈피 차이이므로 엔탈피에 대해서 좀 더 자세히 알아보고자 한다. 열역학 제 1법칙에 의해 어떤 닫힌계에서 행하여진 일와 생성된 열량은 동일해야 하므로 식 (3.38)이 성립한다.

$$\oint \delta Q = \oint \delta W \tag{3.38}$$

여기서 Q는 발생하거나 소멸된 열, W는 일이다. 일과 에너지의 관계를 알아보기 위해 다음 그림 3.12와 같은 p-v 다이어그램을 생각해보자. 그리고 1지점에서 2지점으로 그리고 다시 1지점으로 돌아오는 사이클을 가정하자. 이때에 1지점에서 2지점으로는 A 경로를 따라가고 돌아올 때에는 서로 다른 경로인 B, C를 통해 돌아오는 경우를 생각해보자. 이 두 가지 경우에 대해서 각각의 경로를 그려보면 다음과 같다.

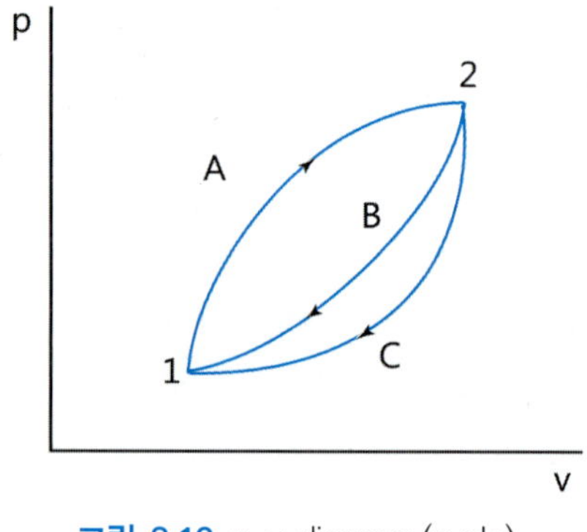

그림 3.12 p-v diagram (cycle)

어떠한 사이클에서 행한 일은 식 (3.1)의 우항이며 그림 3.13에 나타내었다. A와 B의 경로를 따라 일을 한 경우에는 면적 1(A)2341에서 면적 12(B)341을 뺀 값이며 AC 경로를 따라 일한 경우에는 면적 1(A)2341에서 면적 12(C)341을 뺀 값이다. 이는 그림 3.13에 나타난 바와 같으며 경로가 다르면 처음과 끝점이 같더라고 행하여진 일이 다름을 알 수 있다. 여기서 일은 경로에 독립적이지 않으며 식 (3.1)에서 미소증분에 대해서 d를 사용하지 않고 δ를 사용한 이유를 알 수 있다.

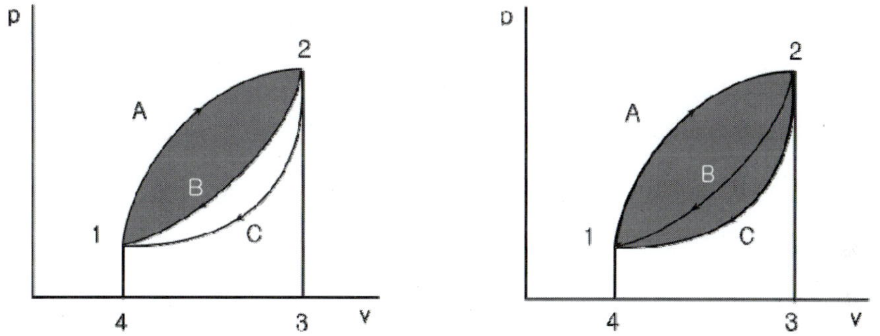

그림 3.13 경로 B와 C에 따른 일의 양

식 (3.38)의 열역학 법칙에 따라 식 (3.39)와 (3.40)이 성립해야 한다. 그러나 서로 다른 경로로 일을 한 식 (3.39)와 (3.40)은 다른 값을 갖는다.

$$\int_1^2 \delta Q_A + \int_2^1 \delta Q_B = \int_1^2 \delta W_A + \int_2^1 \delta W_B \tag{3.39}$$

$$\int_1^2 \delta Q_A + \int_2^1 \delta Q_C = \int_1^2 \delta W_A + \int_2^1 \delta W_C \tag{3.40}$$

여기서 식 (3.39)에서 식 (3.40)을 빼주면 식 (3.41)과 같이 되고 식 (3.42)처럼 정리할 수 있다.

$$\int_2^1 \delta Q_B - \int_2^1 \delta Q_C = \int_2^1 \delta W_B - \int_2^1 \delta W_C \tag{3.41}$$

$$\int_2^1 (\delta Q - \delta W)_B = \int_2^1 (\delta Q - \delta W)_C \tag{3.42}$$

식 (3.42)에서 경로 B와 C는 서로 다른 경로지만 좌항과 우항은 같은 값을 갖는다. 즉 임의로 설정된 두 경로에서 같은 값을 가져야 하므로 식 (3.42)의 값은 경로와 무관한 어떤 값을 갖는다고 할 수 있다. 그러므로 식 (3.43)과 같이 쓸 수 있다.

$$\therefore \ \delta Q - \delta W = dE \tag{3.43}$$

즉, 각각의 열과 일은 경로에 의존하는 값이지만 이 두 값의 차는 경로와 무관한 값이며 이는 어떠한 시스템의 총에너지가 된다. 어떠한 에너지를 물리적으로 구분하면 다음과 같이 나눌 수 있다.

$$E = U + KE + PE \tag{3.44}$$

KE(kinetic energy)와 PE(potential energy)는 좌표계와 관련이 있는 에너지들로서 속도와 위치의 함수로 나타낼 수 있는 값이다. 반면에 U는 어떠한 계의 열역학 특성으로 나타낼 수 있는 모든 에너지로 이를 내부에너지라 정의한다.

KE와 PE가 0인 시스템에서 총에너지의 변화는 내부에너지의 변화와 그 계가 행한 일 혹은 그 계에 행하여진 일과의 합이 된다. 즉, 식 (3.45)와 같이 되며

$$\delta Q = dU + \delta W \tag{3.45}$$

일은 힘과 거리의 곱, $W = Fx$이고 힘은 압력과 면적과의 곱, $F = pA$이다. 따라서 거리에 따른 일의 증분은 식 (3.46)과 같이 쓸 수 있다.

$$\delta W = pAdx \tag{3.46}$$

이 관계식을 식 (3.45)에 대입하면

$$\delta Q = dU + pAdx = dU + pdV \tag{3.47}$$

식 (3.47)을 단위 질량당의 값으로 바꾸면 식 (3.48)로 나타낼 수 있다.

$$\delta q = du + pdv \tag{3.48}$$

그러므로 한 시스템의 에너지 변화를 경로에 무관한 내부에너지, u와 압력과 부피와의 곱, pdv로 나타낼 수 있다. 단 식 (3.48)에서 pdv를 계산하기 위해서는 압력과 부피와의 관계를 알아야 하지만 constant pressure 시스템에서는 p를 상수로 놓을 수 있어 단순 계산이 가능하다.

엔탈피는 어떠한 컨트롤볼륨의 내부에너지(internal energy)와 그 계가 차지하고 있는 부피와 압력을 포함하는 전체에너지라 할 수 있다. 그런데, 불행히도 어떠한 시스템에서의 전체 엔탈피, H는 직접 측정할 수 없다. 그러므로 엔탈피의 변화량인, ΔH가 좀 더 유용한 값이 된다. 어떠한 계에서의 ΔH는 그 계에서의 non-mechanical work과 외부에서 유입된 열량과의 합이 된다. 따라서 엔탈피는 에너지를 단위로 하고 있으며 엔탈피의 변화는 외부에서 유입되는 열이 없으며 mechanical work이 0일 경우 하나의 시스템에서 다른 시스템으로 변화하면서 생기는 에너지 변화와 같다.

내부에너지(U)와 엔트로피(S), 온도(T), 압력(p), 부피(V)와의 관계는 다음과 같다.

$$\begin{aligned} dU &= TdS - pV \\ dU &= TdS + Vdp - d(pV) \\ d(U+pV) &= TdS + Vdp \end{aligned} \tag{3.49}$$

가 된다. 좌변의 미분항을 새로이 정의하면

$$H = U + pV \tag{3.50}$$

로 엔탈피가 정의된다. 식 (3.50)을 좀 더 잘 이해하기 위해 압력을 동일하게 유지하면서 내부에서 화학반응이 일어나는 실린더를 가정해보자(그림 3.14). 화학반응 또는 열전달에 의해 압력이 증가하면 외부와의 평형을 유지하기 위해 실린더의 피스톤이 밖으로 밀리면서 부피가 V1에서 V2로 증가한다. 실린더의 피스톤을 밖으로 밀어내는 힘은 압력과 면적의 곱이며 압력과 피스톤의 면적은 일정하기 때문에 피스톤에 작용하는 힘 역시 일정하다. 피스톤이 밖으로 밀리게 되면서 일정한 힘을 받게 되면 일이 발생하게 된다. 일은 $\vec{F} \cdot \vec{x}$이며 피스톤에 작용하는 힘이 일정하며 x는 힘과 동일한 방향이므로 피스톤의 움직임에 의한 일,

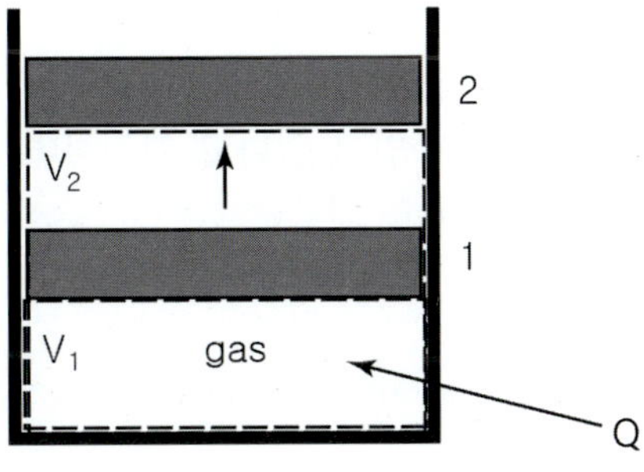

그림 3.14 Constant pressure, Quesi-equilibirum process

$W = pAx$가 된다. 여기서 Ax는 피스톤의 움직임으로 인해 생긴 부피와 같으므로 $Ax = V$가 되며 따라서 $W = pV$가 된다. 그러므로 식 (3.50)에서 pV는 계에 변화가 생기면서 내부에너지 U가 새로운 계의 공간을 확보하기 위한 에너지로 생각할 수 있다.

열역학 법칙에 의해 한 계에서 에너지의 변화는 내부에너지의 변화와 그 계가 한 일과의 합이므로 state 1에서 state 2로 변화할 때 다음과 같이 쓸 수 있다.

$$\Delta Q = U_2 - U_1 + {}_1W_2 \tag{3.51}$$

압력의 변화가 없을 때에 계가 행한 일은 압력과 부피 변화와의 곱이므로

$${}_1W_2 = \int_1^2 p\,dV = p(V_2 - V_1) \tag{3.52}$$

$$\begin{aligned} \Delta Q &= U_2 - U_1 + p_2 V_2 - p_1 V_1 \\ &= (U_2 + p_2 V_2) - (U_1 + p_1 V_1) \end{aligned} \tag{3.53}$$

식 (3.53)에서 에너지의 변화는 $U + pV$의 변화이며 이는 엔탈피의 정의와도 같다. 식 (3.50)을 질량으로 나누면 단위질량당 엔탈피가 되며 다음과 같이 h로 나타낸다.

$$h = u + pv \tag{3.54}$$

3.2.3. 생성엔탈피

생성엔탈피는 1 bar (0.1 MPa), 25°C에서의 엔탈피로 정의한다. 예를 들어 탄소와 산소가 반응하여 이산화탄소를 생성하는 반응을 가정하면 반응식은 다음과 같다.

$$\mathrm{C} + \mathrm{O_2} \rightarrow \mathrm{CO_2} \tag{3.55}$$

반응 전, 후 외부로부터의 에너지 유입이 없다고 가정하면 열역학 제 1법칙에 의해

$$Q_{c.v} + H_R \rightarrow H_P \tag{3.56}$$

이 된다. 이 식에서 $Q_{c.v}$는 반응물과 생성물의 엔탈피 차이이며 이는 일반적으로 열로서 나타난다. 그러므로 반응물질과 생성물질의 엔탈피를 알 수 있다면 이들의 차이에 의해 생성되

는 열량을 구할 수 있다.

한편 역으로 반응물의 엔탈피와 $Q_{c.v}$를 알면 생성물의 엔탈피를 구할 수 있다. 특히 반응물을 기준점에서 반응시키고 생성물 역시 기준점으로 유지한다면 이때의 열전달 양은 생성물의 생성엔탈피와 같아진다. 위의 반응식에서 탄소와 산소 모두 원소이므로 생성엔탈피는 0이다. 또한 이때 생성된 이산화탄소를 기준점 즉, 25°C, 0.1 MPa로 유지하기 위한 열전달 양을 매우 정확하게 측정하였고 또한 그 값이 −393,522 kJ/kmol이라고 한다면 이는 이산화탄소의 생성엔탈피가 된다.

지금까지 이산화탄소의 생성엔탈피를 구하는 과정을 설명하였으며 이는 다른 물질들의 생성엔탈피를 구하는 방법 역시 기본적으로 이와 동일하다. 즉, 각종 물질들의 생성엔탈피는 편의상 기준점, 25°C, 0.1 MPa에서 원소들의 생성엔탈피를 0이라 정하고 이에 따라 기준점에서의 각각의 엔탈피를 구한 것이다. 식 (3.56)을 일반적인 경우로 확장하면 다음과 같이 쓸 수 있다.

$$Q+\sum_{i=1}^{R} n_i \overline{h_i} = \sum_{i=1}^{P} n_i \overline{h_i} \tag{3.57}$$

또는 좀 더 일반적으로

$$Q+\sum_{i=1}^{R} n_i \overline{h_i} = W+\sum_{i=1}^{P} n_i \overline{h_i} \tag{3.58}$$

여기서 R과 P는 각각 반응물과 생성물의 종류의 수이다.

기준점에서의 엔탈피를 알고 있기 때문에 어떤 온도에서의 엔탈피는 생성엔탈피와 그 온도 그리고 기준온도에서의 엔탈피의 차로 나타낼 수 있다.

$$\overline{h} = \overline{h}_f^o + \Delta\overline{h} \tag{3.59}$$

여기서 $\overline{h}_f^o$는 생성엔탈피. $\Delta\overline{h} = \overline{h}_f^o(298) - \overline{h}(T)$이다. $\Delta\overline{h}$는 이상기체에서

$$\Delta\overline{h} = \int_{298}^{T} c_p dT \tag{3.60}$$

를 사용하여 구할 수 있으나 일반적으로 c_p는 온도의 함수이므로 c_p와 온도와의 관계를 모르면 엔탈피 차이를 구할 수 없다. 따라서 $\Delta\overline{h}$를 구하기 위해 NIST의 Supertrapp 등과 같은

프로그램이나 각종 table을 사용한다.

Ex. 3.5 다음과 같은 반응이 25°C, 0.1 MPa에서 일어날 때 단위 질량당 열전달량을 구하라. 단, 이 시스템이 행한 일은 없다고 가정한다.

$$CH_4 + 2O_2 \rightarrow CO_2 + 2H_2O\,(l)$$

Sol. 주어진 반응이 25°C, 0.1 MPa에서 일어나므로 각 물질의 엔탈피는 생성엔탈피와 같다.

$$\bar{h}_f^o(CH_4) = -74{,}873\ kJ/mol$$

$$\bar{h}_f^o(O_2) = 0\ kJ/kmol$$

$$\bar{h}_f^o(CO_2) = -393{,}522\ kJ/kmol$$

$$\bar{h}_f^o(H_2O\,(l)) = -285{,}838\ kJ/kmol$$

$$W = 0$$

$$Q + \sum_{i=1}^{R} n_i \bar{h}_i = W + \sum_{i=1}^{P} n_i \bar{h}_i$$

$$Q + (-74{,}873) + 2 \times (0) = 0 + (-393{,}522) + 2 \times (-285{,}838)$$

$$Q = -890{,}325\ kJ$$

Question 3.6 물(수증기)의 생성엔탈피를 구하고 실제 생성엔탈피인 −241,827 KJ/kmol과 비교하라. 단 반응에 참여한 모든 기체는 이상기체로 가정하라(calorifically perfect gas)

Question 3.7 표를 참조하여 다음 조건에서의 엔탈피를 구하라

1) 물 2000K
2) 산소 3600K
3) 이산화탄소 1400K
4) 일산화탄소 2600K

위의 조건을 사용하여 $\Delta\bar{h}$를 calorifically perfect로 가정하고 엔탈피를 구한 뒤 표를 사용하여 구한 값과 비교하라.

3.2.4. 연소실 내 분무와 혼합

연소실 내부에서의 연소는 분사기로 분무된 추진제가 서로 반응함으로 일어나게 된다. 로켓엔진에 사용되는 분사기를 구분한다면 다음과 같다. 먼저 가장 단순한 형태의 제트분사기, 회전운동량을 사용하는 와류분사기 그리고 분사기를 통해 추력을 조절할 수 있는 핀틀 분사기 혹은 이들의 혼합형 등이다. 또한 분사되는 추진제의 상(phase)에 따라 기체분사기와 액체분사기로 구분하기도 한다.

액체로켓엔진에서 추진제는 모두 액체상태로 저장되기 때문에 기체분사기는 폐쇄형사이클 엔진에만 사용된다. 개방형 엔진에서는 추진제가 저장 탱크로부터 연소기로 직접 유입되기 때문에 액체 상태로 연소기에 들어간다. 그러나 폐쇄형 사이클 엔진은 산화제 혹은 연료를 기체로 바꾸고 이 기체를 이용하여 터빈을 돌리게 된다. 그리고 터빈을 구동시킨 기체 추진제를 연소기로 유입시키기 때문에 폐쇄형 사이클에서는 기체분사기가 필요하게 된다.

분사기를 통해 분사되는 추진제가 어떠한 상(phase)을 갖더라도 일반적으로 추진제는 분사기를 통해 분무와 혼합이 일어나게 된다. 액체분사기일 경우에는 기체분사기와는 달리 혼합 이전에 미립화라는 복잡한 프로세스가 추가로 필요하다. 추진제가 분무되고 혼합되는 구간을 분무/혼합 구역이라고 하는데 이 구역에서는 액체 추진제가 무수한 숫자의 작은 액적(droplet)으로 분해된다. 그리고 분무혼합구역 뒤에 위치하고 있는 연소구역(rapid combustion zone)으로부터 열유입이 일어나게 되고 유입된 열은 다시 액적(droplet)으로 전달되어 액적의 기화를 촉진시킨다. 따라서 이 지역은 기체와 액체 그리고 연소된 기체가 서로 공존하는 매우 복잡한 현상이 나타난다.

분사기는 추진제를 분무하고 혼합시키기 때문에 연소현상에 매우 중요한 영향을 미친다. 또한 사용처가 비단 로켓엔진 뿐 아니라 자동차엔진, 비행기 엔진, 가스터빈 등 무궁무진하므로 분사기 연구는 매우 광범위하게 진행되었다. 다음 그림 3.15는 액체로켓엔진에 사용되는 대표적인 와류형 분사기(swirl injector)의 구조와 분무 특성으로 분사기체서 추진제가 얇은 sheet의 형태로 분무되고 점차 sheet의 break up 현상이 나타나며 결국 작은 액적(droplet)으로 쪼개지고 있음을 보여준다. 이 분사기는 두 종류의 액체를 동시에 미립화시킬 수 있기 때문에 double swirl injector이라 불린다.

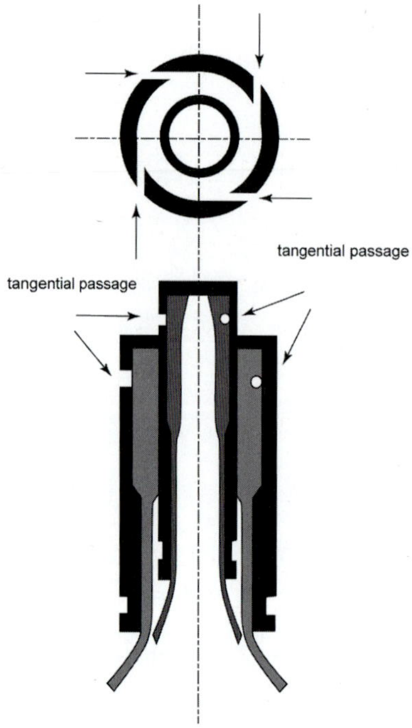

그림 3.15 상압조건에서 스월인젝터의 분무 현상(우측 분무사진은 서울대 로켓추진 연구실 제공)

액체로켓엔진 분야에서 분사기의 연구가 집중적으로 이루어지기는 하였으나 대부분의 분사기 연구는 상압 혹은 상대적으로 낮은 압력에서 실험되었고 이 환경에서 분무되는 추진제의 미립화가 연구되었다. 그러나 대부분 로켓연소실의 환경은 압력과 온도 모두 추진제의 임계점 보다 높기 때문에 추진제는 분사기를 나오면서 곧바로 초임계 상태로 돌입하게 된다. 어떠한 유체가 초임계 상태에 들어서면 액체와 기체의 구분이 없어지므로 미립화의 기본 절차인 sheet - ligament - atomization - vaporization의 단계가 사라진다. 따라서 상압에서 나타난 분사기의 분무특성과는 확연히 다른 현상이 나타난다.

초임계 상태의 유체는 온도와 압력이 모두 초임계점을 넘은 상태이다. 그림 3.16에서 B점에서는 온도와 압력이 모두 임계점보다 높기 때문에 이 상태의 유체를 초임계 유체라고 한다. 어떠한 매질의 압력과 온도가 증가하게 되면 잠열이 점점 작아지다가 임계점을 넘어서게 되면 잠열이 0이 된다. 잠열이 없다는 말은 기체와 액체를 구분 짓는 에너지가 없다는 말과 같다. 그러므로 이때부터는 기체와 액체를 구별할 수 없다. 따라서 초임계 유체는 기체와 액체의 구분 없이 밀도는 액체처럼 높으나 점성은 기체처럼 낮은 상태가 된다. 이와 같이 액체와 기체의 구분이 없다는 것은 초임계 유체의 가장 큰 특징이 된다.

엔진의 사이클에 따라 다르지만 일반적으로 가스발생기(예연소기) – 터보펌프 방식의 연소

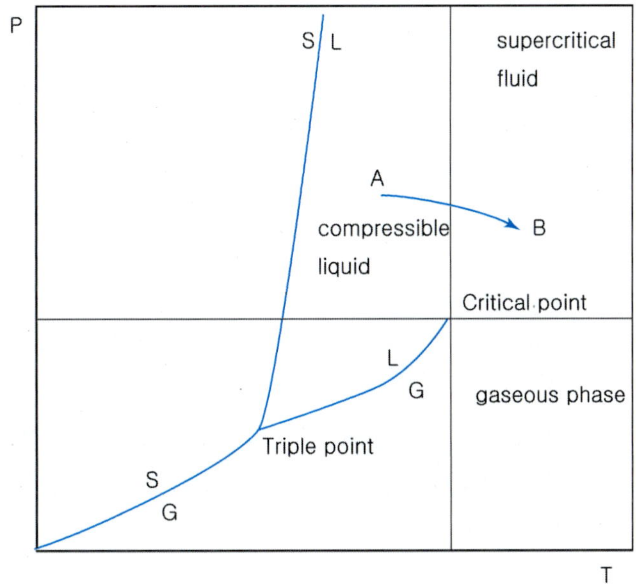

그림 3.16 p-T diagram. S는 고체, L은 액체, G는 기체를 의미한다.

실 내부에서는 온도와 압력이 모두 임계점보다 높기 때문에 일반 상압에서의 연소와는 다른 현상이 나타날 것으로 예상된다. 그러나 아직 이와 관련된 현상을 실험적으로 많이 연구하기에는 많은 어려움이 있기 때문에 충분한 연구가 진행되지는 않았다. 고압분사 연구를 한다 하더라도 분사기를 통해 분무되는 추진제는 분무되기 직전까지는 압력은 초임계압 이상, 온도는 초임계 온도보다 낮은 온도이므로 그림 3.16의 A지점에 위치한다. 이 상태는 초임계상태는 아니지만 기체와 액체의 구분이 없는 액체이면서 기체의 성질을 갖는 상태이다. 이 부분을 압축성액체라고 한다. 분사된 추진제가 연소장을 지나면서 온도가 올라가면 A지점에서 B지점으로 옮겨가게 된다. 그러므로 이 지점의 상태를 제대로 해석하기 위해서는 초임계 물성치를 이용해야만 한다.

아래 그림 3.17은 초임계점 이상의 조건에서 분무되는 현상을 나타낸 것이다. 상압분무에서는 제트의 경계면을 따라 액적이 분리되는 것이 보이지만 고압분무 때에는 액적이 보이지 않을 뿐더러 경계면이 마치 blur효과를 준 것같이 뿌옇게 보인다. 그림 3.26 초임계조건에서 제트가 분사되었을 때에 혼합과정을 보여주는 전산해석 결과이다.

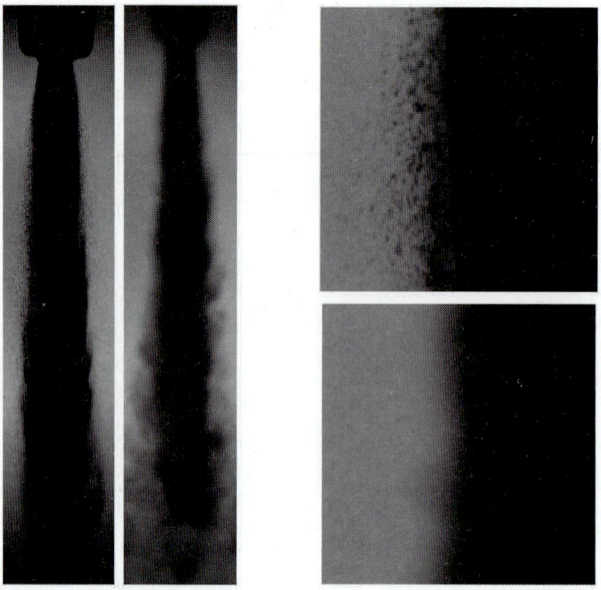

그림 3.17 상압과 고압 분무 특성. 좌측: 상압 분무, 고압분무. 우측상단: 상압분무 확대, 우측하단: 고압분무확대[6]

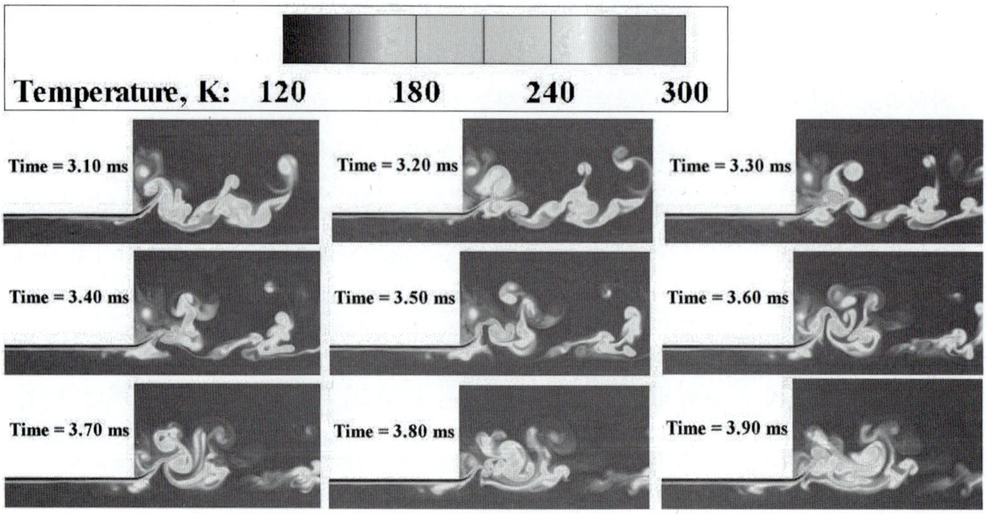

그림 3.18 시간에 따른 온도의 변화[7]

참고로 주요 물질들의 임계점은 다음과 같다.

표 3.1 주요 물질의 임계점[8] (참고문헌 중 물 임계온도 오류 수정)

Solvent	Molecular weight [g/mol]	Critical temperature [K]	Critical pressure [MPa(atm)]	Critical density [g/cm^3]
수소		-240.17°C	12.93 bar	
산소		-18.39°C	50.81 bar	
케로신(China RP-3)[8]		660 K	24 bar	
Carbon dioxide(CO_2)	44.01	304.1	7.38(72.8)	0.469
Water(H_2O)	18.015	373.95	22.064	0.322
Methane(CH_4)	16.04	190.4	4.60(45.4)	0.162
Ethane(C_2H_6)	30.07	305.3	4.87(48.1)	0.203
Propane(C_3H_8)	44.09	369.8	4.25(41.9)	0.217
Ethylene(C_2H_4)	28.05	282.4	5.04(49.7)	0.215
Propylene(C_3H_6)	42.08	364.9	4.60(45.4)	0.232
Methanol(CH_3OH)	32.04	512.6	8.09(79.8)	0.272
Ethanol(C_2H_5OH)	46.07	513.9	6.14(60.6)	0.276
Acetone(C_3H_6O)	58.08	508.1	4.70(46.4)	0.278

표 3.1을 보면 케로신의 임계온도와 압력은 각각 660 K와 24 bar이다. 거의 대부분의 연소기 내부 환경이 온도는 3500 K 압력은 40 bar 이상이라는 것을 고려하면 케로신은 연소기에 들어는 순간 초임계 유체가 된다. 반면에 산소의 임계압은 50.81 bar로 상대적으로 높다. 그리고 다음 그림 3.19는 온도와 압력에 따른 물의 비열값을 보여주는 그래프로서 온도와 압력이 표 3.1의 임계점에 접근할수록 비열이 급격히 상승하는 것을 보여준다. 다시 말해 이곳에서는 특이점이 발생할 수 있으므로 만일 이 구간에서 연소가 일어난다면 매우 비정상적인 연소가 일어날 가능성이 크다. 따라서 엔진을 설계할 때에는 가급적 초임계 점을 피하는 것이 좋다.

연소기 내부의 온도는 O/F의 함수이며 O/F는 쉽게 바꿀 수 있는 값이 아니기 때문에 온도를 조절해서 초임계 구간을 피하기는 어려운 일이다. 따라서 연소압을 조절하여 이 구간을 피하는 것이 올바른 방향이며 산소의 임계압이 50.81 bar이므로 연소실 내부의 압력을 50 bar 전후로 상정하는 것은 올바른 설계가 아니라고 할 수 있다.

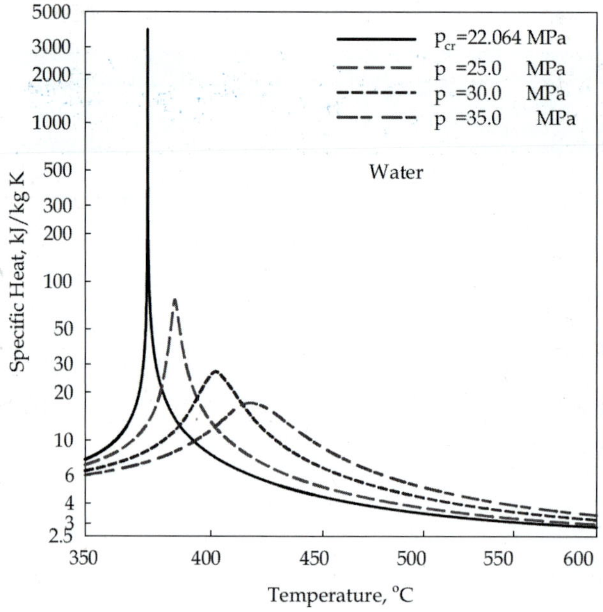

그림 3.19 물의 비열과 온도와의 관계 [9]

3.2.5. 연소실 내부에서의 화학반응

연소실 내에서는 매우 짧은 거리의 분무/혼합 구역이 있고 그 뒤로 연소 구역으로 나뉜다. 그리고 연소구역은 다시 rapid combustion zone과 streamtube combustion zone으로 구별된다[10]. Rapid combustion zone에서는 매우 강렬하고 빠른 화학반응이 일어나는 지역이다. 연소기의 압력이 상대적으로 저압일 경우에는 먼저 액적의 분열이 빠른 속도로 진행되고 기화하여 화학반응을 일으키게 되면 비로소 열방출량이 급격하게 늘어나게 된다. 이와 같이 추진제의 빠른 break up과 대량의 열방출이 서로 상승작용을 하여 급격한 연소반응이 일어나게 된다. 그러나 앞서 기술한 바와 같이 대부분의 연소기는 추진제의 임계점 이상의 환경에서 작동하므로 액체의 액적화 및 기화는 큰 의미가 없다. n-pentane과 공기를 사용한 고압 연소실험결과 저압 액적 모델에 많이 사용하고 있는 준정상 기화와 D-square 기화 거동은 모두 적절치 않음이 연구되기도 하였다[10]. 마지막으로 stream tube combustion zone에서는 화학반응이 느리게 나타나며 axial velocity가 transverse convective flow velocity보다 훨씬 빨라지므로 당연한 말이겠지만 헤드에서 노즐목으로 향하는 stream line이 명확히 형성된다.

이상과 같이 연소실 내부에서는 분무에서 연소까지 매우 복잡한 현상이 나타나지만 연소실 내부를 간단하게 기술하기 위해서 연소실 내부가 균일하다는 가정을 하게 된다. 즉 추진제는 연소실에 유입되는 즉시 기화하고 반응하며 연소실 내부는 이 연소된 가스로 균일하게 채워져 있다고 가정한다. 이 경우 연소실의 내부의 온도는 간단하게 화학 평형식으로부터 예측할 수 있다. 다시 한번 연소실 내부가 steady state, adiabatic condition이라고 가정하고 연료를 F, 산소 O, 생성물을 P라 할 때 다음과 같은 식을 세울 수 있다.

$$\nu_f F + \nu_o O \rightarrow \sum_{i=1}^{n} \nu_i P \tag{3.61}$$

여기서 ν는 몰수를 아래첨자 f, o, i는 각각 연료, 산소 생성물의 인덱스를 나타낸다. 그런데 연소실 내부의 산소와 연료의 비는 O/F비를 사용하여 나타내므로

$$\dot{\nu}_o = \frac{\dot{m}_o}{\mathrm{M}_o}, \quad \dot{\nu}_f = \frac{\dot{m}_f}{\mathrm{M}_f}, \quad \dot{\nu}_p = \frac{\dot{m}_p}{\mathrm{M}_p} \tag{3.62}$$

식 (3.62)을 식 (3.61)에 넣고 연료의 질량 m_f로 나누면 다음과 같은 식을 얻을 수 있다.

$$\frac{1}{\mathrm{M_f}} F + \frac{(O/F)}{\mathrm{M_o}} O \rightarrow \sum_{i=1}^{n} a_i P_i \tag{3.63}$$

가 된다. 여기서 M은 분자량, O/F는 산화제와 연료의 질량비인 O/F ratio, P는 반응으로 생성된 product, a는 생성된 product의 양을 나타내며 n은 총 생성물의 가지 수를 나타낸다. 식 (3.61)은 식 (3.59)를 연료의 질량으로 나눈 식이므로 단위질량의 연료가 연소하였을 때의 반응을 기술하는 것이다.

또한 반응전과 반응후의 엔탈피는 같아야 하므로

$$\frac{1}{\mathrm{M}_f} h(T)_f + \frac{O/F}{\mathrm{M}_o} h(T)_f = \sum_{i}^{n} a_i h(T)_i \tag{3.64}$$

로부터 다음과 같이 iteration으로 온도를 구할 수 있다.

1. Calculate the enthalpy of the Reactants
2. Guess T of the Products.

3. Calculate the enthalpy of the Product at T
4. Compare the enthalpy of the products and the reactants
5. If the difference is smaller than the tolerance, take the T guessed as a sol.
   if not, adjust guessed T and do over 3. to 5.

Ex. 3.5 기체산소와 기체수소가 다음과 같이 stoichiometric mixture로 반응했다고 가정할 때 반응온도를 구하라.

$$H_2 + 2O_2 = 2H_2O$$

Sol. 사실 엔탈피를 계산하여 생성물의 온도를 구하는 작업은 길고 복잡한 작업이다. 특히 생성물이 정확하게 예측되지 않았을 때에는 생성물의 엔탈피 차이로 인하여 원하지 않는 결과가 나올 수 있다. 실제로보다 정확한 예측을 하기 위해서는 반응물에서 생성가능한 모든 물질을 예상하고 생성물들의 깁스에너지가 최소화되는 반응물의 비를 구한 뒤에야 비로소 엔탈피 계산이 가능하다. 따라서 이를 수작업으로 하기란 매우 길고 어렵기 때문에 이미 완성되어 있는 프로그램을 사용하는 것을 추천한다.

화학반응을 예측하는 프로그램으로는 유동과 연소를 동시에 계산할 수 있는 CHEMKIN, Fluent 등이 있으나 간단하게는 CEA(Chemical Equilibrium composition and Applications)[11]를 많이 사용한다. CEA는 CEC(Chemical Equilibrium Calculations)를 기반으로 한 Fortran program으로 2000년대 초에 Java를 활용한 GUI가 제공되었고 최근에는 인터넷상에서도 바로 사용할 수 있는 버전까지 공개되었다. 프로그램을 구동할 수 있는 인터넷 주소는 다음과 같다.

http://cearun.grc.nasa.gov

앞서 설명한 바와 같이 CEA는 Fortran program이지만 사용자 편의를 위해 입력 데이타 파일에 엄격한 포맷을 요구하지 않는다. 따라서 사용자가 입력파일을 작성할 때에 많은 자유도를 제공하나 때때로 오류를 유발하기 때문에 가급적 프로그램과 같이 제공되는 예제파일과 같은 형식을 사용하는 것을 권장한다.

어떠한 계의 상태는 밀도, 온도, 압력, 3개의 독립변수 중에서 두 개만 알면 결정이 되기 때문에 CEA는 한 계의 특성 중 어느 두 가지만 주어지면 화학반응을 계산할 수 있도록 여러 가지 선택이 주어진다. 예를 들어 온도와 압력, 온도와 엔탈피 등이 입력되면 주어진 조건에 따라 다른 인자를 계산하다. 또한 단순한 화학반응 뿐 아니라 로켓연소기, 충격파, 폭발 등과 같은 현상을 계산할 수도 있다.

로켓엔진의 연소실의 계산은 먼저 주어진 문제가 로켓이라는 것을 선언한 뒤에 사용되는 추진제의 종류, 추진제의 온도, 연소압 그리고 노즐 확장비 혹은 노즐끝단의 압력을 지정한다. 그리고 계산하고자하는 연소실을 지정하는데 여기서는 이론적인 무한한 크기의 연소실을 갖은 연소기와 보다 현실적으로 노즐목의 크기에 비례해서 연소실의 단면적 크기를 정해주는 유한 연소실이 있다. 실질적으로 이 두 조건에 따른 값은 크게 차이 나지 않지만 보다 정확한 계산을 위해서는 유한한 연소실로 계산하는 것을 추천한다. 단, 유한연소실로 지정할 경우 노즐목과 연소실 단면적의 최소비는 4이다.

다음은 로켓문제를 풀기 위한 CEA 입력파일의 보기이다.

```
prob                                % start with prob
  case=kerosene1                    %  Identification

  rocket equilibrium                % declare rocket problem and equilibrium
                                    % state
  o/f=2.4, 2.5, 2.6, 2.7            % O/F is 2.6
  p,bar=162.8                       % chamber pressure [bar]
  sup-ae/at=60                      % super sonic nozzle expansion ratio
  fac acat=4.5                      % finite size of the chamber, area ratio
                                    % between the chamber cross section and
                                    % throat is 4.5
  output siunits                    % output is calculated by SI unit

  plot p ivac                       % make a separate data file for pressure
                                    % and Ivac

reac                                % define reactants, syntex
fuel=Jet-A(L) wt%=100 t,k=288       % fuel Jet A1 100%
 oxid=O2(L) wt%=100 t,k=90          % Ox  Liquid Oxigen 100%
end                                 % declare end of the problem, syntex
```

위의 입력파일을 사용하여 CEA를 구동하면 .out 파일과 .plt 파일이 생성된다. 이중에서 .out 파일은 계산결과가 들어있는 파일이고 이름에서 혼동할 수가 있는데 .plt 파일은 그래프가 아니고 그래프를 생성하기 쉽도록 필요한 데이터만 텍스트로 모아주는 파일이다. 즉, .plt는 그래프 작성을 위해 필요한 자료만 행렬형태로 모아놓은 파일이다. .out 파일은 자동 생성파일이며 .plt 파일은 'plot p ivac' 명령에 의해 강제적으로 생성된 파일이다. 위의 예제인 경우에는 plot 명령 다음에 p와 ivac만 사용되었기 때문에 .plt 파일에는 압력과 진공비추력만이 포함된다. 그런데 위의 입력 파일을 사용하면 CEA는 연소전단, 연소후단, 노즐목, 노즐끝단 이렇게 4곳의 압력에서 비추력을 계산하므로 각 O/F 당 4개의 비추력 데이타가 생성된다.

다음은 위의 입력파일을 사용해서 CEA를 구동시켰을 경우 자동 생성되는 .out 파일이다. 파일의 구성은 다음과 같다.

① 프로그램 타이틀
② 다음에는 CEA가 이해한 입력파일
③ 계산조건과 계산에 사용된 species
④ 계산에 사용된 O/F가 표시된다. 입력파일에서 O/F가 여러 개이므로 하나의 O/F에 대한 계산이 끝나면 다음 O/F에 대한 계산을 수행한다. 아래 예제에는 처음 O/F에 대한 결과만 나타내었다.
⑤ 계산결과: 로켓엔진의 각종 파라미터가 나열되어 있다.
⑤ 아래에는 생성물과 관련된 정보가 있으나 생략하였다.

```
*****************************************************************
NASA-GLENN CHEMICAL EQUILIBRIUM PROGRAM CEA, OCTOBER 17, 2000
BY BONNIE MCBRIDE AND SANFORD GORDON
REFS: NASA RP-1311, PART I, 1994 AND NASA RP-1311, PART II, 1996
*****************************************************************
```
① 타이틀

```
prob
  case=kerosene1
  rocket equilibrium
  o/f=2.4, 2.5, 2.6, 2.7
  p,bar=162.8
  sup-ae/at=60
  fac acat=4.5

  output siunits
  plot p ivac
reac
 fuel=Jet-A(L) wt%=100 t,k=288
 oxid=O2(L) wt%=100 t,k=90
end
```
②
입력파일
echo
print

```
 OPTIONS: TP=F  HP=F  SP=F  TV=F  UV=F  SV=F  DETN=F  SHOCK=F
REFL=F  INCD=F
 RKT=T  FROZ=F  EQL=T  IONS=F  SIUNIT=T  DEBUGF=F  SHKDBG=F
DETDBG=F  TRNSPT=F

 TRACE= 0.00E+00  S/R= 0.000000E+00  H/R= 0.000000E+00  U/R=
0.000000E+00

 Pc,BAR =   162.800000
 Pc/P =
 SUBSONIC AREA RATIOS =
 SUPERSONIC AREA RATIOS = 60.0000
 NFZ=  1  Mdot/Ac= 0.000000E+00  Ac/At= 4.500000E+00
 WARNING!! T= 90.00K DIFFERS FROM 90.17K FOR O2(L) (REACT)
 REACTANT    WT.FRAC   (ENERGY/R),K   TEMP,K  DENSITY
  EXPLODED FORMULA
 F: Jet-A(L)   1.000000  -0.369132E+05   288.00  0.0000
    C 12.00000  H 23.00000
 O: O2(L)   1.000000  -0.156101E+04 90.17  0.0000
    O  2.00000

  SPECIES BEING CONSIDERED IN THIS SYSTEM
 (CONDENSED PHASE MAY HAVE NAME LISTED SEVERAL TIMES)
  LAST thermo.inp UPDATE: 4/27/01

  g 7/97  *C  tpis79  *CH g 8/99  CH2

 *********** 중간생략 **********
```

③ 계산조건 및 계산에 사용된 species

```
 O/F =   2.400000
```

④ 계산에 사용된 O/F

```
   EFFECTIVE FUEL  EFFECTIVE OXIDANT  MIXTURE
 ENTHALPY  h(2)/R h(1)/R  h0/R
 (KG-MOL)(K)/KG    -0.22062621E+03  -0.48783267E+02  -0.99325308E+02

 KG-FORM.WT./KG   bi(2)  bi(1)  b0i
  *C   0.71722711E-01   0.00000000E+00   0.21094915E-01
  *H   0.13746853E+00   0.00000000E+00   0.40431921E-01
  *O   0.00000000E+00   0.62502344E-01   0.44119302E-01

 POINT ITN   T   C H O
   1   20 3731.234  -14.006   -9.425  -15.504
   2 2 3726.535  -14.034   -9.441  -15.514
```

```
 Pinf/Pt = 1.740469
   3 4 3508.702  -14.248   -9.609  -15.853
 Pinf/Pt = 1.740167
   3 1 3508.769  -14.248   -9.609  -15.853
   4 2 3722.462  -14.038   -9.444  -15.520
   4 1 3722.410  -14.038   -9.444  -15.520
   4 1 3722.409  -14.038   -9.444  -15.520
   2 2 3729.994  -14.014   -9.429  -15.507

 Pinf/Pt = 1.740593
   3 4 3511.453  -14.226   -9.596  -15.847
 Pinf/Pt = 1.740314
   3 1 3511.515  -14.226   -9.596  -15.847
   4 2 3725.908  -14.018   -9.432  -15.513
   4 1 3725.856  -14.018   -9.432  -15.513
   4 1 3725.855  -14.018   -9.432  -15.513
 END OF CHAMBER ITERATIONS
   4 6 1329.549  -10.635  -10.891  -28.889
   4 3 1383.349  -10.991  -10.853  -28.014
   4 2 1383.449  -10.991  -10.853  -28.012
```

⑤ 계산 결과

```
THEORETICAL ROCKET PERFORMANCE ASSUMING EQUILIBRIUM

COMPOSITION DURING EXPANSION FROM FINITE AREA COMBUSTOR

 Pinj =  2361.2 PSIA
 Ac/At =  4.5000   Pinj/Pinf =  1.010107
 CASE = kerosene1

 REACTANT WT FRACTION ENERGY   TEMP
    (SEE NOTE)    KJ/KG-MOL   K
 FUEL  Jet-A(L)  1.0000000   -306915.133 288.000
 OXIDANT O2(L)    1.0000000  -12979.000  90.170

 O/F= 2.40000  %FUEL= 29.411765  R,EQ.RATIO= 1.414478  PHI,EQ.RATIO=
1.414478

 INJECTOR COMB END THROAT  EXIT
 Pinj/P 1.0000   1.0205   1.7579   785.33
 P, BAR  162.80   159.53   92.610   0.20730
 T, K   3731.23  3725.86  3511.51  1383.45
 RHO, KG/CU M    1.2125 1 1.1899   1 7.4124 0       4.3625-2
 H, KJ/KG        -825.84  -839.59  -1543.54 -6581.37
 U, KJ/KG        -2168.55 -2180.23 -2792.93 -7056.56
 G, KJ/KG        -42209.4 -42177.0 -40502.9 -21930.4
```

.plt에 포함될 값들은

```
S, KJ/(KG)(K)  11.0911 11.0947 11.0947 11.0947

M, (1/n)       23.105  23.108  23.369  24.207
(dLV/dLP)t     -1.02589-1.02584-1.01998-1.00000
(dLV/dLT)p     1.4383  1.4381  1.3602  1.0000
Cp, KJ/(KG)(K) 4.7758  4.7778  4.4015  1.9413
GAMMAs 1.1494  1.1493  1.1489  1.2150
SON VEL,M/SEC  1242.3  1241.3  1198.1  759.8
MACH NUMBER    0.000   0.134   1.000   4.465


PERFORMANCE PARAMETERS

Ae/At  4.5000  1.0000  60.000
CSTAR, M/SEC   1814.9  1814.9  1814.9
CF     0.0914  0.6602  1.8695
Ivac, M/SEC    8249.4  2240.9  3532.9
Isp, M/SEC     165.8   1198.1  3392.8
```

굵은 글자로 표시

.plt 파일에는 다음과 같은 값들이 들어있다.

```
1.6280E+02  0.0000E+00
1.5953E+02  8.2494E+03
9.2610E+01  2.2409E+03
2.0730E-01  3.5329E+03
1.6280E+02  0.0000E+00
1.5954E+02  8.2336E+03
9.2818E+01  2.2353E+03
2.1678E-01  3.5557E+03
1.6280E+02  0.0000E+00
1.5955E+02  8.2077E+03
9.2966E+01  2.2273E+03
2.2718E-01  3.5730E+03
1.6280E+02  0.0000E+00
1.5955E+02  8.1751E+03
9.3072E+01  2.2178E+03
2.3849E-01  3.5847E+03
```

⑤ 계산결과 섹션 중에서 plot을 지정해 놓은 값은 압력과 진공비추력이므로 첫번째 컬럼은 압력, 두번째 컬럼은 진공비추력이다. 그리고 입력파일에 연소실의 크기를 지정하였을 경우 CEA는 .out에서 알 수 있듯이 injector, combustion end, throat, nozzle 등 4곳에서의 값들을 계산한다. 그리고 입력파일에서 O/F를 4개 지정하였으므로 .plt 파일에는 한 컬럼

에 4×4 = 16개의 데이터가 저장된다. 즉 다음 표 3.2와 같은 형태로 데이터가 저장된다.

표 3.2 CEA 결과물 .plt 파일 포맷

O/F	위치	압력	진공비추력	비고
2.4	injector	1.6280E+02	0.0000E+00	injector에서는 연소전이므로 비추력를 계산하지 않음
	combustion end	1.5953E+02	8.2494E+03	
	throat	9.2610E+01	2.2409E+03	
	nozzle	2.0730E-01	3.5329E+03	
이하 반복				

보다 상세한 설명은 CEA 매뉴얼[11]을 참조하기 바란다.

Question 3.8 288K의 메탄과 산소가 대기압에서 stoichiometric mixture ratio로 반응을 한다고 가정할 때 다음의 방법을 사용하여 반응 후 온도를 구하라. 단 반응 후에서 압력은 1기압으로 유지된다.

(1) 메탄과 산소의 반응이 다음과 같을 때에,

$$CH_4 + \frac{3}{2}O_2 \rightarrow CO_2 + 2H_2O\,(g)$$

(2) CEA

3.2.6. 노즐목 크기 결정

노즐목은 유량과 함께 연소실의 압력을 결정하는 중요한 인자로서 연소기를 설계할 때에 많은 부분이 노즐목과의 비례식으로 표현되는 경우가 많다. 따라서 연소기를 설계할 경우 노즐목의 크기를 결정하는 것이 선결과제이다. 노즐목의 크기는 엔진의 제원에 따라 결정된다. 즉, 엔진의 추력을 통해 연소실의 유량을 결정하고 결정된 유량과 연소실 압력을 가지고 노즐목의 크기를 구할 수 있다.

연소실과 노즐목, 노즐, 외기에 대한 표현을 그림 2.10과 같이 할 때, 노즐목을 흐르는 유량은 전체유량과 같아야 하므로,

$$\dot{m} = \frac{A_t v_t}{V_t} \tag{3.65}$$

위의 식 (3.65)에서 v_t와 V_t는 각각 노즐목에서의 속도와 비체적이며 여기에 식 (3.6)과 식 (3.4)를 대입하면 다음과 같이 유량과 노즐목과의 관계를 얻을 수 있다.

$$\dot{m} = A_t p_1 k \frac{\sqrt{\left(\frac{2}{k+1}\right)^{\frac{k+1}{k-1}}}}{\sqrt{kRT_1}} \tag{3.66}$$

또한 연소실의 크기가 먼저 결정되었을 경우에는 다음의 식 (3.67)을 사용하여 노즐목 크기를 구할 수 있다.

$$\frac{A}{A_t} = \frac{1}{M}\sqrt{\frac{1+\frac{k-1}{2}M^2}{1+\frac{k-1}{2}}}^{\frac{k+1}{k-1}} \tag{3.67}$$

Ex. 3.6 8톤급 다단연소사이클 로켓엔진의 예연소기 기본요구사항은 다음과 같다.

- 연소압, $p_c = 60\ bar$
- 연소실 반경, $R_c = 35\ mm$,
  연소실 단면적, $\mathrm{A} = 3.8485 \times 10^3\ \mathrm{mm}^2$
- $O/F = 60$
- 산화제 : LOx (93K), 16.5118 kg/sec
- 연료: kerosene (283K),
  0.2752 kg/sec
- 전체 추진제 양 : 16.787 kg/sec

위의 조건으로부터 목크기를 구하면 다음과 같다. 식 (3.67)은 목면적과 연소실 면적과의 관계식으로 여기에서 필요한 각종 변수들은 요구조건과 CEA로부터 구할 수 있다. 연소압과 추진제의 종류 그리고 유량을 알고 있으므로 CEA의 rocket problem을 사용하기 위한 입력 자료는 모두 준비가 되었다. CEA를 수행하면 연소실 내에서의 비열비를 구할 수 있으며 연소실 단면적과 유량을 통해 연소실 내에서의 마하수를 구할 수 있다.

- $\mathrm{k} = 1.3379$

- M=0.2505

이로써 식 (3.67)에 필요한 모든 값을 알 수 있으므로 목 반지름은 다음과 같이 구할 수 있다.

$$\text{목 반지름},\ R_t = 22.5349\,mm$$

이상에서와 같이 주어진 조건에 따라 식 (3.67)을 사용하여 목의 크기를 구할 수 있으나 대부분 연소실의 크기보다는 엔진의 요구조건으로부터 질유량과 연소압이 먼저 결정되므로 실제로는 식 (3.66)을 사용하는 빈도가 많을 것이다.

Question 3.9 Adiabatic condition에서 수소와 산소가 stoichiometric 반응을 할 때 생성물의 온도를 구하라.

Question 3.10 연소기의 요구조건이 다음과 같을 때 목면적을 구하라

- 연소압, $p_c = 80\ bar$
- 연소실 반경, $R_c = 60\,mm$,
- O/F = 2.5
- 산화제 : LOx (93K), 16.51 kg/sec

3.2.7. 연소실 형상 설계

연소실은 구형, 원통형 등 여러 가지 형상을 사용하여 설계할 수 있지만 대부분의 고성능 연소실은 원통형이다. 원통형 연소실은 단면적이 일정한 원통부분, 원통부분이 끝나는 곳에서 목까지 연결하는 수축부위로 크게 나눌 수 있으며 원통부분과 수축부분 그리고 수축부분과 노즐목을 연결하는 부위는 원으로 가정하고 그 형상을 결정한다. 그림 3.20에서 x_0에서 x_1까지는 실린더형상, x_1에서 x_2까지의 수축부는 원, x_2에서 x_3까지는 직선, x_3에서 x_4까지는 원의 형상을 사용한다. x_4 이후는 벨노즐현상이다.

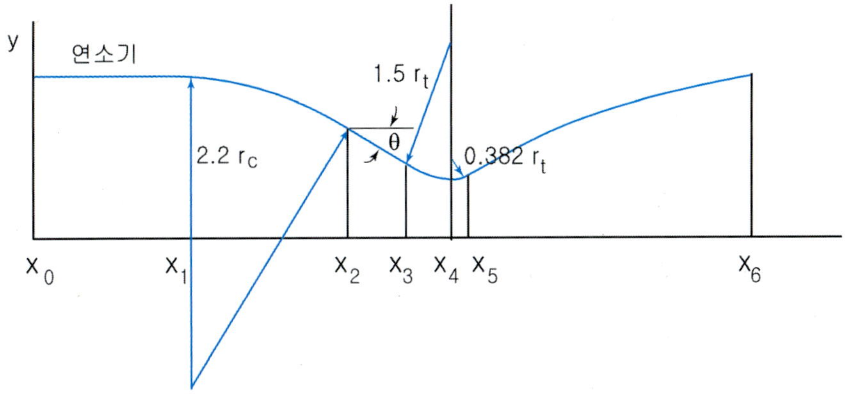

그림 3.20 원통형(cylindrical) 연소기 형상

연소실의 형상은 실린더부위의 단면적을 구하는 것으로부터 시작한다. 이 단면적을 구하기 위해서는 먼저 연소기의 부피를 결정하여야 하고 연소실의 크기는 분사기를 통해 분사되는 추진제의 분무특성과 연소특성에 따라 결정된다. 연소실에서는 분무된 추진제가 모두 연소하는 것이 바람직하므로 추진제의 체류시간(τ_{stay})이 중요한 요소가 된다. 체류시간이 지나치게 짧다면 추진제가 연소실에서 완전연소가 되지 못하고 너무 길면 연소실의 크기가 필요이상으로 커지기 때문에 부피와 무게에 좋지 못한 영향을 미친다. 실제 설계 시에는 편의상 체류시간보다는 특성길이를 더 많이 사용하는데 특성길이와 체류시간은 다음과 같이 서로 비례하는 관계를 가지고 있다.

$$L^* = u\tau_{stay} = \frac{\dot{m} V \tau_{stay}}{A_t} = \frac{V_c}{A_t} \tag{3.68}$$

여기서 L^*는 특성길이를 u는 기체속도를, V_c는 연소실 부피를 $\dot{m}$는 추진체 질유량을, V는 평균 비체적을, A_t는 목면적을 의미한다.

식 (3.68)에서 알 수 있듯이 특성길이는 연소실의 부피를, 목면적으로 나눈 가상의 원통길이이다. 특성속도에 대한 특성길이의 효과는 다음 그림 3.21에 나타내었으며 이는 Huzel & Hwang(1992)[1]의 실험결과를 바탕으로 도출한 것이다. 이 특성길이는 일반적으로 과거에 개발하였던 엔진을 참조하여 결정하는 일이 많은데 Huzlel & Huang(1992)[1]에 따르면 케로신을 사용하는 엔진의 특성길이 값은 보통 1~1.27 m(40~50인치)이다. 그러나 이 값은 미국의 설계 특성에 기인한 것으로 충돌형(jet) 분사기를 사용하였을 때의 값이라고 추정된다. 와류(swirl)형 분사기 장착하고 있는 RD-191엔진의 특성길이는 약 0.91 m로 Huzel &

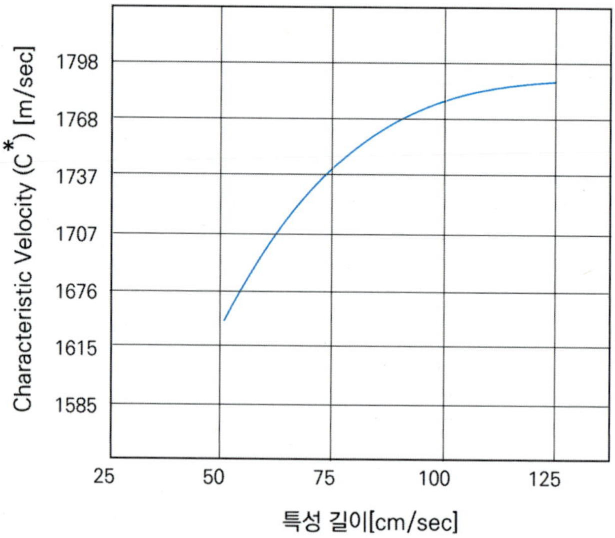

그림 3.21 특성속도에 대한 특성길이의 효과 [reproduction of Huzel & Hwang, 1992]

Huang(1972)[1]에서 제안된 최솟값보다 조금 작은 값을 사용한다. 이렇게 러시아와 미국에서 사용하는 특성길이가 상이한데 이러한 이유로는 분사기의 특성, 추진제의 특성, 설계철학, 개발환경 등이 반영된 결과로 추정된다.

그림 3.21은 특성속도와 특성길이와의 관계를 나타낸 그래프이다. 이 그림에서 알 수 있듯이 특성길이가 짧아지면 특성 속도도 작아지지만 특성길이가 어느 한계 이상으로 커지면 특성속도에는 별 변화가 나타나지 않는다. 그러므로 앞서 설명한 바와 같이 연소실을 무한정 크게 만든다고 해서 연소효율이 따라서 증가하지는 않고 오히려 지나치게 큰 연소실로 인하여 무게와 부피가 지나치게 증가하는 역효과가 생기게 된다.

목직경과 과거 엔진 사례를 참고하여 특성길이가 결정되면 식 (3.68)을 통해 연소기의 부피를 구할 수 있다. 연소실이 실린더형이라면 연소실의 부피를 구한 뒤의 다음 작업은 당연히 연소실의 단면적을 결정하는 것이다.

연소실의 단면적은 연소실 단면적과 목면적의 비인 수축비를 통해 구한다. 수축비 역시 과거 엔진을 참조하여 결정하는데 이 값도 미국엔진을 참조하여 Huzel & Huang(1992)[1]에서 제시된 값과 동유럽권에서 사용하는 값에 차이를 보인다. 이를 그래프로 표시하면 그림 3.22와 같다. 그림 3.22에 의해 연소실의 부피와 수축비가 결정되면 연소실의 단면적이 구해진다.

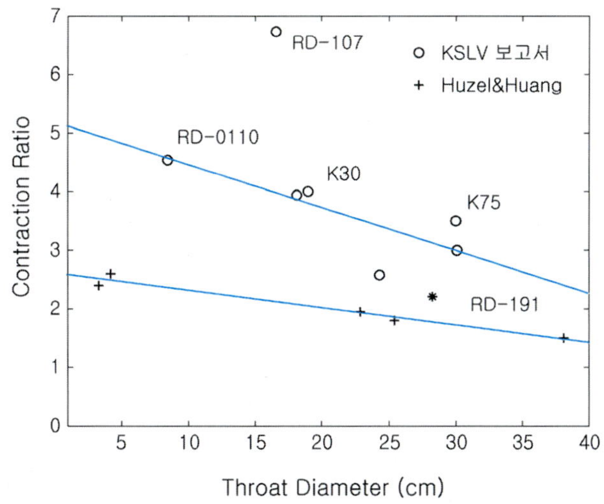

그림 3.22 목직경에 따른 수축비 변화 여기서 K75는 한국형 발사체의 프로토 엔진의 연소기이며 K30은 K75의 축소형 모델이다.

연소기는 그림 3.20이나 3.23과 같이 형상의 변화가 많으므로 여러 부분으로 나누어 설계를 진행한다. 그림 3.23에서 0점인 x_1은 연소기의 단면적이 수축을 시작하는 부분이다. 연소실 축소부는 실린더 부위에서 목까지 단면적이 축소되는 부분으로 모두 3개의 곡선 및 직선으로 정의된다. 연소실의 반경을 Rc라 할 때 첫 번째 부분은 실린더에서 축소가 시작되는 부분으로 그림 3.23에서 $x_1 \sim x_2$까지의 곡선이다. 이곳은 그 중심이 (0, $-1.2R_c$), 반경 $2.2R_c$의 원으로 구성되어 있다. 그 다음 부분은 $x_2 \sim x_3$까지로 직선 구간으로 기울기가 θ인 직선이다. $x_3 \sim x_4$까지는 직선 구간의 끝점으로부터 목까지의 구간으로 이곳은 중심이 (x_4, $2.5R_t$), 반경이 $1.5R_t$인 원으로 구성되어 있다.

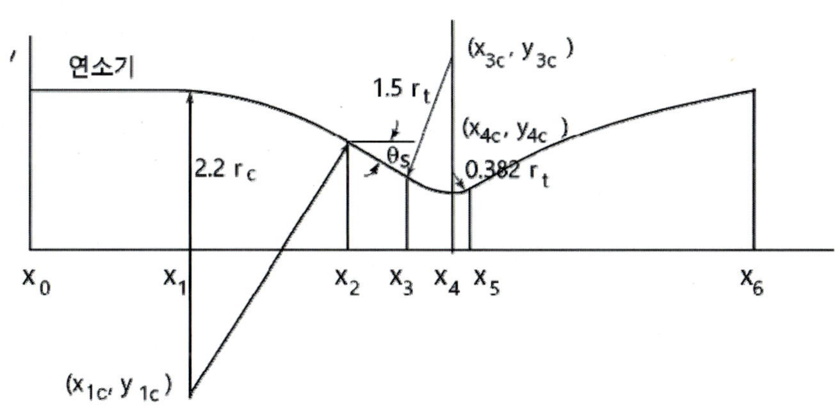

그림 3.23 연소기 형상, x_0부터 x_6는 각 형상별 구분점이다.

위에서 설명한 각 부분을 수식으로 나타내면 다음과 같다.

• 1구간(x_1, x_2): 반경 2.2R$_c$의 원과 직선이 만나는 곳이므로 원의 방정식에 의해

$$(x_2 - x_{1c})^2 + (y_2 - y_{1c})^2 = (2.2R_c)^2 \tag{3.69}$$

여기서 x_{1c}는 원의 중심의 x좌표로 0이며, y좌표는 $-1.2R_c$이다. 따라서 식 (3.69)는 다음과 같이 된다.

$$x_2^2 + (y_2 + 1.2R_c)^2 = (2.2R_c)^2 \tag{3.70}$$

• 2구간(x_2, x_3): 기울기가 θ인 직선

$$y = \tan\theta\ x + b \tag{3.71}$$

여기서, $\theta = \pi - \theta_s$이며 θ는 직선의 기울기, θ_s 수축각, b는 직선의 방정식 중 y절편이다. 그리고 구간 (x_2, x_3)에서 직선의 기울기가 음의 값을 갖는다는 것에 유의하여야 한다.

• 3구간(x_3, x_4): 반경 1.5Rt의 원

$$(x - x_{3c})^2 + (y - 1.5R_t)^2 = (1.5R_t)^2 \tag{3.72}$$

여기서 x_{3c}와 y_{3c}는 원의 중심으로 각각 x_4, $2.5R_t$와 같다. 그러므로

$$(x - x_4)^2 + (y - 2.5R_t)^2 = (1.5R_t)^2 \tag{3.73}$$

1구간과 2구간이 만나는 지점인 x_2에서 원과 직선의 y 값이 y_2로 같아야 하므로

$$\sqrt{(2.2R_c)^2 - x_2^2} - 1.2R_c = \tan\theta\ x_2 + b \tag{3.74}$$

이 된다. 또한 x_2 지점에서 원과 직선의 기울기가 같아야 하므로 원의 방정식 식 (3.70)을 미분하고 직선의 기울기, tan θ와 같게 놓으면 식 (3.75)와 같다.

$$\frac{dy}{dx} = -\frac{x_2}{y_2 + 1.2R_c} = \tan\theta \tag{3.75}$$

또한 직선의 방정식에 의해 x_2와 y_2의 관계를 구할 수 있다.

$$y_2 = \tan\theta\ x_2 + b \tag{3.76}$$

x_2 점에서 식 (3.74), (3.75), (3.76)을 통해 다음과 같은 식을 유도할 수 있다.

$$x_2 = 2.2R_c\ |\sin\theta| \tag{3.77}$$

$$y_2 = -\frac{x_2}{\tan\theta} - 1.2R_c \tag{3.78}$$

$$b = y_2 - \tan\theta\ x_2 \tag{3.79}$$

이상과 같이 식 (3.77), (3.78), (3.79)을 통해 x_2, y_2, b를 구할 수 있다. 나머지 결정되지 않은 변수인 x_3, y_3, x_4 역시 비슷한 방법으로 결정된다. 먼저 y_3를 구하기 위해 식 (3.71)과 (3.73)을 결합하면 식 (3.80)을 얻을 수 있다.

$$y_3 = \pm 1.5R_t \cos\theta + 2.5R_t \tag{3.80}$$

식 (3.80)에서 우리가 원하는 점의 위치는 원을 중심으로 3/4분면에 있으므로 복호 중 (−)값을 선택하면 된다. 그리고 직선의 방정식을 통해

$$x_3 = \frac{y_3 - b}{\tan\theta} \tag{3.81}$$

가 되며 x_3점에서 원과 직선의 기울기가 같아야 하므로

$$x_4 = (y_3 - 2.5R_t)\tan\theta + x_3 \tag{3.82}$$

이 되어 모든 미지수를 구할 수 있다.

식 (3.77)에서 (3.82)까지 결정해야 할 변수는 b, x_2, y_2, x_3, y_3, x_4 등 6개이며 주어진 식 역시 6개이므로 유일한 해를 구할 수 있다. 단, 직선의 기울기인 θ에 대한 정보가 충분하지 않으나 θ가 변화할 수 있는 영역은 그리 넓지 않다. 그림 3.24에서 볼 수 있는 바와 같이 수축부의 길이를 짧게 하는 데는 한계가 있다. θ는 직선의 기울기이므로 x축에서 반시계 방향의 각이며 θ_s는 그림 3.23에서 볼 수 있듯이 x축에서 시계방향의 각이다 따라서, θ와 θ_s는 $\theta = \pi - \theta_s$와 같은 관계가 성립한다.

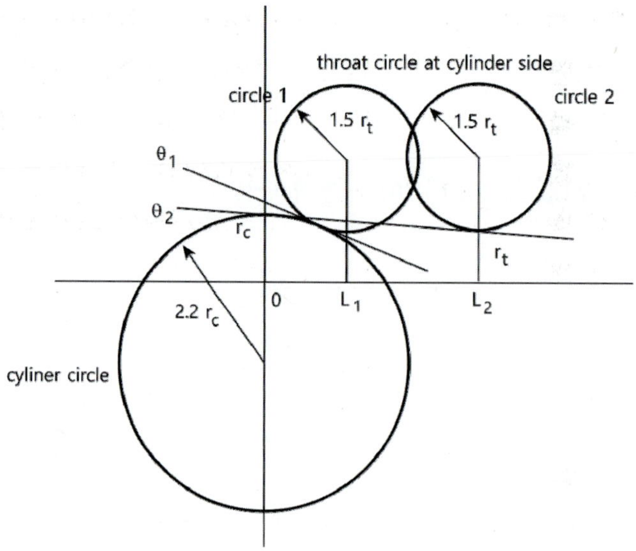

그림 3.24 가용한 연소실 축소각, 축소각 θ_s와 기울기 θ의 관계는 다음과 같다. $\theta = \pi - \theta_s$

θ_s의 최대값은 그림 3.24의 실린더원과 목원이 서로 접했을 때이며 동시에 접선에서 두 원의 기울기가 같아야 하므로 식 (3.69)와 식 (3.72)로부터 수축각, θ_s의 최대값의 다음과 같이 구할 수 있다.

$$\theta_{\max} = \frac{37\sqrt{5}\,r_t}{22\sqrt{(17r_c + 20r_t)(r_c - r_t)}} \tag{3.82}$$

이 때에 $\theta_{\max}$의 단위는 radian 임을 명심하자. 또한 식 (3.83)은 구간 $(x_1,\ x_2)$에서 원의 반경은 $2.2R_c$이고 구간 $(x_3,\ x_4)$ 원의 반경은 $1.5R_t$로 구한 것이므로 이 구간의 값이 달라지면 식 (3.83)을 사용할 수 없다. 식 (3.83)은 유도하기 쉽지 않은 결과이기 때문에 다른 값을 사용하는 경우에는 수치적 접근법을 사용하는 것을 추천한다.

그리고 연소실 전체 길이가 너무 길어지면 안 되기 때문에 θ_s를 너무 작게 가지고 가는 것은 좋은 방법이 아니다. 여하튼 이론적으로 수축각, θ_s의 최대값은 두 원이 접했을 경우를 가정하여 구할 수 있으며 최소값은 두 원이 무한이 떨어져 있을 때인 0이 된다. 이에 따라 설계자는 가용한 범위 내에서 θ_s을 결정하여야 한다.

Ex. 3.7 다음과 같은 조건이 주어졌을 때에 연소실을 설계하라. 단 연소실은 실린더형이며 연소실의 기본요구사항은 다음과 같다.

- 연소압, $p_c = 80\ bar$
- 연소실 반경, $R_c = 100\ mm$
- $O/F = 2.5$
- 전체 추진제 양: 24 kg/sec

연소압과 추진제, O/F를 알고 있으므로 연소실 내부의 환경을 계산하기 위해 CEA를 사용한다. 이에 따른 input file은 다음과 같다.

표 3.3 CEA input data file

```
problem  rocket
 equilibrium  o/f=2.5
 case=8  p,bar=80 sup-ae/at=100
 reactant
    fuel=Jet-A(L)  wt%=100.   t(k)=288
    oxid=O2(L)  wt%=100.   t(k)=90
output  siunits
end
```

다음은 CEA결과이다.

```
                  CHAMBER   THROAT     EXIT
Pinf/P 1.0000     1.7335    1394.62
P, BAR 80.000     46.151    0.05736
T, K    3674.05   3481.04   1349.09
RHO, KG/CU M      6.1036 0  3.7657 0  1.2743-2
H, KJ/KG          -813.83   -1511.13  -6902.91
U, KJ/KG          -2124.53  -2736.67  -7353.05
G, KJ/KG          -42154.3  -40679.8  -22082.9
S, KJ/(KG)(K)     11.2520   11.2520   11.2520

M, (1/n)          23.307    23.617    24.919
(dLV/dLP)t        -1.03578  -1.02984  -1.00000
(dLV/dLT)p        1.6142    1.5422    1.0000
Cp, KJ/(KG)(K)    5.8474    5.5432    1.9176
GAMMAs 1.1405     1.1379    1.2107
SON VEL,M/SEC     1222.6    1180.9    738.2
MACH NUMBER       0.000     1.000     4.727

PERFORMANCE PARAMETERS
```

```
Ae/At          1.0000   100.00
CSTAR, M/SEC            1799.0   1799.0
CF             0.6565   1.9399
Ivac, M/SEC             2218.7   3618.7
Isp, M/SEC              1180.9   3489.7
```

CEA결과로부터 비열비, 연소온도, 기체상수를 알 수 있으므로 주어진 유량과 함께 다음 식을 통해 목면적을 구할 수 있다.

$$\dot{m} = A_t p_1 k \frac{\sqrt{\left(\frac{2}{k+1}\right)^{\frac{k+1}{k-1}}}}{\sqrt{kRT_1}} \tag{3.66}$$

$$A_t = \frac{\dot{m}}{p_1 k \frac{\sqrt{\left(\frac{2}{k+1}\right)^{\frac{k+1}{k-1}}}}{\sqrt{kRT_1}}} = 7675.1 \ mm^2$$

$$R_t = \sqrt{\frac{A}{\pi}} = 49.4 \ mm$$

따라서 노즐목의 반지름, $R_t = 49.4\ mm$가 된다. 노즐목 크기가 구해졌기 때문에 그림 3.23의 x_1부터 x_5까지의 좌표를 구하면 연소실의 형상이 완성된다.

(1) 연소실 직선 길이

연소실 직선길이는 특성길이 혹은 stay time, τ_{stay}로부터 결정된다. 소형엔진이므로 여기서는 Huzel & Hwang과 RD-191엔진의 절충값인 1 m를 사용한다. 그러므로

$$L^* = 1 \ m$$

이며 이에 따른 연소실의 부피, V_c는

$$V_c = L^* \times A_t = 1 \ m \times 0.007676 \ m^2 = 0.007676 \ m^3$$

또한 수축비는 목직경이 약 10 cm이므로 그림 3.22의 KSLV 보고서에 따르면 4에서 5사이의 값을 가진다. 간단히 4로 정한다. 그러므로 길이의 비는 2가된다.

$$R_c = 9.89 \ cm$$

이에 따라 연소실의 단면적은 314.15 cm^2이 된다. 그러므로 연소실의 길이는

$$L_c = \frac{V_c}{0.31415} = 25 \ cm$$

로 결정된다. 또한 연소실 반경, R_c와 목의 반경 R_t부터 최대 축소각을 구하면 다음과 같다.

$$\theta_{\max} = \frac{37\sqrt{5}\,r_t}{22\sqrt{(17r_c + 20r_t)(r_c - r_t)}} = 0.5111 \ rad = 29.3^\circ$$

축소각 θ_s는 $\theta_{\max}$보다 작아야 하므로 편의상 25도로 결정한다. 이에 따라 연소실의 실린더 부위의 형상이 결정되었으므로 나머지는 그림 3.23의 x_1부터 x_4까지의 좌표를 구하면 된다. 실린더 형상은 표 3.4에, 결과는 표 3.5와 그림 3.25에 나타내었다.

표 3.4 입력 데이터

L_c	250 mm
R_c	98.9 mm
R_t	49.4 mm
θ_s	25°

표 3.5 연소실 축소부와 노즐을 구성하는 각 부위의 시작과 끝점 [mm]

i	0	1	2	3	4
x	−250	0	108.7	126.7	163.8
y	98.9	98.9	69.7	59.4	49.4

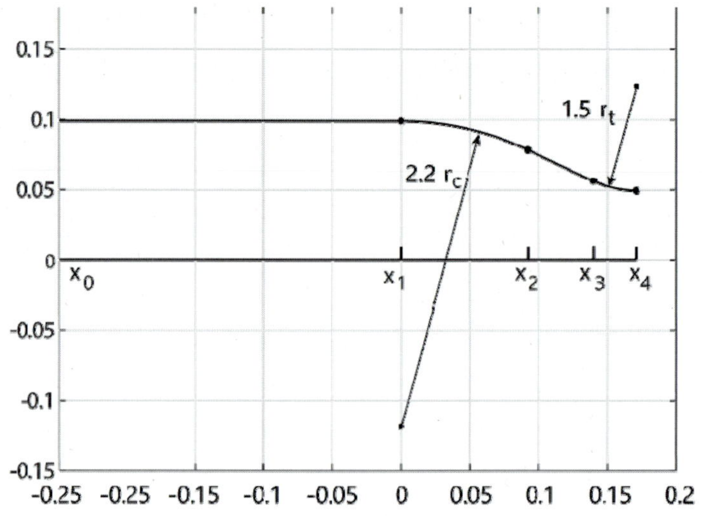

그림 3.25 연소기 내부 형상

Matlab m file

```
close all
clear all

% Input -------------------------
Lc=250e-3;
rc=98.9e-3;
rt=49.4e-3;
thetas=25*pi/180;
% --------------------------------

theta=pi-thetas;
x0=-Lc;
y0=rc;
x1=0;
y1=rc;
x2=2.2*rc*abs(sin(theta));
y2=-x2/tan(theta) - 1.2*rc;
b=y2-tan(theta) * x2;

y3=1.5*rt*cos(theta) + 2.5*rt;
x3=(y3-b)/tan(theta);

x4=(y3-2.5*rt)*tan(theta) + x3;
y4=rt;
```

```
% from x1 to x2
N1=100;
dx=x2/N1;

for i=1:N1+1
   x(i)=(i-1)*dx;
   y(i)=sqrt((2.2*rc)^2 - x(i)^2) - 1.2*rc;
end

N2=50;
dx=(x3-x2)/N2;
for i=N1+2: N1+N2+1
  x(i)=x(N1+1)+(i-N1-1)*dx;
  y(i)=x(i)*tan(theta)+b;
end

N3=50;
dx=(x4-x3)/N3;

for i=N1+N2+2: N1+N2+N3+1
  x(i)=x(N1+N2+1)+(i-N1-N2-1)*dx;
  y(i)=-sqrt((1.5*rt)^2 - (x(i)-x4)^2 )+ 2.5*rt;
end

plot([x0 x], [y0 y], x1, y1, 'o', x2, y2, 'o', x3, y3, 'o', x4, y4, 'o',
'MarkerSize', 3,'MarkerEdgeColor', 'k', 'Markerfacecolor', 'k')
hold
plot(0, -1.2*rc, 'o', x4, 2.5*rt, 'o', 'MarkerSize', 2,'MarkerEdgeColor', 'k',
'Markerfacecolor', 'k')
grid on
plot([x0 x4], [0 0])

axis([-0.25 0.2 0 0.13], 'equal')
```

Question 3.11 식 (3.77)~식 (3.82)을 유도하라.

Question 3.12 다음의 조건이 주어졌을 때 연소기(연소실 + 노즐) 형상을 설계하라. 연소실이 완성되었을 경우 기대되는 진공비추력은 얼마인가?

- 추진제: 케로신 288 K
  액체산소 90 K
- O/F: 2.48
- 연소압: 80 bar
- 추력: 5 tonf
- 확장비: 100
- 연소효율: 0.96
- 노즐효율: 0.98

3.3. 연소기 냉각

연소실은 섭씨 3000도 이상의 고열이 발생되는 곳이기 때문에 반드시 연소실과 노즐을 열로부터 보호해 주어야 한다. 고체엔진일 경우 고체연료가 일종의 차단막을 형성하기 때문에 연소실의 냉각에 큰 부담이 없지만 고온의 기체가 직접연소실 벽과 접촉을 하는 액체엔진의 경우에는 매우 섬세한 설계가 요구된다. 다음 그림 3.26은 연소기에 재생냉각과 막냉각이 적용된 연소실 벽면의 특성을 보여준다. 그림의 연소실에는 두 곳에 막냉각 링이 있기 때문에 연소실에서 두 번의 온도와 열전달 강하가 크게 일어나는 것을 알 수 있다. 또한 예상대로 뜨거운 기체가 모여 압축되는 노즐목에서 온도와 열전달량이 가장 높다.

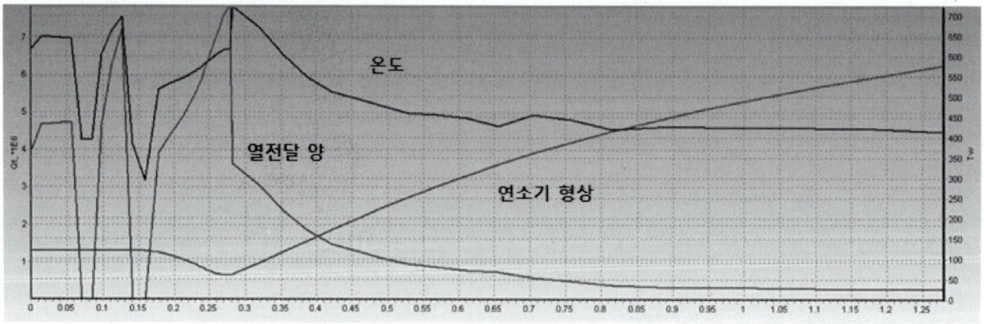

그림 3.26 연소실의 형상과 열전달, 내벽 온도

액체로켓엔진의 연소실 냉각에는 주로 재생냉각과 막냉각 방식이 사용되며 노즐에는 재생냉각, 복사냉각, 삭마냉각 등이 사용되며 경우에 따라서는 내열재 노즐을 사용하기도 한다. 냉각방식을 결정하는 요인으로서는 먼저 설계철학을 들 수 있을 것이다. 개발하고자 하는 엔진을 성능에 구애받지 않고 가급적 단순하고 저렴하게 개발하고자 한다면 설계/제작 비용이 많이 드는 재생냉각 방식을 최소로 사용하고 막냉각이나 삭마냉각, 내열재 등을 사용할 것이다. 그러나 가급적 고성능의 엔진을 개발하려한다면 엔진의 무게를 줄이고 열손실을 최소화하는 재생냉각 방식을 많이 사용하여야 한다. 또한 수급 가능한 재질이나 엔진에 사용되는 추진제의 종류에 따라서 냉각방식이 결정되어야 함은 물론이다.

3.3.1. 냉각 방법의 종류와 선택

연소실은 3,500°C 이상의 고온 기체를 발생시키며 이 온도는 일반 스테인리스강의 녹는점 보다 높기 때문에 반드시 연소실 내부의 벽을 냉각시켜주어야 한다. 연소실의 냉각 방식 재생냉각, 막냉각, 복사냉각 등이 있으며 냉각 방법을 결정하는 요인으로는 추진제의 종류, 연소실 내부의 연소압, 추진제 공급체계, 연소실 형상, 연소실 재질 등이 있다.

재생냉각(Regenerative Cooling)

재생냉각은 고성능 연소기에 가장 많이 사용되는 냉각 방식으로 연료를 사용하여 벽면을 냉각시킨 뒤 연소실로 주입하여 연소를 일으키는 방식이다. 다만 산화제과잉 연소를 하는 예 연소기의 경우에는 연료의 양이 대단이 적기 때문에 액체산소를 사용하여 냉각을 시키기도 한다. 이와 같이 연소실의 연소 특징에 따라 어떠한 추진제를 냉매로 사용할지가 결정된다. 통상적으로 산소보다 훨씬 안정적인 연료를 사용하는 것이 일반적이다.

재생냉각이라는 용어는 벽면에서 냉각된 열이 추진제로 흡수되었다가 밖으로 방출되지 않고 연소실로 다시 방출되므로 재생냉각이라고 불린다. 그림 3.27에 나타났듯이 냉각채널을 통과하는 추진제는 냉각채널을 따라 연소기의 표피층을 지나면서 내부의 뜨거운 연소가스와 열교환을 한 뒤 다시 연소기로 흘러들어가게 된다. 따라서 열교환율을 극대화하기 위해서 보통 연소가스를 둘러싸고 있는 내벽은 열전도가 높은 구리합금을 주로 사용한다. 반면에 외벽

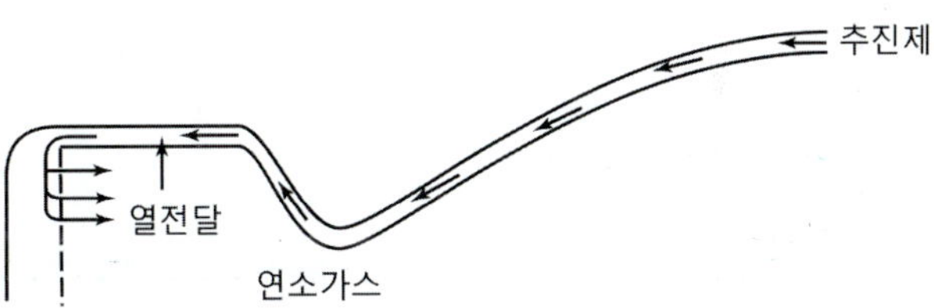

그림 3.27 재생냉각 채널을 통한 열교환

은 연소압을 견디기 위한 스테인레스 강을 주고 사용한다.

재생냉각의 개념은 1857년 시멘즈(Siemens)에 의해 처음 도입되었다고 여겨지며 1903년 치올코프스키(Tsiolkovsky)에 의해 다시 언급되기도 하였다. 1930년 고다드 박사는 최초로 재생냉각 엔진 제작을 시도하였으나 당시 기술로는 수용하기가 너무 어려웠기 때문에 포기하였고 1930년 이탈리아의 과학자인 가에타노 아르투로 크로코(Gaetano Arturo Crocco)가 처음으로 재생냉각 채널을 장착한 엔진을 구현하였다.[12]

재생냉각 연소기는 연소기 벽을 따라 추진제가 흐를 수 있도록 채널을 만들어야 하기 때문에 비용과 시간이 많이 소요된다. 그림 3.28[13]은 일반적인 재생냉각채널의 형상과 구조를 보여주고 있다. 재생냉각채널을 만드는 방법은 크게 두 가지이다. 하나는 내벽에 냉각채널을 만들고 외피를 덮는 방법이며 다른 하나는 냉각제가 흐를 수 있는 튜브를 이어 붙여 연소실을 제작하는 방법이다. 그림 3.29의 A와 같은 방법은 주로 러시아 엔진에서, B와 같은 방법은 미국엔진에 사용되었으나 최근 엔진제작비용 절감이 대두되면서 미국에서도 RS-68과 같은 저비용 엔진에는 A와 같은 방식의 제작방법을 도입하게 되었다[14]. 튜브를 이어 만든 대

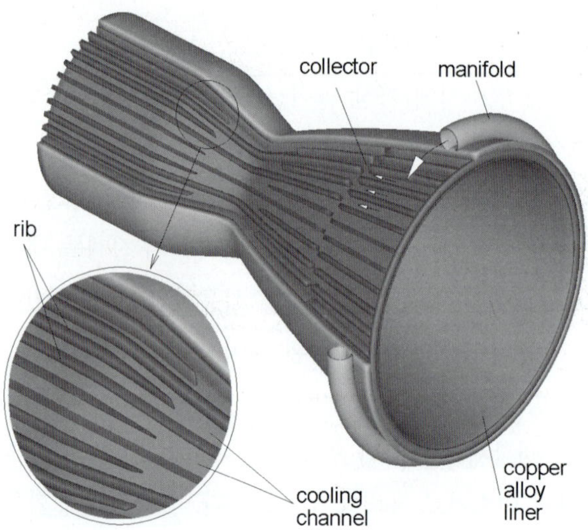

그림 3.28 연소기 냉각채널의 일반적인 형상[13]

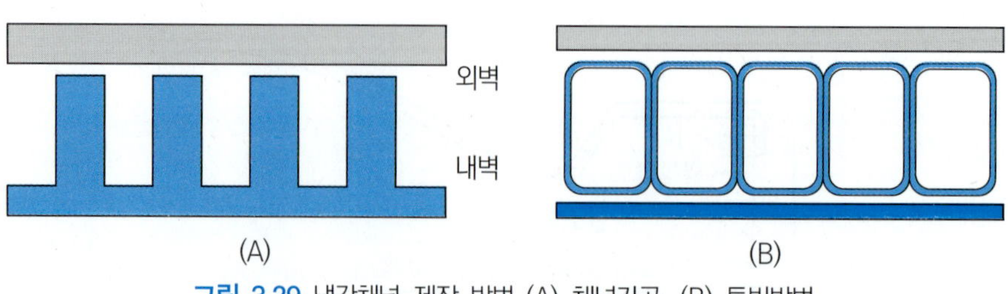

그림 3.29 냉각채널 제작 방법 (A) 채널가공, (B) 튜빙방법

표적인 엔진으로는 SSME인 RS-25가 있다.

재생냉각채널은 대략 연소압의 15% 정도의 차압을 소모하게 되므로 높은 압을 발생시키는 터보펌프 방식의 엔진에 많이 사용된다. 또한 추진제 중에서 주로 연료를 사용하여 냉각시키게 되므로 케로신과 같은 복잡한 탄소화합물이 연료일 경우에는 채널내부의 높은 온도로 인하여 벽면에 산화물이 침전되는 코킹 현상이 발생하기 쉽다. 코킹현상이 생기면 채널내부에서 연료가 흐르는 데 방해를 받고 이는 곧 냉각효율의 저하로 이어진다. 그러므로 이에 대한 각별한 주의가 요구된다. 즉, 유량을 증가시켜 냉각채널 내부의 온도가 코킹을 유발하지 않도록 유의하며 코킹에 강한 연료를 사용한다.

재생냉각은 연소기를 냉각시키기 위한 주된 방법이지만 재생냉각 방식 단독으로 사용되는 경우는 드물고 막냉각 방식을 보조로 사용하게 된다. 그리고 재생냉각채널을 구성할 때에 그림 3.28처럼 냉각채널 입구에서 출구까지 똑바로 일자로 구성하기도 하지만 냉각효율을 높이기 위해서 나선형태로 냉각채널을 구성하기도 한다. 나선형 채널을 구성하게 되면 같은 유량을 사용할 경우 차압이 증가하지만 유로가 늘어나 냉각효과가 증가하게 된다. 또한 열교환이 길이 방향만이 아닌 원주방향(cylindrical 좌표의 ϕ 방향)으로도 일어나므로 국부적으로 온도가 증가하는 것을 방지하여 보다 높은 대칭성을 유지할 수 있다는 장점이 있다.

막냉각(Film Cooling)

막냉각은 일정양의 냉매를 흘려주어 고온에 노출된 벽면을 보호하는 냉각방법이다. Metzge, *et. al.*[15]에 따르면 이 냉각방법은 비단 로켓엔진 뿐 아니라 에어포일, 가스터빈 등 다방면에 사용이 된다고 한다. 그러나 액체로켓의 입장에서 본 필자의 견해로는 에어포일이나 가스터빈 등에 사용하는 방법은 대단히 많은 수의 냉각홀을 사용하기 때문에 막냉각 보다는 증발냉각(transpiration cooling)에 가깝다는 생각된다. 증발냉각의 구조은 뒤에 설명하기로 하겠다. 막냉각의 기본 원리는 냉매가 그림 3.30과 같이 채널 중간에 마련된 슬롯이나 구멍을 통해 벽면을 따라 흘러 고온의 가스에 노출이 되어 있는 벽면을 보호하는 것이다. 구멍의 방향은 벽에 수직으로 만들 수도 있으나 대칭성을 고려하여 연소기의 축에 일정한 각도를

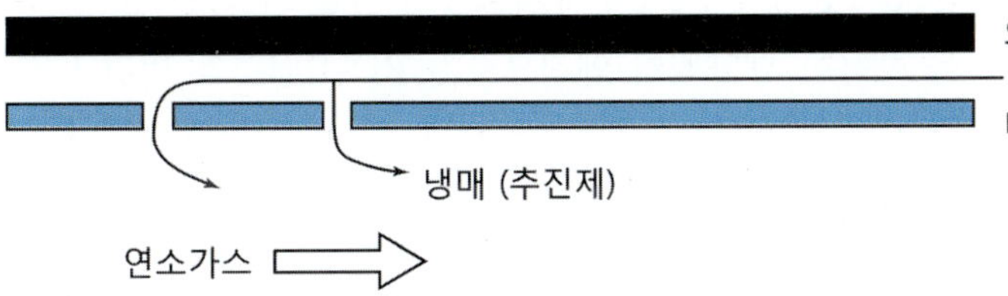

그림 3.30 막냉각(film cooling)

유지하도록 만들 수도 있다. 이러한 경우에는 냉매가 연소실 내벽을 따라 나선형태로 들어가기 때문에 보다 안정적으로 내부를 냉각할 수 있다. 단, 이때는 형상이 복잡해지므로 제작이 어려워진다는 단점이 있다. 로켓엔진에서 막냉각은 재생냉각의 보조 냉각 방식으로 많이 사용되며 특히 열부하가 많이 걸리는 노즐목의 냉각은 거의 필수적이다.

증발냉각(Transpiration Cooling)

증발냉각은 벽면에 많은 수의 구멍 혹은 다공성재질(porous material)을 통해 냉매가 방출되어 냉각을 시키는 방법이다. 이는 막냉각과 매우 유사한 형태이나 막냉각링 만을 통해서 냉매를 흘리지 않고 냉각이 필요한 벽 전체에 냉매가 흐를 수 있는 구멍을 뚫어 놓는다는 점에서 다른 방식이다. 냉매가 주입되는 유로가 매우 많기 때문에 냉매의 효율적인 분산으로 인해 이론적으로는 일반적으로 막냉각에 소요되는 유량보다 적은 유량을 필요로 한다[16]. 그러나 수많은 구멍으로 인해 구조적 강성이 문제가 될 수 있으므로 보다 정밀한 구조해석이 필요하다.

삭마냉각(Ablative Cooling)

삭마냉각방식은 연소실 혹은 노즐에 열분해가 가능한 라이너를 장착하여 라이너가 삭마되면서 연소실 혹은 노즐을 보호하는 방식이다. 이 냉각 방식은 대략 연소압 20 bar 이하의 연소기에 적합하며 제작이 쉽고, 외벽의 온도가 낮으며, 제작비가 적게 든다는 장점이 있다. 반면에 연소기가 무거워진다는 단점도 있다.

삭마냉각 방식을 적용할 경우에는 외벽, 절연체, 라이너의 순으로 연소실을 구성하며 라이너로는 페놀 수지가 함유된 고무수규산 구조체(high silica fabric)나 탄소복합재를 주로 사용한다. 외벽은 구조를 지탱할 수 있는 스테인레스 강이나 알루미늄 혹은 복합재를 사용하기도 한다.

복사냉각(Radiation Cooling)

복사냉각은 말 그대로 복사열전달에 의해 냉각을 시키는 방식으로 열부하가 크지 않은 노즐확장부에 적합한 냉각방식이다. 따라서 지상에서 사용되는 1단 엔진 보다는 상단엔진에 사용되며 복사냉각을 채용한 대표적인 엔진으로는 RD-10B-2와 멀린 C가 있다.

Dump Cooling

Dump cooling은 연소기의 냉각채널을 따라 흐르는 추진제를 사용하여 냉각을 시킨다는 점에서는 재생냉각과 같지만 냉각에 사용된 추진제를 연소기로 회수하지 않고 밖으로 버린다는 점에서 재생냉각과는 차이가 있다. 냉각에 사용된 추진제가 추력으로 환산되지 않기 때문에 많은 양의 추진제를 사용할 수는 없다는 단점이 있어서 널리 사용되지는 않고 있다. 다만 냉각효과가 뛰어난 액체수소를 사용한 엔진에 가끔 사용된다[16].

사실 이러한 방식은 추진제의 손실이 크므로 실제 비행용 엔진보다는 엔진 개발 중에 시험장에서 더 많이 사용되는 방식이다. 재생냉각 채널의 시험을 위해서 시험장에서는 재생냉각의 이전 단계에서 사용할 수 있다. 즉, 연소기로 들어가는 연료와 채널을 통해 냉각에 사용되는 연료를 분리하여 시험할 수 있다는 장점이 있다. 그리고 단순히 연소기의 연소 시험만을 위해서는 냉각 효과만을 극대화시키기 위해서 냉각채널에 추진제가 아닌 물이나 그 밖의 냉매를 사용하기도 한다.

3.3.2. 열전달

대부분의 고성능 연소기에서는 재생냉각방식을 사용하기 때문에 연소기내부의 열전달 모델로 우선 재생냉각 방식을 설명하고자 한다. 그림 3.31은 연소실 내부부터 외기까지의 온도

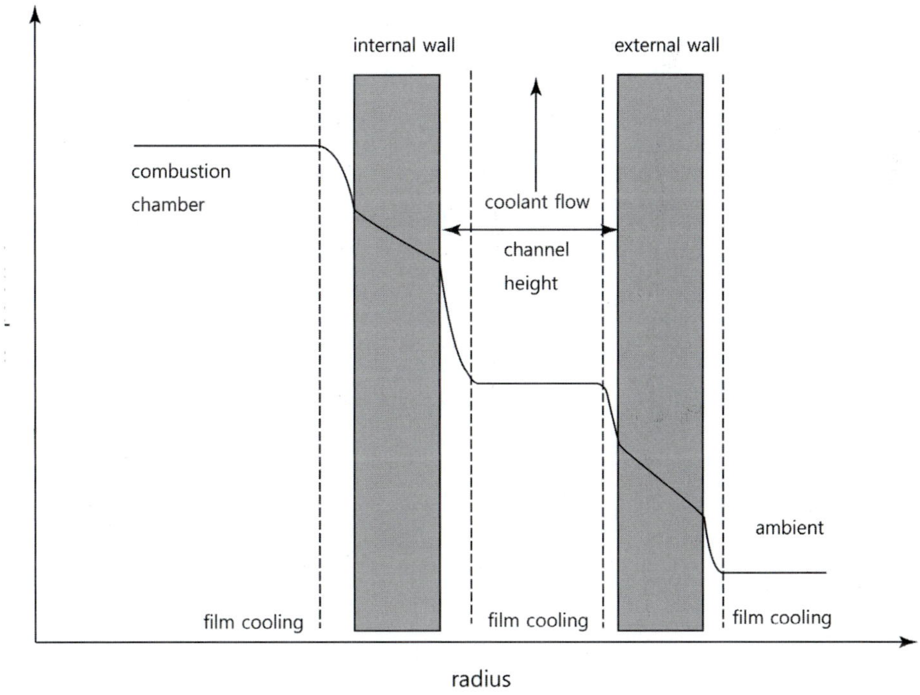

그림 3.31 냉각채널이 장착된 연소실의 온도분포 모델

변화를 보여주는 것으로서 외기가 냉각채널에 흐르는 냉매보다 온도가 낮다는 가정 하에 작성된 것이다. 만일 액체수소나 액체메탄과 같은 극저온 냉매를 사용할 경우에는 외기의 온도가 냉각채널에 흐르는 냉매의 온도보다 높아야 할 것이다. 연소실에는 내벽과 외벽 이렇게 물리적인 장벽이 두 개가 있으므로 각각의 벽 전후로 경계층이 형성된다.

연소실의 냉각이 제대로 이루어지고 있다면 연소실의 가스온도보다 벽면의 온도가 낮을 것이기 때문에 먼저 연소실 내부의 벽면에서 열경계층에 의한 온도구배가 생기게 된다. 이 지역에서는 주로 대류에 의한 열전달이 발생하므로 다음과 같은 간단한 식으로 이곳의 열전달을 표시할 수 있다.

$$q'' = h_g(T_g - T_{wg}) \tag{3.84}$$

여기서 q''는 단위 면적당 열전달, h_g는 연소가스 film coefficient, T_g는 가스온도, T_{wg}는 가스쪽 벽온도이다. 연소실 내벽에서는 전도에 의애 열전달이 이루어므로 식 (3.85)와 같이 나타낼 수 있다. 참고로 q는 열전달양으로 단위는 J/sec, q'는 단위길이당 열전달양으로 단위는 $J/m\,\mathrm{sec}$이며 q''는 단위 면적당 열전달양으로 단위는 $J/m^2\,\mathrm{sec}$이다.

$$q'' = \frac{\kappa}{L}(T_{wg} - T_{wl}) \tag{3.85}$$

여기서 κ는 연소실 벽의 conductivity L은 벽면 두께, T_{wl}는 액체쪽 벽면 온도이다. 같은 방법으로 냉각채널 내부에서의 열전달은 다시 대류에 의한 열전달이므로 식 (3.85)과 같다.

$$q'' = h_l(T_{wl} - T_l) \tag{3.86}$$

여기서 h_l는 냉각매질의 film coefficient, T_{wl}은 냉각매질 쪽의 벽면온도, T_l은 냉각매질의 온도이다. 식 (3.84)부터 (3.86)은 연소가스로부터 냉매까지의 열전달을 나타내고 있다. 각각의 식에서 열전달양, q''는 동일하므로 식 (3.84)을 h_g로, 식 (3.85)를 $\frac{\kappa}{L}$로 식 (3.86) h_l로 나눈 뒤 모두 더하면 다음 식 (3.87)이 된다.

$$q'' = \frac{T_g - T_l}{\frac{1}{h_g} + \frac{L}{\kappa} + \frac{1}{h_l}} \tag{3.87}$$

여기서 h를 over all film coefficient라 하면

$$h = \frac{1}{h_g} + \frac{L}{\kappa} + \frac{1}{h_l} \tag{3.88}$$

이 되며 전체 열전달을 기술하는 식 (3.87)은 식 (3.88)을 사용하여 간단히

$$q'' = h(T_g - T_l) \tag{3.89}$$

식 (3.89)와 같이 쓸 수 있다. 식 (3.89)는 연소실 내부에서 냉매까지의 열전달을 기술하는 식이지만 냉매로부터 외기까지의 열전달도 동일한 방법으로 나타낼 수 있다. 즉, 식 (3.88)로부터 가스 쪽의 film coefficient, h_g를 외기 가스의 film coefficient h_o로 바꾸면 시간당 열전달은 식 (3.89)로부터

$$q'' = h(T_o - T_l) \tag{3.90}$$

$$h = \frac{1}{h_o} + \frac{L}{\kappa} + \frac{1}{h_l} \tag{3.91}$$

식 (3.90)과 (3.91)로 표현할 수 있다.

연소기 내부에서 냉매까지 전달되는 전체 열량은 다음과 같이 면적으로 적분하여 나타낼 수 있다. 단, 여기서 연소실의 형상은 cylindrically symmetry라 가정한다.

$$q = \int q'' dA = \pi \int r_c \, q \, dl \tag{3.92}$$

여기서 r_c는 챔버 반경, l은 longitudinal 방향의 거리이다.

식 (3.84)에서 T_{wg}의 정의는 연소실 내벽의 온도로서 정확히는 연소가스의 단열벽온도(adiabatic wall temperature of the combustion gas) 혹은 짧게 단열벽온도이다. 단열벽온도는 유체와 벽 사이에서 열교환이 일어나지 않을 때 벽에 작용하는 온도이다. 그러므로 단열벽온도의 조건은 다음의 식 (3.93)과 같으며 간혹 평형온도(equilibrium temperature) 혹은 회복온도(recovery temperature)라고도 한다.

$$\left.\frac{\partial T}{\partial n}\right|_w = 0, \quad \dot{q}''_w = 0 \tag{3.93}$$

여기서 T는 온도, n은 벽면에 수직한 방향의 단위벡터이다. 단열벽온도와 일반 유체온도와의 차이는 경계면(boundary layer)에서 소모성(dissipative) 열이 발생하는지 여부, 유체의

특성, 벽면에서 온도효과 등에 의해 발생한다. 이 가운데 유속이 빨라지면 반드시 마찰에 의한 열이 발생하기 때문에 단열벽온도는 주로 유체의 속도가 빠른 항공유체 쪽에서 많이 다루게 된다. 따라서 유체의 속도가 낮은 연소실 내에서는 단열벽 온도와 벽과 접촉하고 있는 기체의 온도와 큰 차이가 없기 때문에 유체의 속도가 빠른 노즐 내부에서만 고려해 주면 되리라 생각된다. 단열벽온도는 연소실 내부의 전온도(total temperature), $T_{g,o}$와는 다음 식 (3.94)와 같은 관계가 있다.

$$T_g = T_{g,o}\frac{\left[1+r\left(\frac{k-1}{2}\right)M_x^2\right]}{\left[1+\left(\frac{k-1}{2}\right)M_x^2\right]} = T_{g,o}R \tag{3.94}$$

여기서, $T_{g,o}$는 연소실내의 total temperature, M_x는 local mach number, r은 local recovery factor, R은 effective recovery factor이다. 이 때 R은 보통 0.90에서 0.98의 값을 갖는다[1]. Local recovery factor은 단열압축(adiabaic compression)에 의해 발생되는 온도 변화와 마찰에 의해 발생되는 온도변화의 비로서 실험적으로 결정되거나 다음과 같이 간략화 된 식을 사용하여 추정할 수 있다.

$$r = \begin{cases} \mathrm{Pr}^{0.5} & laminar\ flow \\ \mathrm{Pr}^{0.33} & turbulent\ flow \end{cases} \tag{3.95}$$

대류에 의한 열전달을 계산하는데 있어서 heat transfer coefficient, h_g를 결정하는 것은 매우 어려운 일이다. 해석을 통해 계산된 h_g값과 실험을 통해 얻어진 값에는 차이가 있는 경우가 많은데 이는 주로 해석을 수행할 때 사용된 가정에서 기인하는 것으로 알려져 있다[1]. 또한 대류에 의한 열전달은 주로 thermal boundary layer에서 일어나며 이 지역에서는 난류가 지배적이므로 해석을 수행하는데 많은 어려움이 따른다. 그럼에도 불구하고 heat transfer coefficient는 주로 단위면적당 질유량과 크게 관련이 있으며 매우 개략적인 추정값으로 h_g는 다음과 같이 쓸 수 있다.

$$h_g \approx (\rho v)^{0.8} \tag{3.96}$$

여기서 ρ는 free stream local gas density, v는 free stream value of local gas velocity를 나타낸다. (Huzel & Hwang에 의하면 윗 식의 단위는 SI가 아닌 British unit이다.) 또한 turbulent boundary theory로 부터 Bartz[17]은 다음과 같은 관계식을 구하였다.

$$h_g = \left[\frac{0.26}{D_t^{0.2}} \left(\frac{\mu^{0.2} c_p}{\Pr^{0.6}} \right) \left(\frac{p_c g}{c^*} \right)^{0.8} \left(\frac{d_t}{C} \right)^{0.1} \right] \left(\frac{A_t}{A} \right)^{0.9} \sigma \tag{3.97}$$

여기서 C는 nozzle radius of curvature at throat, σ는 correction factor for property variations accross the boundary layer, A는 챔버축에 따른 단면적이다. (윗 식은 British unit을 사용한 식이므로 SI 유닛을 사용할 경우 $p_c g$항의 단위에 주의하도록 한다.

또한 σ는 다음과 같이 구할 수 있다.

$$\sigma = \left[\frac{1}{2} \frac{T_{wg}}{T_{g,o}} \left(1 + \frac{k-1}{2} M^2 + \frac{1}{2} \right) \right]^{-0.68} \left[1 + \frac{k-1}{2} M^2 \right]^{-0.12} \tag{3.98}$$

만일 연소가스의 Pr과 μ값을 구하기가 힘들 경우에는 다음과 같은 식(approximation)을 사용할 수 있다.

$$\Pr = \frac{4k}{9k-5} \tag{3.99}$$

$$\mu = (46.6 \times 10^{-10}) \mathrm{M}^{0.5} T^{0.6} \tag{3.100}$$

여기서 M은 분자량이다. 이상과 같이 h_g값을 추정할 수 있지만 다음과 같은 이유로 인하여 실제값과 멀어지게 된다.

추정된 h_g값은 다음과 같은 이유로 실제값보다 낮아진다.

- 연소가스가 강한 복사에너지를 방출할 경우
- 벽근처에서 해리(dissociation)과 결합이 빈번하게 발생할 경우
- 강한 고주파 불안정이 발생할 경우

반면에 추정된 h_g값은 다음과 같은 이유로 실제값보다 높아진다.

- 연소실내에서 연소가 완전히 일어나지 않을 경우
- 연소물에 고형의 물질이 포함되어 있어서 이물질이 연소실 벽에 침전될 경우
- 경계면 냉각이 사용될 경우

Question 3.13 아래의 식을 사용하여 주어진 보기와 같은 연소실 내 연소가스 쪽 h_g를 구하라.

$T_{g,o} = 6140\,^oR$ $\quad$ $c^* = 5660 ft/\mathrm{sec}$

$M = 22.5 lb/mol$ $\quad$ $d_t = 24.9\,in$

$k = 1.222$ $\quad$ $\sigma = 1.05$

$$\mathrm{Pr} = \frac{4k}{9k-5} \tag{3.99}$$

$$\mu = (46.6 \times 10^{-10})\mathrm{M}^{0.5} T^{0.6} \tag{3.100}$$

$$h_g = \left[\frac{0.26}{D_t^{0.2}} \left(\frac{\mu^{0.2} c_p}{\mathrm{Pr}^{0.6}} \right) \left(\frac{p_c g}{c^*} \right)^{0.8} \left(\frac{d_t}{C} \right)^{0.1} \right] \left(\frac{A_t}{A} \right)^{0.9} \sigma \tag{3.97}$$

3.4. 분사기

분사기는 연소장을 형성하기 위한 가장 기본적이면서 중요한 장치이다. 연소기는 적게는 1개에서 많게는 수백 개의 분사기로 구성되어 있으며 이를 통해 추진제를 고르게 연소기에 분배하며 동시에 산화제와 연료를 혼합한다. 물론 액체로켓엔진에서의 분사기의 역할은 이뿐만 아니라 액체의 미립화라는 또 다른 기능을 부여하기도 하지만 앞서 여러 번 설명한 바와 같이 액체로켓엔진에 사용되는 연소기의 환경은 초임계점을 넘어서기 때문에 분사기를 통한 미립화는 그렇게 중요하지 않다는 것이 최근 연구의 결과이다. 그럼에도 불구하고 분사기를 통해 추진제가 분무되고 혼합되므로 분사기는 연소장의 특성과 연소안정성에 지대한 영향을 미치게 된다.

분사기는 거의 모든 형태의 연소기와 연소를 하지 않는 분무기까지 다방면에 걸쳐 사용되기 때문에 매우 광범위하고 심도 깊은 연구가 진행되었다. 이런 덕분에 액체로켓엔진에 사용되는 분사기도 이색적이고 다양한 분사기까지 연구되었는데 결과적으로 많이 사용되는 분사기는 제트분사기(jet injector), 와류분사기(swirl injector), 핀틀분사기(pintle injector) 등 3 종류로 압축할 수 있다. 이 절에서는 주로 많이 사용되는 분사기를 중심으로 그 형태와 특징에 대해서 알아보기로 하겠다.

3.4.1. 분사기의 종류 및 특성

제트분사기

제트 분사기는 아마도 분사기 중에서 가장 단순한 형태의 분사기일 것이다. 기본적인 구조로는 가느다란 관에 고압으로 추진제를 주입하여 분무하는 형태이다. 제트 분사기는 분무되는 형태에 따라 충돌형(impinging type), 샤워헤드형(shower head type), 확산형(fan type) 등이 있다. 이 중에서 샤워헤드형 분사기는 분무되는 추진제가 축방향으로 나란히 분사되어 다른 분사기에 비하여 미립화 효과가 낮다. 2차대전 때 독일의 V-2 로켓엔진이 이러한 타입의 분사기를 사용하였으나 현재 이러한 타입의 분사기는 많이 사용되지 않고 단지 막냉각을 위한 분사기로 일부 사용되기도 한다.

확산형 분사기는 콘(cone) 타입이나 팬(fan) 타입의 분무패턴을 형성하는 분사기로 주로 공기흡입형 엔진(air breating engine)에 많이 사용된다. 이 분사기는 제트 분사기로 분류되었으나 내부 형상에 따라서 와류를 이용하여 분무패턴을 만드는 경우도 있으며 비록 몇몇 엔진에서 시도되었으나 딱히 성공한 경우는 없었다[Hugel and Hwang p.110]. 따라서 로켓엔진에는 거의 사용되지 않는 타입의 분사기이다.

충돌형 분사기는 제트분사기 중에서 가장 널리 사용되는 분사기로 이 분사기를 사용하는 대표적인 엔진으로는 F-1 엔진이 있다. 충돌형 분사기는 제트형태로 분사되는 추진제를 충돌시켜 미립화와 혼합을 극대화하는 분사기이다. 충돌하는 방법에 따라 그림 3.32와 같이 두개의 분사기에서 같은 추진제가 분사되는 동류(like type), 혹은 다른 추진제가 분사되는 이류(unlike type), 삼중(triplet), 오중충돌(pentads), 분리충돌형(split triplet) 등이 있다. 일반적으로 연소기내에서 분무되는 추진제는 산화제와 연료의 운동량이 다르기 때문에 분사기의 개수가 같은 이류형 분사기는 그림 3.32와 같이 축방향에서 벗어나게 된다. 이를 보완하기

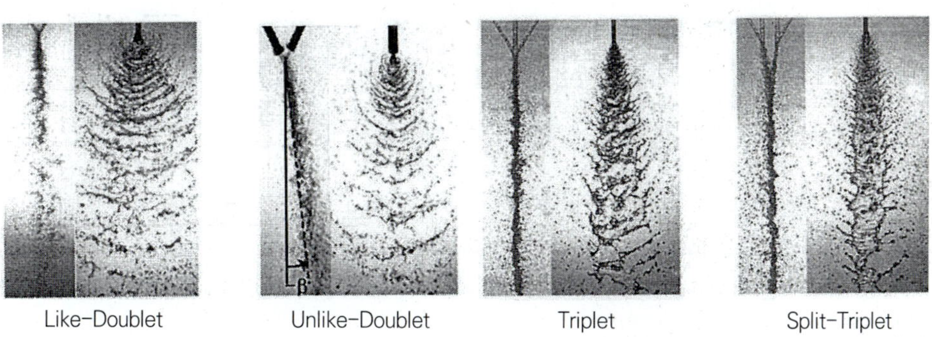

그림 3.32 충돌 방식에 따른 impinging injector 분류 [24]

위해서 3중 충돌형, 분리 충돌형 등이 고안되었으며 이 가운데 분리 충돌 방식은 KSR-III 엔진에 사용되었던 방식으로 국내에서 사용된 분사방식인 만큼 꽤 광범위하게 연구가 진행되었다[18~23].

충돌형 분사기는 연소기의 헤드를 직접 가공하는 방법과 분사기 엘리먼트를 만들어 헤드에 장착하는 방법이 있다. 그림 3.33은 2002년 발사되었던 KSR-III 주연소기 헤드[23]로서 분사기 엘리먼트를 사용했던 것이 보인다. 반면에 그림 3.34는 F-1엔진의 헤드로 플레이트[26]를 직접 가공하여 적층한 구조임을 알 수 있다. 제작 측면에서 볼 때에는 두 가지 모두 각각의 장단점이 있다. 제작공정측면에서 볼 때에는 분사기 엘리먼트를 제작하고 이를 다시 헤드에 붙인다면 공정의 수가 늘어나며 분사기 엘리먼트를 헤드에 붙일 때에도 오류가 나기 쉽

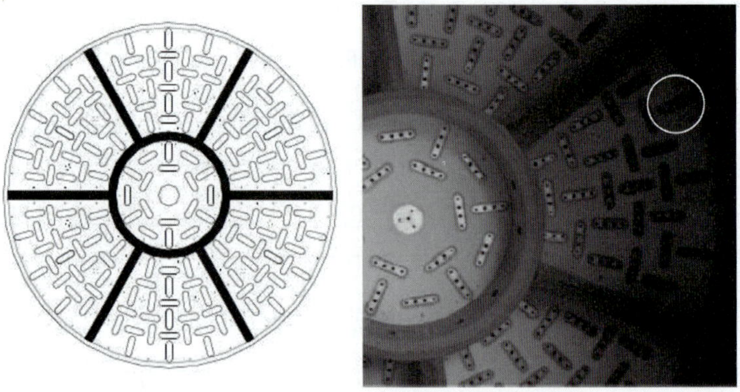

그림 3.33 KSR-III 엔진의 분사기 배열과 배플 형상, 우측 그림의 원내가 분사기 엘리먼트이다.[25]

그림 3.34 F-1 엔진의 분사기와 배플 구조[26]

다. 반면에 헤드플레이트를 직접 가공하는 경우 직접 분사공만 뚫으면 되므로 제작공정이 단순해 질 수 있다. 그러나 위험관리 측면에서 보면 F-1 엔진과 같은 경우에는 수많은 분사공을 뚫어야 하는데 그 중 하나라도 오류가 난다면 전체 헤드플레이트를 다시 제작해야 한다. 이는 곧 제작의 리스크 확대와 제작비 상승으로 이어지는 것을 의미한다. 반면에 분사기 엘리먼트를 제작해서 헤드에 붙이는 경우는 분사기 엘리먼트를 사전에 시험하여 합격된 제품만 사용하므로 분사기 엘리먼트로 인한 오류는 없다고 봐도 무방하다. 다만 분사기 엘리먼트와 헤드와의 접착 시 오류가 발생할 수 있는데 이 역시 엘리먼트 단위로 수정이 가능하다. 따라서 어떠한 방법을 사용하여 제작하는 가는 설계자와 제작자의 철학 문제이다. 현대 엔진 중에서 충돌형 분사기를 사용하는 엔진으로는 유럽의 벌컨엔진이 있으며 대부분의 고성능 엔진은 와류분사기를 사용한다.

제트분사기를 통해 분무되는 추진제의 분무특성을 구하기 위해서 베르눌리 공식을 사용한다. 그림 3.35는 제트분사기를 간단하게 설명하는 다이어그램이다. 그림에서 1과 2는 각각 입구와 출구를 의미한다.

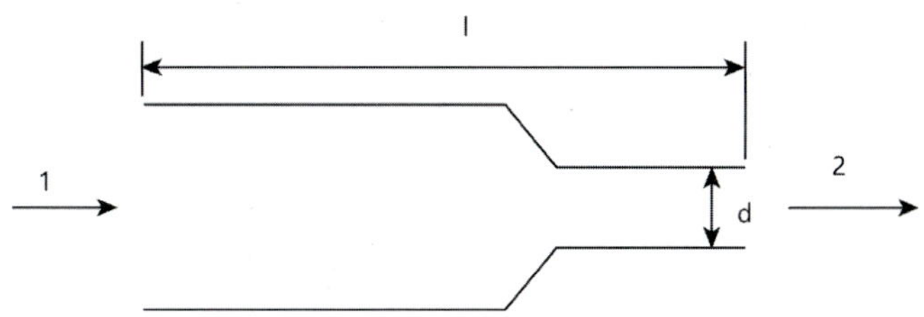

그림 3.35 단순한 형상의 제트분사기

그림 3.35의 제트분사기는 Bernoulli 관계식에 의해

$$\frac{\rho v_1}{2}+p_1 = \frac{\rho v_2}{2}+p_2 \tag{3.101}$$

가 된다. 여기서 ρ는 밀도이며 비압축성 유체를 가정하면 상수가 된다. 그리고 p는 압력, v는 유체의 속도이다. 이 식을 출구속도에 대해서 풀면

$$v_2=\sqrt{\frac{2(p_1-p_2)}{\rho}+v_1^2} = \sqrt{\frac{2\Delta p}{\rho}} \tag{3.102}$$

체유량(Q)와 질유량($\dot{m}$)은 다음과 같은 관계식이 있으므로

$$Q = c_d A v \tag{3.103}$$

여기서 c_d는 discharge coefficient로 이론과 실제 유량과의 비이며 실험적으로 결정된다. c_d는 대략 형상에 따라 0.5에서 1 사이의 값을 갖는다. A는 단면적, v는 속도이다. 식 (3.102)를 식 (3.103)에 대입하면 다음과 같은 결과를 얻을 수 있다.

$$Q = c_d A v = c_d A \sqrt{\frac{2\Delta p}{\rho}} \tag{3.104}$$

$$\dot{m} = \rho Q = c_d A \sqrt{2\rho \Delta p} \tag{3.105}$$

레이놀드 수가 높을 경우 c_d값은 거의 상수로 봐도 무방하고 대부분의 경우 Q와 $\dot{m}$은 차압, Δp만의 함수이므로 식 (3.104) 혹은 식 (3.105)만으로 제트분사기의 특성을 설명할 수 있다. 즉, 분사기를 설계하기 위해 차압과 유량이 주어진다면 분사기의 크기 A를 계산할 수 있다. 그러나 실제 상황에서는 점성이나 기타 다른 이유로 손실이 생기게 되므로 식 (3.104)와 식 (3.105)에 보정값을 더해 사용한다.

$$v_{real} = \sqrt{\frac{2\Delta p}{(+\xi_{total})\rho}} \tag{3.106}$$

$$\xi_{total} = \xi_{in} + \lambda_{fr} \frac{l}{d} \tag{3.107}$$

여기서 ξ_{total} total loss, ξ_{in}은 entrance loss 그리고 λ_{fr}은 노즐의 마찰계수이다.

와류형 분사기

분사기의 입구와 출구가 같은 축상에 놓여있는 제트형 분사기와는 달리 와류형 분사기는 유동이 tangential 방향으로 나있는 입구로 들어가 longitudal 방향의 출구로 나오도록 되어 있다. 즉 입구와 출구가 90도 각도를 이루고 있다. 와류형 분사기는 제트형 분사기에 비해 다음과 같은 장점과 단점을 가지고 있다. 와류형 분사기에 대한 자세한 설명은 3.4.2. 분사기 설계 부분에서 다루고자 한다.

표 3.6 와류형 분사기의 장단점

와류형 분사기의 장점	와류형 분사기의 단점
- 높은 신뢰도 - 좋은 품질의 분무도(good spraying quality) - 낮은 압력에도 동작 가능(small power required) - 로켓엔진에 사용되었을 경우 연소 안정성 면에서 강점이 있다. - 이중 와류형 분사기(double swirl injector)를 사용할 경우 추진제의 혼합에 유리하다.	- 제작이 복잡하다. - 점성이 매우 큰 물질에는 사용하기 어렵다. - 유량이 큰 폭으로 변한다면 분사 품질을 유지하기 어렵다.

핀틀분사기

핀틀 분사기는 제트형이나 와류형 분사기들과는 다른 매우 독특한 형태의 분사기이다. 핀틀 분사기는 단 하나만으로 연소실에서 필요한 모든 추진제를 분사할 수 있기 때문에 연소실의 제작비와 무게를 절감할 수 있다는 장점이 있다. 그림 3.36과 같이 추진제는 중앙에 있는 커다란 핀틀분사기 실린더의 외벽과 내벽을 따라 분사된다. 또 다른 핀틀분사기의 특징으로는 분사기 끝단에 위치한 핀틀의 위치를 변화시켜서 분사되는 추진제의 양을 조절할 수 있다는 것이다. 따라서 핀틀 분사기를 장착한 엔진은 추력조절이 용이하며 분사기의 특성상 매우 광범위하게 추력을 변화시킬 수 있다. 실제로 핀틀엔진은 엔진의 추력을 감소시키면서 종래에는 정지시켜야 하는 달탐사선의 엔진(LEM, Lunar Excursion Module)에 실제로 사용되었으며[27] 탄착점이 정확해야 하므로 끊임없이 추력 조절이 필요한 대륙간탄도미사일에 사용하기 위한 연구가 진행되었다[28].

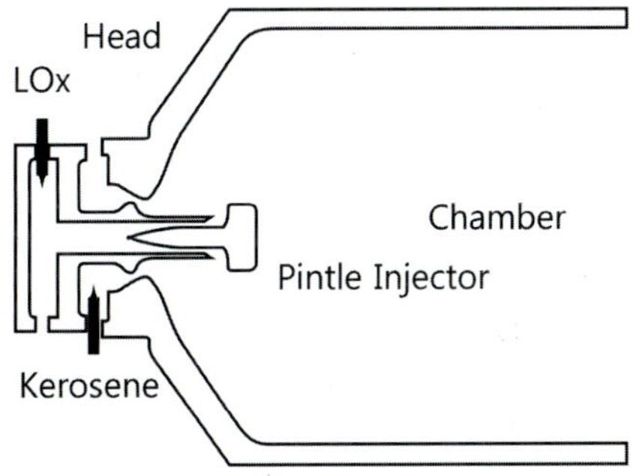

그림 3.36 핀틀분사기 개념도

핀들분사기의 특징을 간략하게 나열하면 다음과 같다.

- 매우 작은 추력의 엔진(yow, pitch control engine)에서 대추력 엔진까지 광범위 하게 사용 가능하다.

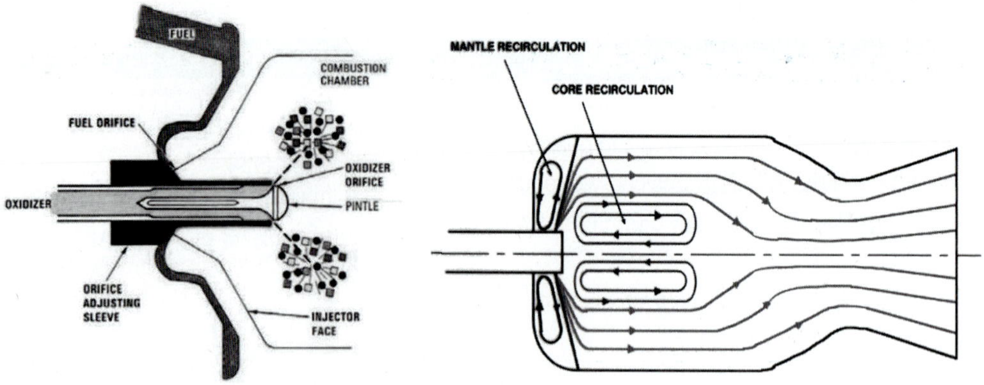

그림 3.37 핀틀분사기를 사용하는 연소기 내부 혼합과 유동장 [26]

- 연소기당 하나의 분사기만 사용하기 때문에 연소기 제작비용과 무게를 줄일 수 있다.
- 핀틀 분사기의 구조적인 특징으로 인하여 분사기 주위에 커다란 재순환 구역이 생기기 때문에 연소 시 연소불안정성이 쉽게 생기지 않는다(그림 3.37 참조).
- 분사기 중앙에 위치한 핀틀을 조정하여 추진제 분무량을 조절할 수 있다. 따라서 엔진 추력 제어가 용의하다.
- 저장성 추진제, 극저온 추진제 뿐 아니라 젤타입 추진제 혹은 분말(dust) 추진제까지도 사용 가능하다. 다음 표는 TRW사에서 핀틀분사기의 추진제 연구개발하였던 목록이다.

표 3.7 TRW사에서 핀틀분사기의 추진제로 연구하였던 물질 [28]

LOX/H2(l) LOX/RP-1	FLOX/CH4(l)	ClF3/NOTSGELA	Gelled IRFNA/
LOX/C3H8	FLOX/CH4(g)	F2(l)/N2H4	Gelled MMH+60%Al
LOX/N2H4	FLOX/C3H8(l)	MON10/MMH	Gelled IRFNA/
LOX/ETHANOL	FLOX/CH4+C2H6(l)	IRFNA/UDMH	Gelled MMH+60%C
GOX/ETHANOL	N2O4-MON3/MMH	IRFNA/JP4	Coal Dust/Air
N2O4/UDMH	N2O4-MON3/N2H4	IRFNA/NOTSGEL-A	Throttling Ability.
N2O4/A-50	ClF3/N2H4	HDA/USO	

- 연소실에서 직접 추력 조절이 가능하며 (최대 1:35) 넓은 추력 범위에서 높은 연소효율을 가지고 있다. 다음 그림 3.39[28]는 저장성 연료를 사용한 핀틀분사기 추력 변화와 연소 효율을 보여준다.
- 현재 Space X사에서 핀틀 분사기를 사용한 65 tonf급 Merlin 엔진을 개발하여 발사체에 적용하여 사용하고 있다.

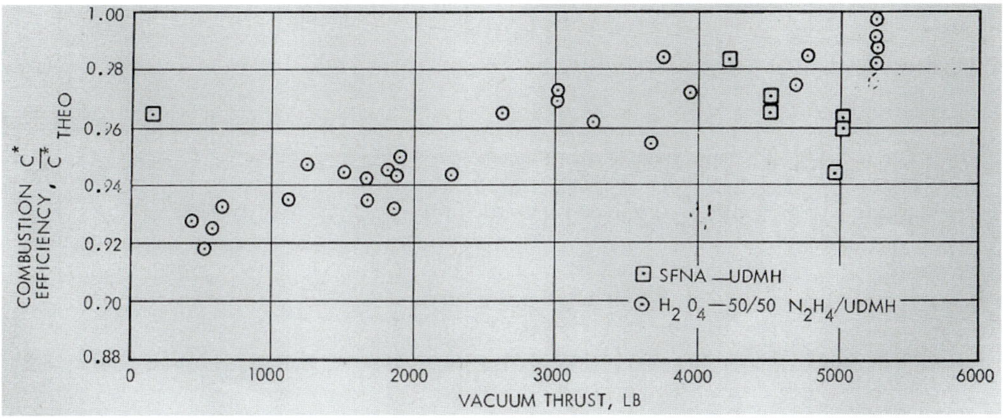

그림 3.38 추력 변화에 따른 연소특성(실제 특성속도/이론 특성 속도) [28]

3중 분사기(Triplet Injector, Jet-Swirl injector)

3중 분사기의 원어는 triplet injector 혹은 jet-swirl injector이라고 한다. 국문으로 번역은 통상적으로 3중 분사기를 사용하나 산화제 과잉 분사기라고 하는 경우도 있다. 전자는 이 분사기의 기계적 특징을 따라서 후자는 화학적 특징을 따라 이름을 붙인 것이다. 일반적으로 3중 분사기를 더 많이 사용하는 경향이 있다.

3중 분사기는 러시아에서 예연소기에 사용하기 위해서 만든 특수한 분사기로 분사기 내부에서 연소가 일어난다는 큰 특징이 있다. 3중 분사기의 구조로는 다음 그림 3.39와 같이 중앙[1]에서 케로신이 와류의 형태로 분무되며 그 주위에서 산화제의 일부가 또 다른 와류를 형성하면서 분사[2]된다. 그리고 나머지 산화제는 분사기 외곽을 따라 마련되어 있는 유로[3]를 통해 제트의 형태로 분사된다. 이러한 특이한 분무구조로 인하여 연소는 그림에서 나타난바와 같이 분사기 내부에서 연소가 이루어지며 연소가스는 혼합구역(mixing zone)에서 유로[3]

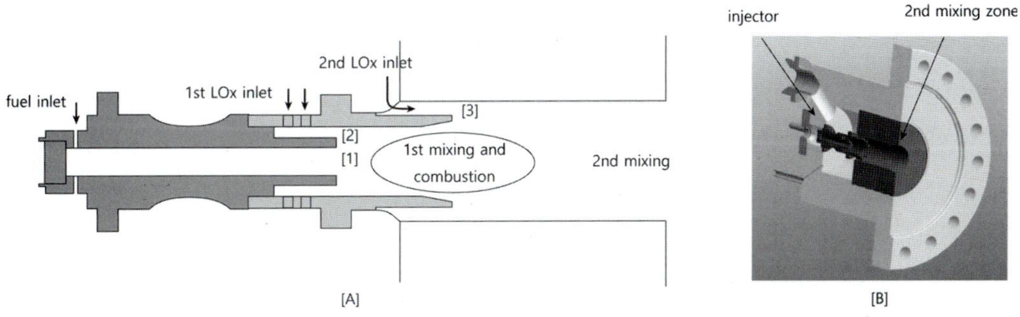

그림 3.39 삼중분사기 구조 ([A]: 3중 분사기, [1]: 연료 분사구, [2]: 1차 산화제 분사구, [3]: 2차 산화제 분사구 [B] 단일 분사기 시험을 위해 분사를 헤드에 부착한 상태) 분사기 내부에서 반응한 고온의 가스는 분사기 후단에서 여분의 산소와 혼합된다.[29]

을 통해 들어온 대량의 산소와 혼합된다. 그러므로 이 지역에서 연소가스의 온도가 대폭 하강하며 기체는 거의 산소기체화 된다.

이렇게 분사기가 복잡한 구조를 갖게 된 이유로는 이 분사기가 산화제 과잉연소를 하는 예연소기를 위해 제작되었기 때문이다. 예연소기는 터빈을 동작시키는 가스를 발생하는 장치이기 때문에 발생기체의 온도가 높아서는 안 된다. 특히 산화제 과잉 가스를 발생시키는 예연소기는 발생기체가 순수 산소라고 해도 과언이 아닐 만큼 발생가스에서 산소가 차지하는 비중이 크므로 발생기체의 온도규제가 매우 엄격하다. 통상 700K 이내의 기체온도를 유지해야 하는데 이는 통상적으로 약 1100K에서 1300K로 온도가 규제되는 연료과잉기체의 온도에 비해 매우 낮은 온도이다.

예연소기에서 이 온도를 유지하기 위해서는 O/F가 극단적으로 높아야 하나 이러한 O/F는 가연 범위를 넘어서기 때문에 예연소기 내부에서 연소장을 유지하기가 불가능하다. 따라서 예연소기는 내부에서 화염을 유지할 수 있도록 구조적으로 복잡할 수 밖에 없으며 낮은 온도를 구현하기 위해 연소구역과 혼합구역으로 나눈 것이다. 연소구역에서는 연소가 가능하도록 일부의 산화제와 연료를 반응시켜 보염을 하고 뒤의 혼합구역에서 나머지 산소를 첨가하여 온도를 낮추는 방법을 사용하게 된 것이다.

이와 같은 분사기는 현재 RD-120, RD-170, RD-171, RD-180 등과 같이 극히 일부의 엔진에만 사용되고 있다. 이들 엔진이 현존하는 최고 성능의 케로신 엔진들이라는 것을 감안한다면 3중 분사기는 고성능 대용량 케로신 다단연소사이클 엔진에 특화된 분사기라 할 수 있겠다.

3.4.2. 와류형 분사기 설계

와류형 분사기는 서방보다는 동구권에서 많이 사용하던 분사기이다. 이러한 형태의 분사기는 제트 분사기와 비교하여 구조가 복잡하므로 설계와 제작이 어렵다는 단점이 있으나 연소안정성 문제에 보다 큰 강점을 가지고 있다. 아마도 이러한 이유로 인하여 F-1 엔진을 개발한 NASA에서도 와류형 분사기 연구에 매진하였고 이후의 엔진인 SSME에는 와류형 분사기를 사용했을 것으로 추측한다.

와류형 분사기의 기본 개념은 그림 3.40과 같이 원통형 분사기 끝단에 법선 방향으로 작은 입구를 만들고 이 입구를 통해 추진제를 분사기로 주입한다. 이체 따라 추진제는 분사기 내부에서는 소용돌이 형태의 유동을 형성하게 된다. 분사기의 한쪽 방향은 막혀있으므로 유체

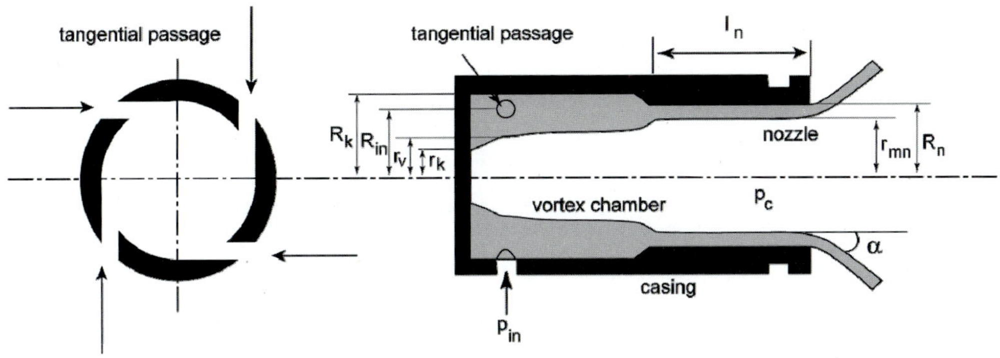

그림 3.40 Schematics and definitions of a swirl injector and its dimensions

는 나선운동을 하면서 반대방향의 출구로 이동한다. 출구를 나서면서부터는 소용돌이치던 원심력에 의하여 바깥으로 퍼져나가게 되고 축방향의 운동과 더불어 삿갓형태의 분사면을 형성한다. 그림 3.41을 보면 분사기 내부가 와류실(swirl chamber)과 노즐 두개의 부분으로 나뉜 것을 알 수 있다. 노즐은 와류실보다 반경이 작은데 이는 각운동량 법칙에 따라 노즐에서 선속도를 크게 해주기 위함이다. 따라서 노즐에서의 유동은 그림에 나타난 바와 같이 와류실에서보다 유막이 더 얇아지게 된다. 이에 따라 유체가 분사기 밖으로 분사될 때에도 분사막 또한 더욱 얇아진다.

그림에 나타난 각종 정의는 앞으로의 수식에 사용될 변수와 동일하다. R은 분사기의 물리적 반경이고 r은 유체의 반경이다. 그리고 v는 각 방향의 속력, p는 압력, l은 축방향의 길이이다. 그리고 R_v는 와류실의 반경, R_{in}은 입구위치 반경, R_n는 노즐반경, r_v는 와류실내부의 유체표면까지의 반경, r_k는 와류실 끝단 유체표면까지의 반경, r_n은 노즐 유체표면까지의 반경, r_e는 노즐 출구에서 유체표면까지의 반경, α는 분사각, l_n는 노즐부위의 길이이다.

노즐 내부의 형상과 유동과의 관계식은 다음과 같이 정리할 수 있다. 먼저 연속방정식에 의해 분사기로 들어오는 유량과 나가는 유량은 같아야 하므로

$$\dot{m} = \dot{m}_{out} = \dot{m}_{in} = c_d A_{l,n} \sqrt{2\rho \Delta p_t} = c_{d,\,in} n A_{in} \sqrt{2\rho \Delta p_{in}} \tag{3.108}$$

여기서 $A_{l,n}$은 노즐의 끝단에서 유체가 차지하고 있는 단면적, Δp_t는 분사기 차압, c_d는 discharge coefficient이다. 그리고 A_{in}은 분사기 입구인 tangential hole의 단면적이며 Δp_{in}는 tangential hole의 전후 압력강하를 n은 tangential hole의 개수이다.

와류분사기 내부에서 유체 표면에 작용하는 압력은 연소압과 같다. 유체의 속도는 압력의 차이로 인하여 결정되므로 유체표면에서 분사기의 차압과 분사되는 유체의 속도는 다음과

같은 관계가 성립한다.

$$v_t = \sqrt{\frac{2\Delta p_t}{\rho}} \tag{3.109}$$

여기서 Δp_t는 분사기 차압이며 v_t는 분사기 차압에 의해 발생되는 속력이다. 그런데 앞서 언급한 바와 같이 분사기 내부 코어의 압력은 연소압과 같으므로 분사기의 차압은 분사기 입구압과 연소압과의 차이이다. 즉, 분사기 차압은 식 (3.110)과 같이 쓸 수 있다.

$$\Delta p_t = p_{in} - p_c \tag{3.110}$$

Δp_t가 일정하므로 v_t 역시 분사기 내부에서 일정한 값을 갖는다. 분사기 내부의 유동은 3차원 유동이므로 일반적으로 v_t는 다음과 같이 세 가지 속도성분 합의 크기이다.

$$v_t = \sqrt{v_\theta^2 + v_r^2 + v_z^2} \tag{3.111}$$

와류실(vortex chamber)의 입구(tangential hole 출구)에서 유체는 단지 접선방향의 속도만을 가지고 있으므로

$$v_{in} = v_{in,\theta} = \sqrt{\frac{2\Delta p_{in}}{\rho}} \tag{3.112}$$

여기서 v_{in}은 입구속도, $v_{in,\theta}$은 입구에서 접선방향의 속도, Δp_{in}은 tangential hole의 차압이다. 여기서 Δp_{in}은 Δp_t보다 작다는 것에 유의하자. 실제로 tangential hole의 출구에서부터 유체의 표면까지 차압은 계속해서 증가한다.

와류실 내부의 끝단에서는 벽면효과로 인하여 유체 표면의 높이가 최대가 된다. (그림 3.40 참조). 즉 축방향이 막혀있으므로 축방향의 속도는 0이며 유체의 끝에서는 반경방향의 속도도 0이므로 유일하게 tangential 속도성분만이 존재한다. 그리고 tangential 성분의 속도가 최대가 되므로 각운동량 보존의 법칙에 의해 r_k는 최솟값이 된다. 즉, $v_z = v_r = 0$인 지점에서는 tangential 성분의 속도만이 식 (3.113)이 존재한다.

$$v_{\theta,k} = v_t = \sqrt{\frac{2\Delta p_t}{\rho}} \tag{3.113}$$

와류표면(surface of the liquid vortex)을 따라서 r방향의 속도는 0이므로 tangential 속도는 다음과 같다.

$$v_\theta = \sqrt{v_t^2 - v_z^2} \tag{3.114}$$

각운동량 보존법칙에 의해

$$rv_\theta = const = v_{in}R_{in} = v_t r_k = v_{\theta,v} r_v = v_{\theta,n} r_n \tag{3.115}$$

이 되며 여기서 r은 어떤 지점에서의 반경이며 R_{in}은 분사기 중심으로부터 입구까지의 거리를 v는 세속도 성분의 합으로서 와류표면에서는 상수가 된다. $v_{\theta,v}$는 와류실에서의 tangential 속도성분, r_v는 와류실에서 유체표면까지의 반경, $v_{\theta,n}$은 노즐에서 tangential 속도성분, r_n은 노즐에서 와류표면까지의 반경이다.

편의를 위해서 다음과 같이 노즐채움(nozzle filling)이라는 새로운 인자를 정의하자.

$$\varphi = \frac{A_{l,n}}{A_n} = \frac{\pi(R_n^2 - r_n^2)}{\pi R_n^2} = 1 - \frac{r_n^2}{R_n^2} \tag{3.116}$$

여기서 $A_{l,n}$은 유체로 채워진 넓이(단면적)이며 A_n은 노즐의 단면적이다. 와류실과 노즐에서의 압력강하는 회전하는 유체에 의해 발생하는 원심력에 의한 것이다. 그림 3.41과 같이 단위 체적에서 원심력은 식 (3.117)과 같고 힘과 압력과의 관계는 식 (3.118), 미소질량은 식 (3.119)과 같으므로

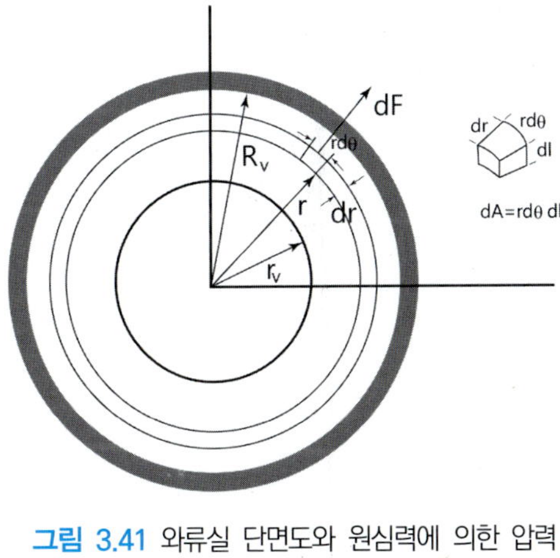

그림 3.41 와류실 단면도와 원심력에 의한 압력

$$dF = -\frac{v^2}{r}dm \tag{3.117}$$

$$dp = \frac{dF}{dA} \tag{3.118}$$

$$dm = \rho dA dr \tag{3.119}$$

와류실에서의 압력강하는 다음과 같이 쓸 수 있다.

$$\Delta p_v = -\rho \int_{r_v}^{R_v} \frac{v_\theta^2}{r'} dr' \tag{3.120}$$

식 (3.120)에는 변수가 v_θ와 r 두 개이므로 직접 적분하기가 쉽지 않다. 비점성 유체에서 각 운동량은 보존되므로 식 (3.115)의 접선속도 v_θ 대신에 이미 알고 있는 속도인 (3.113)의 $v_{\theta,k}$를 사용할 수 있다.

$$v_\theta = v_t \frac{r_k}{r}, \quad \because v_t = v_{\theta,k} \ at \ the \ vortex \ chamber \ end \tag{3.121}$$

식 (3.121)을 식 (3.120)에 대입하고 적분하면 다음과 같은 결과를 얻을 수 있다. 이때에 적분구간이 (r_v, R_v)에서 (r_k, R_v)로 바뀜에 주의하라.

$$\Delta p_v = \rho \frac{v_t^2}{2}\left(1 - \frac{r_k^2}{R_v^2}\right) \tag{3.122}$$

여기서 Δp_v는 와류실에서의 압력강하이다. 전압력강하(total pressure drop)를 각 섹션에 따라 나누면 식 (3.123)과 같이 쓸 수 있다.

$$\Delta p_t = \Delta p_{in} + \Delta p_v + \Delta p_{nozzle} \tag{3.123}$$

식 (3.123)는 식 (3.110)의 또 다른 형태임을 주의하라. 만일 노즐에서의 압력강하를 무시할 수 있다면 식 (3.123)은 다음과 같다.

$$\Delta p_{in} = \Delta p_t - \Delta p_v \tag{3.124}$$

식 (3.124)에 식 (3.122)를 대입하고 전압력(total pressure)으로 정측화(normalize) 혹은 무차원화시키면 식 (3.125)와 같이 간단해진다.

$$\frac{\Delta p_{in}}{\Delta p_t} = 1 - \frac{\Delta p_v}{\Delta p_t} = 1 - \left\{\rho\frac{v_t^2}{2}\left(1 - \frac{r_k^2}{R_v^2}\right)\right\} / \left\{\rho\frac{v_t^2}{2}\right\} = 1 - \left(1 - \frac{r_k^2}{R_v^2}\right) \quad (3.125)$$
$$= \frac{r_k^2}{R_v^2}$$

여기서 전압력(total pressure)과 v_t의 관계는 식 (3.109)와 같다. 또한 식 (3.108)에 등장한 c_d는 실제 유량과 이상적인 상황에서의 유량과의 비율로서 보통 0.5에서 1 이하의 값을 갖는다. 이 값은 연구자들에 따라 여러 가지 방법으로 정의된다.

Jone(1982)[30]:

$$c_d = 0.45\left(\frac{D_n\rho V}{\mu}\right)^{-0.02}\left(\frac{L_n}{D_n}\right)^{-0.03}\left(\frac{L_v}{D_v}\right)^{0.05}\left(\frac{nA_{in}}{D_nD_v}\right)^{0.52}\left(\frac{D_v}{D_n}\right)^{0.23} \quad (3.126)$$

Rizk and Lefebvre(1985)[31]

$$c_d = 0.35K^{0.5}\left(\frac{D_v}{D_n}\right)^{0.25} \quad (3.127)$$

Ballester and Dopazo(1994)[32]:

$$c_d = 1.323\times10^{-3}K^{0.29}D_n^{-0.82}\Delta p_t^{0.03} \quad (3.128)$$

또는 tangential hold의 직경이 0.8 mm보다 작을 경우

$$c_d = 1.335\times10^{-2}K^{0.3}D_n^{-0.41}\Delta p_t^{0.07} \quad (3.129)$$

식 (3.127)에서 (3.129)는 모두 실험을 바탕으로 만들어진 경험식으로 ρ는 유체의 밀도, μ는 유체의 점성, L_v는 와류실의 길이, A_{in}는 tangential holed의 단면적, $D_n = 2R_n$, $D_v = 2R_v$이다. 그리고 K는 분열상수(atomizer constant)로 다음과 같이 정의된다.

$$K = \frac{nA_{in}}{D_vD_s} \quad (3.130)$$

그리고 보다 최근 연구로 Hong, *et. al.*(2012)[33]은 c_d를 다음과 같이 정의하였다.

$$c_d = 0.44\left(\frac{nA_{in}}{D_n^2}\right)^{0.84\beta^{-0.52}}, \quad \text{when} \quad \beta < 2.3 \tag{3.131}$$

여기서 β는 노즐 출구와 tangential hole까지의 반경비이다. 즉 식 (3.132)와 같다.

$$\beta = \frac{R_{in}}{R_n} \tag{3.132}$$

참고로 Bazarov(2004)[34]는 c_d를 식 (3.133)과 같이 나타내었으며 이로부터 c_d와 형상계수(geometric constant)와의 관계를 구할 수 있다.

$$c_d = \frac{\rho v_{z,n} A_{l,n}}{\rho v_t A_n} \tag{3.133}$$

식 (3.116)으로부터 $A_{l,n} = \varphi A_n$이므로 식 (3.133)은

$$c_d = \varphi \frac{v_{z,n}}{v_t} \tag{3.134}$$

이 된다. 참고로 식 (3.134)로부터 c_d와 φ의 관계는 다음과 같이 간단하게 정리된다.

$$c_d = \varphi \frac{\sqrt{v_t^2 - v_{\theta,n}^2}}{\sqrt{v_t^2}} = \varphi \sqrt{1 - \frac{v_{\theta,n}^2}{v_t^2}} \tag{3.135}$$

또는 식 (3.121)을 사용하여 다음과 같이 간단히 할 수 있다.

$$c_d = \varphi \sqrt{1 - \frac{r_k^2}{r_n^2}} \tag{3.136}$$

Streteusky는 《Waves on the Liquid Surface》에서 회전하는 유체와 파동의 속도(wave velocity propagation)의 관계를 파동방정식으로부터 식 (3.137)과 같이 유도하였다[34](그림 3.42 참조).

$$\frac{\partial^2 \Psi}{\partial t^2} = \frac{1}{r_v^4} v_t^2 R_{in}^2 \left(\frac{R^2 - r_m^2}{2}\right) \frac{\partial^2 \Psi}{\partial z^2} \tag{3.137}$$

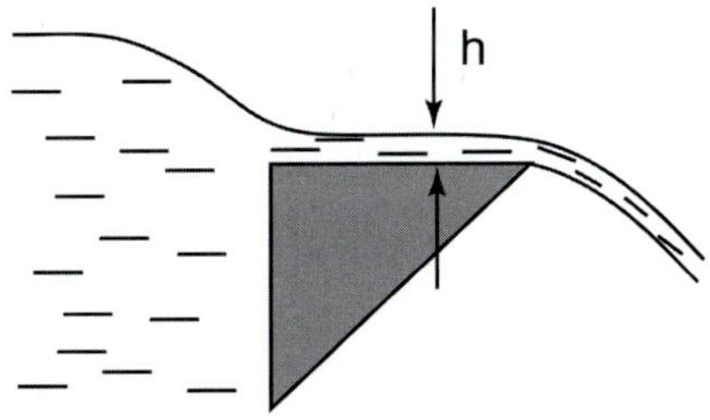

그림 3.42 Geometry analyzed by Streteusky[35]

여기서 Ψ는 파장의 진폭이다. 식 (3.138)은 파동방정식의 일반형이고 여기서 c는 파동속도이다.

$$\frac{\partial^2 u}{\partial t^2} = c^2 \frac{\partial^2 u}{\partial z^2} \tag{3.138}$$

식 (3.137)과 파동방정식을 비교하면 식 (3.137)에서 $\dfrac{\partial^2 \Psi}{\partial z^2}$ 앞의 계수가 파동속도의 제곱이라는 것을 알 수 있다. 그러므로

$$v_w^2 = \frac{v_{in}^2 R_{in}^2 (R_v^2 - r_v^2)}{2r_v^4} \tag{3.139}$$

가 된다. 여기서 v_w는 파동속도이다. 식 (3.137)은 댐과 관련된 파동방정식의 해이지만 Streteusky는 이 해석을 분사기에서도 적용하였다. 식 (3.139)에 다음과 같이 분사기 노즐의 형상, 식 (3.140)을 적용하면 식 (3.141)과 같으며 이에 따라 노즐에서 파동의 속도, $v_{z,n}$이 결정된다.

$$R_v = R_n, \quad r_v = r_n \tag{3.140}$$

$$v_{z,n}^2 = \frac{v_{in}^2 R_{in}^2 (R_n^2 - r_n^2)}{2r_n^4} \tag{3.141}$$

Zhukovsky[35,36]에 의하면 일정한 단면적의 관을 따라 흐르는 가스의 속도가 음속을 넘을 수 없는 것과 같이, 댐을 따라 흐르는 유체의 속도는 파동속도보다 빠를 수 없다. 그리고 Abramovich[37]는 와류분사기 내부 유동에 대한 가설을 세웠으며 이는 후에 Klyachko[38]에 의해 증명되었다. 즉 식 (3.141)은 분사기 노즐에서 유체 표면의 파동속도이지만 동시에 유체가 흐르는 최대 속도이기도 하다.

이제 $v_{z,n}$을 유동의 속도라고 가정하고 이를 v_t로 나누어 무차원화 시켜주면 식 (3.142)를 얻을 수 있다.

$$\bar{v}_{z,n} = \frac{v_{z,n}}{v_t} \tag{3.142}$$

그리고 또 다른 무차원 변수식 (3.143)를 도입한 뒤

$$\bar{r}_n = \frac{r_n}{R_n} \tag{3.143}$$

운동량 보존법칙인 식 (3.115)와 식 (3.142), (3.143)을 사용하여 식 (3.141)을 정리하면 다음과 같은 식을 얻을 수 있다.

$$\bar{v}_{z,n}^2 = \frac{\bar{v}_{\theta,n}^2}{2}\left(\frac{1}{\bar{r}_n^2} - 1\right) \tag{3.144}$$

노즐채움인자(nozzle filling coefficient)와 무차원 반경과의 관계를 다시 한 번 떠올리면

$$\bar{r}_n = \frac{r_n}{R_n} = \sqrt{1-\varphi} \tag{3.145}$$

윗 식 (3.145)를 식 (3.144)에 대입하면

$$\bar{v}_{z,n}^2 = \bar{v}_{\theta,n}^2 \frac{\varphi}{2(1-\varphi)} \tag{3.146}$$

가된다. 노즐에서 속도의 크기는 식 (3.147)과 같이 쓸 수 있다.

$$v_n = \sqrt{v_{\theta,n}^2 + v_{r,n}^2 + v_{z,n}^2} \tag{3.147}$$

식 (3.147)을 v_n으로 무차원화 시킨 변수를 다음과 같이 정의하자.

$$\sqrt{\bar{v}_{\theta,n}^2 + \bar{v}_{r,n}^2 + \bar{v}_{z,n}^2} = \frac{1}{v_n}\sqrt{v_{\theta,n}^2 + v_{r,n}^2 + v_{z,n}^2} = 1 \tag{3.148}$$

노즐 표면을 따라서, $v_{r,n} = 0$이므로 식 (3.148)은 식 (3.149)와 같이 간단해진다.

$$\bar{v}_{\theta,n}^2 = 1 - \bar{v}_{z,n}^2 \tag{3.149}$$

식 (3.149)를 식 (3.146)에 대입하면

$$\bar{v}_{z,n} = \sqrt{\frac{\varphi}{2-\varphi}} \tag{3.150}$$

를 얻을 수 있고 식 (3.149)를 φ의 함수로 다시 쓰면,

$$\bar{v}_{\theta,n} = \sqrt{\frac{2(1-\varphi)}{2-\varphi}} \tag{3.151}$$

과 같다. 그리고 새로운 인자 a를 다음과 같이 정의하자.

$$a \equiv \frac{r_k^2}{R_n^2} = \bar{r}_k^2 \tag{3.152}$$

각운동량 보존법칙에 의해

$$\begin{aligned} v_{\theta,n} r_n &= v_k r_k \\ \bar{v}_{\theta,n} \bar{r}_n &= \bar{r}_k \qquad (\because\ v_t = v_k) \end{aligned} \tag{3.153}$$

이다. 식 (3.145)과 식 (3.151)를 사용해서 식 (3.153)의 r_k를 φ의 함수로 다시 쓰면

$$\bar{r}_k^2 = \bar{v}_{\theta,n}^2 \bar{r}_n^2 = \frac{2(1-\varphi)^2}{2-\varphi} \tag{3.154}$$

$$a = \bar{r}_k^2 = \bar{v}_{\theta,n}^2 \bar{r}_n^2 = \frac{2(1-\varphi)^2}{2-\varphi} \tag{3.155}$$

을 얻을 수 있다. 식 (3.155)는 와류형 분사기의 매우 중요한 특성을 나타내는 식이다. 또 다른 무차원 변수로 형상계수(geometric constant)가 있는데 이는 말 그대로 와류형 분사기의 형상을 특징짓는 수이다. 여기서 K는 Bazarov[28]의 정의로 식 (1.130)과는 다르며 오히려 식 (3.132)의 β와 물리적으로 의미가 유사하다.

$$K = \frac{\pi R_n^2 R_{in}}{\pi n r_{in}^2 R_n} = \frac{A_n}{n A_{in}} \frac{R_{in}}{R_n} = \frac{\bar{R}_{in}}{n \bar{A}_{in}} \tag{3.156}$$

여기서, r_{in}은 tangential hole의 반경이고 n는 입구채널의 개수이다. 그리고

$$\overline{A}_{in} = \frac{A_{in}}{A_n} \tag{3.157}$$

그리고 식 (3.135)와 식(3.136)으로부터 식 (3.158)을 얻을 수 있으며

$$c_d = \varphi\sqrt{1-\frac{v_{\theta,n}^2}{v_t^2}} = \varphi\sqrt{1-\frac{r_k^2}{r_n^2}} = \varphi\sqrt{1-\overline{v}_{\theta,n}^2}, \qquad \frac{r_k^2}{\overline{r}_n^2} = \overline{v}_{\theta,n} \tag{3.158}$$

계속해서 식 (3.151)에 의해 c_d는 식 (3.159)와 같이 φ만의 함수로 쓸 수 있다.

$$c_d = \varphi\sqrt{1-\frac{2(1-\varphi)}{2-\varphi}} = \sqrt{\frac{\varphi^3}{2-\varphi}} \tag{3.159}$$

K를 φ의 함수로 만들기 위해서 먼저 식 (3.152)로부터

$$\begin{aligned}\sqrt{a} &= \frac{r_k}{R_n} = \frac{R_{in}}{R_n}\frac{r_k}{R_{in}}\frac{v_{in}}{v_{in}} = \frac{R_{in}}{R_n}\frac{r_k}{r_k}\frac{v_{in}}{v_k} \\ &= \overline{R_{in}}\ \overline{v_{in}} \quad (\because\ v_k = v_t)\end{aligned} \tag{3.160}$$

그리고 식 (3.133)의 분자는 분사기에서 분무되는 총유량이므로

$$c_d = \frac{\rho v_{z,n} A_{l,n}}{\rho v_t A_n} = \frac{\rho v_{in} n A_{in}}{\rho v_t A_n} = \overline{v_{in}}\, n \overline{A_{in}} \tag{3.161}$$

식 (3.160)과 (3.161)을 식 (3.156)에 대입하면 다음 식을 얻을 수 있다.

$$K = \frac{\sqrt{a}}{c_d} \tag{3.162}$$

그리고 a와 c_d는 식 (3.155)와 (3.159)처럼 φ의 함수로 나타낼 수 있으므로 이를 식 (3.162)에 대입하면 다음과 같은 결과를 얻을 수 있다.

$$K = \frac{(1-\varphi)\sqrt{2}}{\varphi\sqrt{\varphi}} \tag{3.163}$$

지금까지는 분사기 내 유체의 속도와 분사기의 형상과의 관계를 알아보았다. 이제는 분사기의 체유량(volume flow)과의 관계를 알아보기로 하겠다. 연속방정식으로부터

$$\bar{v}_{z,v} A_{l,v} = \bar{v}_{z,n} A_{l,n} \tag{3.164}$$

여기서 $A_{l,v}$와 $A_{l,n}$은 와류실(vortex chamber)과 유체로 채워진 단면적으로 다음과 같이 정의된다.

$$A_{l,v} = \pi(R_v^2 - r_v^2) \tag{3.165}$$

$$A_{l,n} = \pi(R_n^2 - r_n^2) \tag{3.166}$$

식 (3.116)으로부터

$$R_n^2 - r_n^2 = \varphi R_n^2 \tag{3.167}$$

식 (3.164)에 식 (3.165), (3.166)을 대입한 뒤에 식 (3.167), (3.134)를 사용하여 다시 정리하면

$$\bar{v}_{z,v} = \frac{c_d}{\bar{R}_v^2 - \bar{r}_v^2} \tag{3.168}$$

을 얻을 수 있다. 그리고 각운동량 보존법칙으로부터

$$\bar{v}_{\theta,v} \bar{r}_v = \bar{v}_{\theta,n} \bar{r}_n, \quad \bar{r}_v = \frac{\bar{v}_{\theta,n}}{\bar{v}_{\theta,v}} \bar{r}_n \tag{3.169}$$

유동의 표면에서 r방향의 속도는 0이므로 식 (3.169)의 $\bar{v}_{\theta,v}$는 다음과 같이 쓸 수 있다.

$$\bar{v}_{\theta,v} = \sqrt{1 - \bar{v}_{z,v}^2} \tag{3.170}$$

식 (3.169)에 식 (3.151), (3.145), (3.170)을 대입하면

$$\bar{r}_v = \sqrt{\frac{2(1-\varphi)}{2-\varphi}} \frac{\sqrt{1-\varphi}}{\sqrt{1-\bar{v}_{z,v}^2}} = \frac{1}{\sqrt{1-\bar{v}_{z,v}^2}} \sqrt{\frac{2(1-\varphi)^2}{2-\varphi}} \tag{3.171}$$

식 (3.155)를 위 식에 대입하면 다음과 같다.

$$\bar{r}_v = \sqrt{\frac{a}{1-\bar{v}_{z,v}^{2}}} \tag{3.172}$$

노즐차압 역시 와류실차압과 같은 방법으로 구할 수 있다. 차압을 구하기 위한 식 (3.120)에 노즐의 형상을 적용한 각운동량 보존법칙, $v_\theta r = v_{\theta,n} r_n$을 사용하면 다음과 같이 변화한다.

$$\Delta p_{s,n} = -\rho v_n^2 r_n^2 \int_{r_n}^{r} \frac{1}{r'^3} dr' \tag{3.173}$$

여기서, r은 노즐 내부의 어떤 지점($r > r_n$)에서의 반경이며 $\Delta p_{s,n}$은 r까지의 차압이다. 식 (3.173)를 적분하면

$$\Delta p_{s,n} = \frac{\rho}{2}(\bar{v}_{\theta,n}^{2} - \bar{v}_{\theta}^{2}) \tag{3.174}$$

여기서 v_θ는 r지점에서의 tangential 속도이며 $v_{\theta,n}$은 r_n에서의 tangential 속도이다. 그리고 Bernoulli Eq.으로부터

$$\frac{\rho v^2}{2} + p = constant = p_t \tag{3.175}$$

이를 분사기 노즐에 적용하면 식 (3.175)에서 정압과 전압은 다음과 같이 바꿔 쓸 수 있다.

$$p = \Delta p_s, \quad p_t = \Delta p \tag{3.176}$$

$v^2 = v_\theta^2 + v_z^2$이며 노즐 섹션에서 식 (3.174)는 다음과 같은 형태로 바뀐다.

$$v_{\theta,n}^2 = \frac{2}{\rho}(\Delta p - \Delta p_{s,n}) - v_{z,n}^2 \tag{3.177}$$

식 (3.177)을 v_z, n에 대해서 풀면

$$v_{z,n} = \sqrt{\frac{2\Delta p}{\rho} - v_{\theta,n}^2} = const. \tag{3.178}$$

식 (3.178) 내의 모든 변수가 일정하므로 $v_{z,n}$ 역시 상수가 된다. 식 (3.178)을 통해 $v_{z,n}$을

구할 수 있으며 이 값은 식 (3.150)의 결과와도 일치한다. Volume flow는 일정해야 하므로 tangential 입구에서 다음과 같은 식이 성립한다.

$$Q = n\pi r_{in}^2 v_{in} \tag{3.179}$$

식 (3.177)과 식 (3.178)를 Q, R_n, n, v_{in}, r_n으로 다시 쓰면

$$u = \sqrt{\frac{2\Delta p}{\rho} - \frac{R_n^2 Q^2}{n^2 \pi^2 r_{in}^2 r_n^2}} \tag{3.180}$$

식 (3.180)의 Q를 K와 φ를 사용해서 풀면

$$Q = \frac{1}{\sqrt{\frac{K^2}{1-\varphi} + \frac{1}{\varphi^2}}} \pi R_n^2 \sqrt{\frac{2\Delta p}{\rho}} = \mu A_n v_t \tag{3.181}$$

$$c_d = \frac{1}{\sqrt{\frac{K^2}{1-\varphi} + \frac{1}{\varphi^2}}} \tag{3.182}$$

이상과 같이 와류형 분사기의 파라미터들을 알아보았다. 기타 다른 파라미터들을 정리하면 다음과 같다[28].

(1) 와류형 분사기의 형상특징

$$F = \frac{\sqrt{a}}{\mu} = \frac{(1-\varphi)\sqrt{2}}{\varphi\sqrt{\varphi}} \tag{3.183}$$

(2) Mass flow rate coefficient(discharge coefficient)

$$\mu = \sqrt{\frac{\varphi^3}{2-\varphi}} \tag{3.184}$$

$$\sqrt{a} = (1-\varphi)\sqrt{\frac{2}{2-\varphi}} \tag{3.185}$$

Mass flow rate

$$\dot{m} = \rho Q = \mu A \sqrt{2\rho \Delta p} \tag{3.186}$$

(3) Velocity of outflow

$$v_t = \sqrt{\frac{2\Delta p_t}{\rho}} \tag{3.187}$$

(4) Axial velocity of the flow in the cylindrical nozzle

$$\bar{v}_{z,n} = \sqrt{1 - \left(\frac{\mu}{\varphi}\right)^2} \tag{3.188}$$

$$\bar{v}_{z,n} = \sqrt{\frac{\varphi}{2-\varphi}} \tag{3.189}$$

(5) Circumferential velocity of the flow in the cylindrical nozzle

$$\bar{v}_{\theta,n} = \frac{\mu}{\varphi} \tag{3.190}$$

$$\bar{v}_{\theta,n} = \sqrt{\frac{2(1-\varphi)}{2-\varphi}} \tag{3.191}$$

(6) angle of spray movement in the nozzle

$$\frac{\alpha_n}{2} = \tan^{-1}\sqrt{\frac{2(1-\varphi)}{\varphi}} \tag{3.192}$$

(7) Circumferential velocity at the edge of a cylindrical nozzle

$$\bar{v}_{z,edge} = \sqrt{a} \tag{3.193}$$

(8) Axial velocity of the flow at edge of a cylindrical nozzle

$$\bar{v}_{r,edge} = \sqrt{1-a} \tag{3.194}$$

(9) 노즐끝단에서의 분사각

$$\frac{\alpha}{2} = \tan^{-1}\frac{\bar{v}_{r,edge}}{\bar{v}_{z,edge}} = \tan^{-1}\sqrt{\frac{a}{1-a}} \tag{3.195}$$

(10) Tangential hole을 지날 때의 압력 손실

$$\Delta p_{in} = \Delta p_t \frac{a}{\bar{R}_{in}^2} \tag{3.196}$$

(11) 와류실(vortex chamber) 끝단에서 유체표면 반경

$$r_k = R_n\sqrt{a} \tag{3.197}$$

(12) Cylindrical nozzle에서 유체표면 반경

$$r_n = R_n\sqrt{1-\varphi} \tag{3.198}$$

(13) 와류실 내부에서의 유체표면 반경

$$r_v = R_n\sqrt{\frac{a}{1-\bar{v}_{z,v}^2}} \tag{3.199}$$

(14) 와류실 내에서 축방향 속도

$$\bar{v}_v = \frac{\mu}{\bar{R}_v^2 - \bar{r}_v^2} \tag{3.200}$$

(15) 와류실에서 Lambda number

$$\lambda_k = \frac{\bar{v}_{\theta,k}}{\bar{v}_{z,n}} = \frac{\varphi}{\bar{R}_v^2 - \bar{r}_v^2} \tag{3.200}$$

3.4.3. Results

다음의 그래프들은 K값이 변할 때, 와류형 분사기의 파라미터들의 변화를 보여준다.

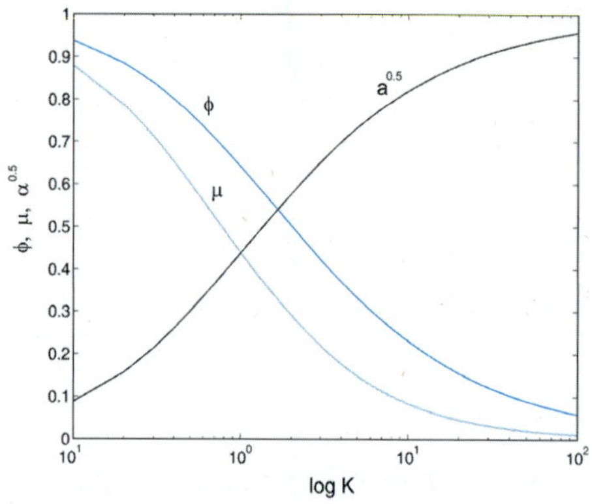

그림 3.43 Basic parameters vs. K

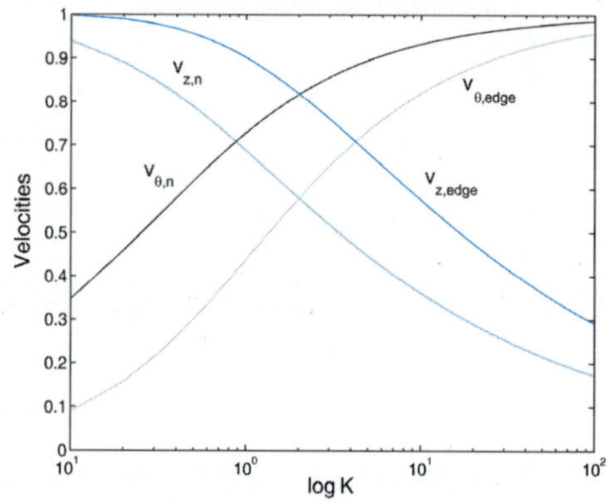

그림 3.44 노즐에서의 속도

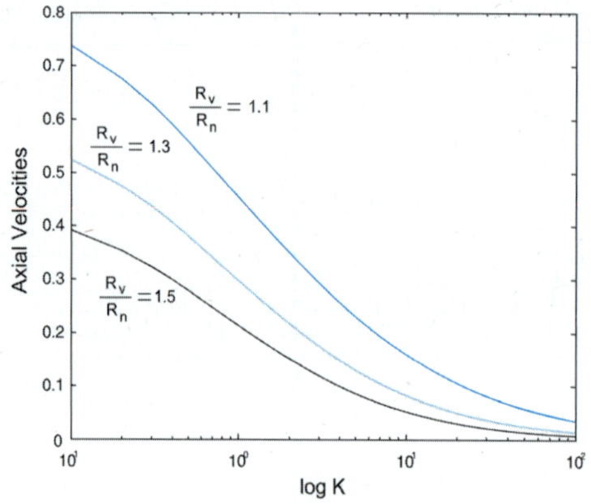

그림 3.45 와류실 내에서 축방향 속도

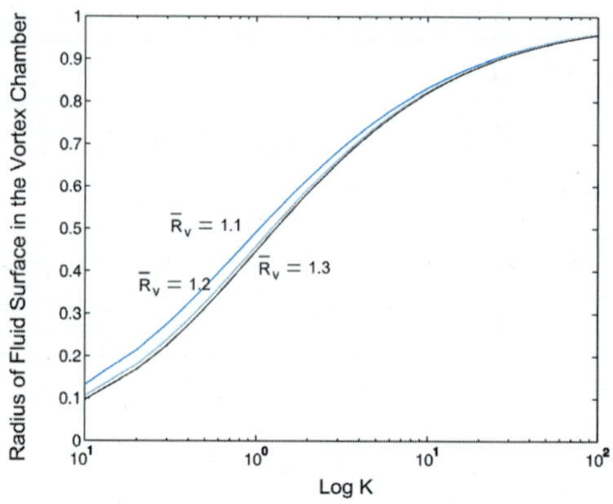

그림 3.46 와류실 내부에서의 유체반경, r_v

04 연소안정성

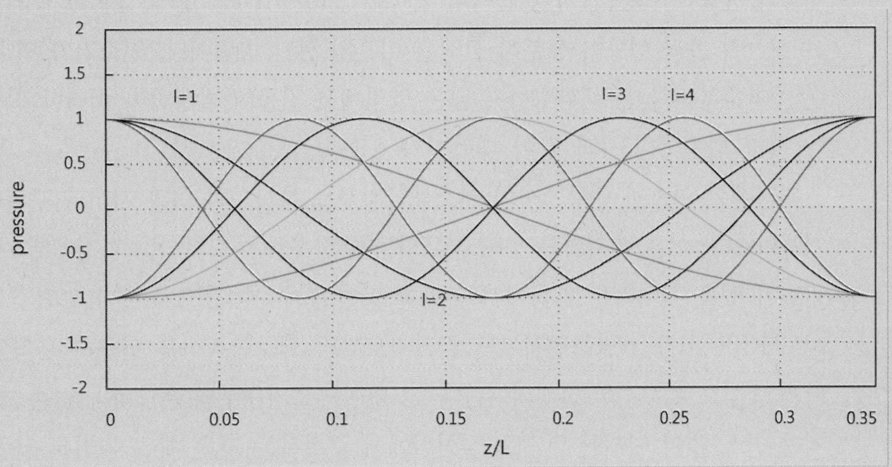
l=1
l=2
l=3
l=4
pressure
z/L
2
1.5
1
0.5
0
-0.5
-1
-1.5
-2
0
0.05
0.1
0.15
0.2
0.25
0.3
0.35

연소기 내에서 안정적인 연소가 이루어져야 한다는 것은 매우 당연한 소리라 할 수 있다. 그런데 이 당연한 말이 액체로켓엔진을 개발할 때에 커다란 장애물로 나타나는 경우가 비일비재하다. 만일 연소기 내에서 연소불안정이 발생하면 작게는 추력저하부터 크게는 연소기 폭발에까지 이어지는 매우 위험한 문제가 된다. 연소안정성과 관련된 문제는 1930년대 말부터 액체엔진과 고체엔진에서 거의 공통적으로 발견되었다[1]. 로켓엔진의 연소기는 작은 공간에 높은 에너지가 모여 있으며 엔진의 구조상 모여 있는 에너지 소산이 이루어지기 어렵기 때문에 언제나 연소안정성 문제를 내재하고 있다.

2차 대전 이후 많은 수의 대륙간탄도탄과 발사체가 개발되면서 연소안정성에 관련된 연구가 집중적으로 이루어졌지만 아직까지도 연소안정성 문제를 완벽히 설명하고 있는 이론은 발견되지 않았다. 다만 연소실 내부에서의 연소안정성은 연소실 자체가 가지고 있는 음향학적인 고유진동수와 연관이 있다는 것은 일찍이 알려진 사실이며 액체산소와 액체수소를 사용하고 있은 엔진에는 산소와 수소의 속도비를 크게 하면 연소안정성 면에서 유리하다는 정도가 발견되었다[2]. 또한 연소실 내에서 액체-액체 분무를 통해 일어나는 연소보다 기체-액체 분무를 통해 생기는 연소장이 훨씬 더 안정적이다. 연소안정을 위해서 1차적으로는 안정된 추진제 공급과 연소주파수와 고유주파수의 분리를 고려해야 한다. 여기서 고유주파수라함은 연소실 내의 음향학적 주파수 이외에 분사기의 분무패턴에 따른 주파수 각종 하드웨어와 연관된 진동 등 모든 종류의 진동주파수를 의미한다. 그런데 액체로켓엔진을 설계하면서 분사기당 할당된 차압이 무한하지 않고 분사기당 유량의 변화범위도 그리 크지 않으므로 분사기의 설계변경만으로 모든 주파수에 대응할 수는 없다. 따라서 강제적으로 주파수를 조절하기 위해 배플이나 공명기와 같은 passive 장치를 마련하기도 한다.

연소장의 진동범위가 공칭연소압의 5% 이내이면 대략 안정된 연소로 구분된다. 물론 엔진 시동과 종료 시에는 급격한 압력의 변화로 인하여 5%를 훌쩍 상회하게 되지만 이러한 구분은 시간이 흘러 진동이 충분히 감쇠된 이후의 판단 방법이다. 연소기가 연소를 하게 되면 낮은 주파수부터 높은 주파수까지 넓은 영역에서 진동이 발생하며 이러한 진동은 그 발생원인에 따라 다음 표 3.1과 같이 대략 3가지로 나눌 수 있다[3].

과거에는 연소기 내부에서의 연소불안정성을 분사기와 연관 지어 연구하려는 노력을 많이 기울여왔다. 이는 분사기를 통해 분무되는 추진제가 미립화되는 과정에서 보여주는 주파수와 관련이 있을 것이라는 가정에서 출발한 당연한 수순이라고 하겠다(그림 3.32 참조). 국내에서도 KSR-III를 개발하면서부터 분사기로부터 연소안정성을 연구하는 작업이 연구소와 대학을 중심으로 꾸준히 진행되어왔다. 그러나 연소기내부의 온도와 압력은 초임계점을 넘어서지만 연소 없이 이러한 환경을 실험실에서 구현하는 것은 매우 어려운 일이다. 또한 이러한 환경을 만들었다 하더라도 액체가 분사기를 통과하면서 순식간에 기화하여 가시창의 불투명도를 높여버리기 때문에 관측시간이 매우 짧아진다. 따라서 분사기를 통한 연소불안정성 연구는 고압분무라는 난점 때문에 액체로켓엔진의 연소기와 유사한 환경을 만들지 못하고 상압 혹은 저압에서 실시하는 저압분무 시험을 위주로 연구되어 온 것 또한 사실이다. 그럼에도 불구하고 분사기와 연소안정성이 밀접한 관계가 있다는 것 또한 분명한 사실이라고 생각된다.

표 4.1 연소불안정성의 대역대와 원인 [3]

연소불안정의 이름 혹은 정의	주파수 대역 [Hz]	연소불안정성의 원인
저주파 불안정: chugging 또는 공급계통 불안정	400 이하	공급계통와 엔진과의 상호작용 혹은 공급계통과 발사체와의 상호작용
중저역대 연소불안정: buzzing 또는 entropy wave	400-1000	추진시스템의 기계적 진동, 분사기 매니폴드, O/F 비의 변화, 추진시스템의 공명 등과의 상호작용
고주파 불안정: screaming, screech-ing, squealing	1000 이상	연소장과 연소실의 음향특성과의 상호작용

한국항공우주연구원에서 2003년 발사에 성공한 KSR-III의 엔진에는 제트 분사기가 설치되었다. 그런데 KSR-III의 성공에도 불구하고 KSLV-II의 엔진에는 동축와류형 분사기를 사용하고 있다. 이는 대용량 엔진에는 제트분사기보다 와류형 분사기가 적합하기 때문이며 실제로 제트분사기를 사용하였던 미국에서 F-1 엔진은 개발 당시 연소불안정성 때문에 많은 어려움을 겪은 바 있다. 수많은 도전과 실패 속에서 결국 연소불안정의 해결책을 찾아 엔진 개발에는 성공하였으나 F-1 엔진의 연소불안정에 대한 정확한 메커니즘을 밝혀내는 데는 실패하고 말았다.

앞서 언급한 바와 같이 연소실의 음향학적 특성과 연소특성이 커플링이 되면 연소불안정성이 커져 연소기가 파괴될 위험이 있기 때문에 연소실을 설계할 때에는 이 두 가지 특성을 우선적으로 분리시켜 놓아야 한다. 이를 위해서는 연소실 내부의 음향학적 특성을 통해 연소실의 고유주파수를 계산해보아야 한다. 연소실의 고유주파수는 나타내는 acoustic wave는 연소실 내부가 단순 실린더 형상이라 가정한 뒤 고전적인 analytic method를 사용하여 구한다. 여기에 가장 근간이 되는 방정식은 Navier Stoke eq.이며 이는 비선형 방정식이기 때문에 이를 선형화시키기 위해서 다음과 같은 가정을 하였다.

(1) 연소실 내부의 압력섭동은 매우 작아서 그 크기의 변화가 Sound wave의 압력변화 정도이다.
(2) 연소실 내부에서 시간과 공간에 따른 압력의 변화 역시 매우 작은 값을 갖는다.

이 두 가지의 기본 가정을 통해 연소실 내부의 음향특성을 파악해보자.

4.1. Governing Equations

연소실 내부의 변화를 알기 위해서는 N-S(Navier Stoke) eq.으로부터 압력변화를 구해야 한다. N-S eq.는 일반적으로 Continuity eq., Momentum eq. 그리고 Energy eq.이 있지만 여기서는 Energy eq. 대신에 sound speed equation을 사용한다.

Continuity equation

$$\frac{\partial \rho}{\partial t} + \nabla \cdot (\rho \mathrm{v}) = 0 \tag{4.1}$$

Momentum equation

$$\rho \frac{D\mathrm{v}}{Dt} + \nabla p - \rho \mathrm{B} - d\mathrm{F}_{shear} = 0 \tag{4.2}$$

연소실 내부는 온도와 압력이 매우 높은 초임계 조건이므로 inviscid flow 조건을 적용시킬 수 있다, 또한 body force는 압력에 비해 매우 작으므로 이 두 조건을 적용하면 식 (4.2)는 단순히

$$\rho \frac{D\mathrm{v}}{Dt} + \nabla p = 0 \tag{4.3}$$

이 된다.

Speed of Sound equation

$$\frac{Dp}{Dt} - a^2 \frac{D\rho}{Dt} = 0 \tag{4.4}$$

여기서 $\dfrac{D}{Dt}$는 substantial derivative로서 다음 식 (4.5)와 같다.

$$\frac{D}{Dt}=\frac{\partial}{\partial t}+(\mathrm{v}\cdot\nabla)=\frac{\partial}{\partial t}+u\frac{\partial}{\partial x}+v\frac{\partial}{\partial y}+w\frac{\partial}{\partial z} \tag{4.5}$$

섭동식을 구하기 위해 각 변수들을 평균값과 섭동값으로 분해한다.

$$u=\bar{u}+u',\ v=\bar{v}+v,\ w=\bar{w}+w',\ p=\bar{p}+p',\ \rho=\bar{\rho}+\rho',\ a=\bar{a}+a' \tag{4.6}$$

식 (4.6)에서 각 변수 위의 bar(−)는 평균값을 ′은 섭동값을 의미한다. 식 (4.3)은 벡터이므로 각 성분 중에서 x 방향의 식을 식 (4.5)와 (4.6)을 사용하여 다시 쓰면

$$(\bar{\rho}+\rho')\left\{\frac{\partial}{\partial t}(\bar{u}+u')+(\bar{u}+u')\frac{\partial}{\partial x}(\bar{u}+u')\right\}+\frac{\partial}{\partial x}(p+p')=0 \tag{4.7}$$

식 (4.7)에서 각각의 평균값은 상수이므로

$$(\bar{\rho}+\rho')\left\{\frac{\partial u'}{\partial t}+(\bar{u}+u')\frac{\partial u'}{\partial x}\right\}+\frac{\partial p'}{\partial x}=0 \tag{4.8}$$

식 (4.8)에서 섭동의 2차 항(second order term)을 모두 제거하면

$$\bar{\rho}\left\{\frac{\partial u'}{\partial t}+\bar{u}\frac{\partial u'}{\partial x}\right\}+\frac{\partial p'}{\partial x}=0 \tag{4.9}$$

식 (4.9)에서 x방향의 속도 성분 u는 음속 a에 비해 매우 작기 때문에 속도 성분이 포함된 항은 0으로 가정할 수 있다($\bar{u}\dfrac{\partial p'}{\partial x}\approx 0$). 따라서 최종적으로 식 (4.9)는 다음과 같이 쓸 수 있다.

$$\bar{\rho}\frac{\partial u'}{\partial t}+\frac{\partial p'}{\partial x}=0 \tag{4.10}$$

식 (4.10)은 x 방향의 식이므로 y와 z 방향의 식은 식 (4.10)에서 방향코사인을 바꿔주면 된다.

Speed of sound equation 중에서

$$\frac{D\rho}{Dt}=\frac{\partial\rho}{\partial t}+\mathbf{v}\cdot\nabla\rho=\frac{\partial\rho}{\partial t}+\nabla\cdot(\rho\mathbf{v})-\rho(\nabla\cdot\mathbf{v})=-\rho(\nabla\cdot\mathbf{v}) \tag{4.11}$$

식 (4.11)을 speed of sound eq.인 식 (4.4)에 대입하면 식 (4.12)를 얻을 수 있다.

$$\rho\bar{a}^2\nabla\cdot\mathbf{v}+\frac{Dp}{Dt}=0 \tag{4.12}$$

식 (4.12)에 식 (4.6)을 대입하면

$$(\bar{\rho}+\rho')(\bar{a}+a')^2\nabla\cdot\mathbf{v}+\frac{D}{Dt}(\bar{p}+p')=0 \tag{4.13}$$

여기서 첫 번째 항 중에서

$$(\bar{\rho}+\rho')(\bar{a}+a')^2\approx(\bar{\rho}+\rho')\left(\bar{a}^2+2\bar{a}a'\right) \tag{4.14}$$

$$\nabla\cdot\mathbf{v}=\frac{\partial u}{\partial x}+\frac{\partial v}{\partial y}+\frac{\partial w}{\partial z}=u'_x+v'_y+w'_z \tag{4.15}$$

식 (4.15)에서 아래첨자는 해당 방향에 대한 편도함수이다. 식 (4.14)와 (4.15)를 곱하고 2차 항 이상을 제거하면 식 (4.16)이 된다.

$$\begin{aligned}(\bar{\rho}+\rho')(\bar{a}+a')^2\nabla\cdot\mathbf{v}&\approx(\bar{\rho}+\rho')\left(\bar{a}^2+2\bar{a}a'\right)(u'_x+v'_y+w'_z)\\&\approx\bar{\rho}\bar{a}^2(u'_x+v'_y+w'_z)\end{aligned} \tag{4.16}$$

그리고 식 (4.12)의 두 번째 항을 간단히 하기 위해

$$\begin{aligned}\frac{Dp}{Dt}&=\left(\frac{\partial}{\partial t}+u\frac{\partial}{\partial x}+v\frac{\partial}{\partial y}+w\frac{\partial}{\partial z}\right)p\\&=\left\{\frac{\partial}{\partial t}+(\bar{u}+u')\frac{\partial}{\partial x}+(\bar{v}+v')\frac{\partial}{\partial y}+(\bar{w}+w')\frac{\partial}{\partial z}\right\}(\bar{p}+p')\end{aligned} \tag{4.17}$$

식 (4.17)에서 2차 항을 제거하면

$$\frac{Dp}{Dt}\approx\left\{\frac{\partial p'}{\partial t}+\bar{u}\frac{\partial p'}{\partial x}+\bar{v}\frac{\partial p'}{\partial y}+\bar{w}\frac{\partial p'}{\partial z}\right\} \tag{4.18}$$

식 (4.10)에서의 가정처럼 각 방향의 속도 성분은 매우 작으므로 각 속도 성분의 항은 0이 되어 식 (4.18)을 다음과 같이 줄일 수 있다.

$$\frac{Dp}{Dt} \approx \frac{\partial p'}{\partial t} \tag{4.19}$$

그러므로 식 (4.16)과 (4.19)를 식 (4.12)에 대입하면

$$\bar{\rho}\bar{a}^2(u'_x + v'_y + w'_z) + \frac{\partial p'}{\partial t} = 0 \tag{4.20}$$

식 (4.10)을 각각의 방향좌표로 미분하면 식 (4.21)이 되고 이를 모두 더하면, 식 (4.22)를 얻을 수 있다.

$$\begin{aligned} \frac{\partial}{\partial x}\left(\bar{\rho}\frac{\partial u'}{\partial t} + \frac{\partial p'}{\partial x}\right) &= \bar{\rho}u'_{tx} + p'_{xx} = 0 \\ \frac{\partial}{\partial y}\left(\bar{\rho}\frac{\partial u'}{\partial t} + \frac{\partial p'}{\partial y}\right) &= \bar{\rho}u'_{ty} + p'_{yy} = 0 \\ \frac{\partial}{\partial z}\left(\bar{\rho}\frac{\partial u'}{\partial t} + \frac{\partial p'}{\partial z}\right) &= \bar{\rho}u'_{tz} + p'_{zz} = 0 \end{aligned} \tag{4.21}$$

$$\bar{\rho}(u'_{xt} + v'_{yt} + w'_{zt}) + p'_{xx} + p'_{yy} + p'_{zz} = 0 \tag{4.22}$$

그리고 식 (4.20)을 시간으로 미분하면

$$\frac{\partial}{\partial t}\left\{\bar{\rho}\bar{a}^2(u'_x + v'_y + w'_z) + \frac{\partial p'}{\partial t}\right\} = \bar{\rho}\bar{a}^2(u'_{xt} + u'_{yt} + w'_{zt}) + p'_{tt} = 0 \tag{4.23}$$

식 (4.23)에 식 (4.22)를 대입하면

$$\bar{\rho}\bar{a}^2(u'_{xt} + u'_{yt} + w'_{zt}) + p'_{tt} = -\bar{a}^2(p'_{xx} + p'_{yy} + p'_{zz}) + p'_{tt} = 0 \tag{4.24}$$

그러므로

$$p'_{tt} = \bar{a}^2 \nabla^2 p' \tag{4.25}$$

가 되어 연소실 내부의 압력은 Poisson eq.으로 나타난다.

4.1.1 실린더 내부에서의 파동

Cylindrical coordinate에서 식 (4.25)는 다음과 같다.

$$p'_{tt} = \bar{a}^2 \left(p'_{rr} + \frac{1}{r}p'_r + \frac{1}{r^2}p'_{\theta\theta} + p'_{zz}\right) \tag{4.26}$$

식 (4.26)은 각 방향의 미분항이 혼재하고 있으므로 변수 분리를 위해서

$$p'(r,\ \theta,\ z) = R(r)\Theta(\theta)Z(z)T(t) \tag{4.27}$$

이라하면 식 (4.26)은 다음과 같이 된다.

$$R\Theta ZT_{tt} = \bar{a}^2\left(R_{rr}\Theta ZT + \frac{1}{r}R_r\Theta ZT + \frac{1}{r^2}R\Theta_{\theta\theta}ZT + R\Theta Z_{zz}T\right) \tag{4.28}$$

먼저 시간과 공간을 분리하면

$$\frac{T_{tt}}{\bar{a}^2 T} = \frac{R_{rr}}{R} + \frac{1}{r}\frac{R_r}{R} + \frac{1}{r^2}\frac{\Theta_{\theta\theta}}{\Theta} + \frac{Z_{zz}}{Z} \tag{4.29}$$

식 (4.29)는 모든 r, θ, z, t에 대해서 성립해야 하므로, 어떠한 상수와 같아야 한다. 이 상수를 편의상 $-\lambda^2$이라 하자.

$$\frac{T_{tt}}{\bar{a}^2 T} = \frac{R_{rr}}{R} + \frac{1}{r}\frac{R_r}{R} + \frac{1}{r^2}\frac{\Theta_{\theta\theta}}{\Theta} + \frac{Z_{zz}}{Z} = -\lambda^2 \tag{4.30}$$

먼저 시간항을 고려하면,

$$T_{tt} + \lambda^2\bar{a}^2 T = 0 \tag{4.31}$$

가 되며 다음으로 z항을 분리하기 위해 또 다른 상수 ϕ^2를 도입하면

$$-\frac{Z_{zz}}{Z} = \frac{R_{rr}}{R} + \frac{1}{r}\frac{R_r}{R} + \frac{1}{r^2}\frac{\Theta_{\theta\theta}}{\Theta} + \lambda^2 = \phi^2 \tag{4.32}$$

식 (4.32)에서 z항을 분리하면

$$Z_{zz} + \phi^2 Z = 0 \tag{4.33}$$

가 된다. θ항을 분리하기 위해 식 (4.32)를 다시 쓰면

$$\frac{R_{rr}}{R} + \frac{1}{r}\frac{R_r}{R} + \frac{1}{r^2}\frac{\Theta_{\theta\theta}}{\Theta} + \lambda^2 - \phi^2 = 0 \tag{4.34}$$

가 되며 식 (4.34)에 r^2를 곱하고 θ항과 r항을 분리하면

$$-\frac{\Theta_{\theta\theta}}{\Theta} = r^2\frac{R_{rr}}{R} + r\frac{R_r}{R} + r^2(\lambda^2 - \phi^2) \tag{4.35}$$

가 된다. 그리고 식 (4.35)에서 상수항을

$$\lambda^2 - \phi^2 = \sigma^2 \tag{4.36}$$

라 하고 항등식의 상수 γ^2를 새로이 도입하면

$$-\frac{\Theta_{\theta\theta}}{\Theta} = r^2\frac{R_{rr}}{R} + r\frac{R_r}{R} + r^2\sigma^2 = \gamma^2 \tag{4.37}$$

식 (4.37)에서 θ항과 r항을 분리하면 각각 식 (4.38)과 (4.39)가 된다.

$$\Theta_{\theta\theta} + \gamma^2\Theta = 0 \tag{4.38}$$

$$r^2 R_{rr} + rR_r + (r^2\sigma^2 - \gamma^2)R = 0 \tag{4.39}$$

그러므로 시간과 공간의 함수였던 식 (4.26)은 다음과 같이 시간과 각 방향으로 분리되어 식 (4.40), (4.41), (4.42), (4.43)으로 나타난다.

$$T_{tt} + \lambda^2 \bar{a}^{-2} T = 0 \tag{4.40}$$

$$Z_{zz} + \phi^2 Z = 0 \tag{4.41}$$

$$\Theta_{\theta\theta} + \gamma^2\Theta = 0 \tag{4.42}$$

$$r^2 R_{rr} + rR_r + (r^2\sigma^2 - \gamma^2)R = 0 \tag{4.43}$$

그리고 식 (4.40), (4.41), (4.42)는 간단한 2차 미분방정식의 해로, 식 (4.43)의 해는 베셀함

수로 다음과 같이 나타난다.

$$T(t) = Ge^{i\bar{a}\lambda t} + He^{-i\bar{a}\lambda t} \tag{4.44}$$

$$Z(z) = Ee^{i\phi z} + Fe^{-i\phi z} \tag{4.45}$$

$$\Theta(\theta) = Ce^{i\gamma\theta} + De^{-i\gamma\theta} \tag{4.46}$$

$$R(r) = AJ_n(\sigma r) + BY_n(\sigma r) \tag{4.47}$$

여기서 A, B, C, D, E, F, G, H는 상수이며 식 (4.47)의 J_n과 Y_n는 각각 1종 Bessel function과 2종 Bessel function이다. 식 (4.44)~(4.47)은 실린더 내부의 상황을 설명하는 식이므로 다음과 같이 내부의 dimension을 각각의 매개변수에 포함시킬 수 있다. 즉, 다음과 같이 parameter λ, σ, ϕ를 실제 연소기의 dimension과 음속 a, R, L을 사용하여 ω, α, ξ로 치환할 수 있다.

$$\lambda = \frac{\omega}{\bar{a}}, \qquad \sigma = \frac{\alpha}{R}, \qquad \phi = \frac{\xi}{L} \tag{4.48}$$

식 (4.48)에서 R은 r방향에 따른 압력변화를 나타내는 함수 $R(r)$이 아닌 실린더의 반경이다. 그리고 각 parameter들은 식 (4.36)에 의해 다음과 같은 관계가 성립한다.

$$\frac{\omega^2}{\bar{a}^2} = \frac{\alpha^2}{R^2} + \frac{\xi^2}{L^2} \tag{4.49}$$

그러므로 식 (4.26)의 일반해는 다음과 같다.

$$T(t) = \geq^{i\omega t} + He^{-i\omega t} \tag{4.50}$$

$$Z(z) = Ee^{i\frac{\xi z}{L}} + Fe^{-i\frac{\xi z}{L}} \tag{4.51}$$

$$\Theta(\theta) = Ce^{i\gamma\theta} + De^{-i\gamma\theta} \tag{4.52}$$

$$R(r) = AJ_n\left(\frac{\alpha r}{R}\right) + BY_n\left(\frac{\alpha r}{R}\right) \tag{4.53}$$

4.1.2. 경계조건과 특수해

연소실은 계속해서 추진제가 흘러 들어왔다 나가는 개방된 구조이지만 노즐목에서 chocking 현상이 일어나므로 닫힌계라고 가정하여도 물리적으로 큰 무리는 없는 장치이다. 또한 실물연소실은 실린더 형상에서 노즐목까지 점진적으로 단면적이 변화하는 구간도 있으나 계산의 편의를 위해 단순 실린더 형상으로 가정한다. 그러므로 이때의 경계조건은 다음과 같다.

B.C. 1. 각각의 경계면에서 경계면과 수직한 방향으로의 속도와 미분값은 0이다. 즉,

$$v_r(R)=0,\ \ v_z(0)=v_z(L)=0,\ \ \frac{\partial v_r(R)}{\partial r}=0,\ \ \frac{\partial v_z(0)}{\partial z}=\frac{\partial v_z(L)}{\partial z}=0 \qquad (4.54)$$

여기서 첨자는 미분항이 아닌 cylindrical 좌표에 서서 r방향과 z방향을 나타낸다.

B.C. 2. $p'(t,\ r,\ \theta,\ z)$은 모든 t, r, θ, z에 대해서 유한한 값을 갖는다.

B.C. 3. p'는 θ방향으로 2π의 주기를 갖는다.

$$\Theta(\theta)=\Theta(\theta+2\pi) \qquad (4.55)$$

Momentum eq. 식 (4.3)으로부터 r방향의 식은

$$\frac{\partial v_r}{\partial t}+\left(v_r\frac{\partial v_r}{\partial r}+\frac{v_\theta}{r}\frac{\partial v_r}{\partial \theta}+v_z\frac{\partial v_r}{\partial z}\right)-\frac{v_\theta^2}{r}=\frac{1}{\rho}\frac{\partial p}{\partial r} \qquad (4.56)$$

식 (4.6)을 식 (4.56)에 대입하면

$$(\bar{\rho}+\rho')\left(\frac{\partial v'_r}{\partial t}+v'_r\frac{\partial v'_r}{\partial r}+\frac{v'_\theta}{r}\frac{\partial v'_r}{\partial \theta}+v'_z\frac{\partial v'_r}{\partial z}-\frac{v'^2_\theta}{r}\right)=\frac{\partial(\bar{p}+p')}{\partial r} \qquad (4.57)$$

식 (4.57)에서 2차 섭동항을 제외하면

$$-\bar{\rho}\frac{\partial v'_r}{\partial r}=\frac{\partial p'}{\partial r} \qquad (4.58)$$

또한 z방향의 momentum eq.은 다음과 같다.

$$\frac{\partial v_z}{\partial t}+v_r\frac{\partial v_z}{\partial r}+\frac{v_\theta}{r}\frac{\partial v_z}{\partial \theta}+v_z\frac{\partial v_z}{\partial z}=-\frac{1}{\rho}\frac{\partial p}{\partial z} \qquad (4.59)$$

같은 방법으로 boundary condition을 적용하고 2차 섭동항을 제외하면 식 (4.60)을 얻을 수 있다.

$$-\bar{\rho}\frac{\partial v_z}{\partial t}=\frac{\partial p'}{\partial z} \tag{4.60}$$

식 (4.58)와 (4.60)에서 B.C. 1을 다시 적용하면

$$\frac{\partial p'}{\partial r}=0, \text{ at } r=R \tag{4.61}$$

$$\frac{\partial p'}{\partial z}=0, \text{ at } z=0,\ L \tag{4.62}$$

식 (4.61), (4.62)와 같이 경계면에서 압력의 경계값을 구할 수 있다. 식 (4.61)과 (4.62)는 r방향과 z방향의 압력을 나타내므로

$$\frac{\partial R(R)}{\partial r}=0,\ \frac{\partial Z(0)}{\partial z}=\frac{\partial Z(L)}{\partial z}=0 \tag{4.63}$$

임을 알 수 있다. 식 (4.53)에서 2종 베셀 함수인 $Y_n(0)=\infty$이므로 모든 구간에서 유한한 값을 갖기 위해서는 그 계수가 0이 되어야 한다. 따라서 식 (4.53)은 식 (4.64)와 같이 간단해진다.

$$R(r)=AJ_n\left(\frac{\alpha r}{R}\right) \tag{4.64}$$

경계조건, 식 (4.63)를 적용하기 위해 식 (4.64)을 미분하고 $r=R$을 대입하면

$$\frac{\partial R}{\partial r}=A\frac{\alpha}{R}J_n{}'(\alpha)=0 \tag{4.65}$$

$$J_n{}'(\alpha)=0 \tag{4.66}$$

식 (4.65)와 (4.66)에서 $J_n{}'=\dfrac{\partial J_n}{\partial r}$이다. 이상에서와 같이 식 (4.65)을 통해 상수 α를 구하면 실린더 내부에서의 r방향 압력섭동을 식 (4.64)에 의해서 구할 수 있다. α를 구하기 위해서는 Bessel function의 미분식으로부터 그 해를 구해야 하는데 Bessel function과 그의 도함수는 다음과 같은 재귀적(recurrence) 관계가 성립한다.

$$J_0'(r) = -J_1(r), \quad n=0$$

$$J_n'(r) = \frac{1}{2}\{J_{n-1}'(r) - J_{n+1}'(r)\}, \quad n \geqq 1 \tag{4.67}$$

따라서 식 (4.66)은 식 (4.67)을 사용하여 미분하지 않고 다시 Bessel function으로 나타낼 수 있다. Bessel function은 식 (4.68)과 같다.

$$J_n(r) = \sum_{s=0}^{\infty} \frac{(-1)^s}{s!(n+s)!}\left(\frac{x}{2}\right)^{n+2s} \tag{4.68}$$

먼저 식 (4.66)으로부터 $n=0$일 때 α를 구하기 위해 식 (4.67)을 사용하면

$$J_0'(\alpha) = -J_1(\alpha) = J_1(\alpha) = 0 \tag{4.69}$$

와 같이 쓸 수 있다. 식 (4.69)는 다음 그림 4.1과 같이 무한한 수의 해가 존재한다. 또한 편의를 위해서 α가 식 (4.69) 혹은 좀 더 일반적으로 식 (4.66)의 해라고 할 때 다음과 같은 식 (4.70)을 도입하여 α_{mn}과 α의 관계를 정의할 수 있다. 식 (4.70)에서 m은 Bessel function의 m번째 해를 의미하며 n은 Bessel function의 차수이다. 단, 식 (4.69)에서 알 수 있듯이 $J_0'(\alpha)$와 $J_1(\alpha)$의 관계에서 n의 값이 1 증가하기 때문에 그림 4.1은 $J_1(\alpha)$, 즉 1차 Bessel function의 값이지만 $J_0'(\alpha)$의 0차 값이기도 하다. 따라서 첫 번째 n은 1이 아닌 0에서 시작하는 것으로 약속한다.

$$\pi\alpha_{mn} = \alpha \tag{4.70}$$

그림 4.1은 0번째 Bessel function의 m번째 해 α_{m0}를 보여주며 $m=[0\ 1\ 2\ 3\ 4...]$에 해당하는 정확한 값은 수치해석을 통해 구할 수 있다. 다음 표 4.9는 그림 4.1로부터 α_{m0}를 구하기 위한 Matlab 코드이다. Matlab의 fzero 함수를 통해 근을 구하기 위해서는 근 근방의 수

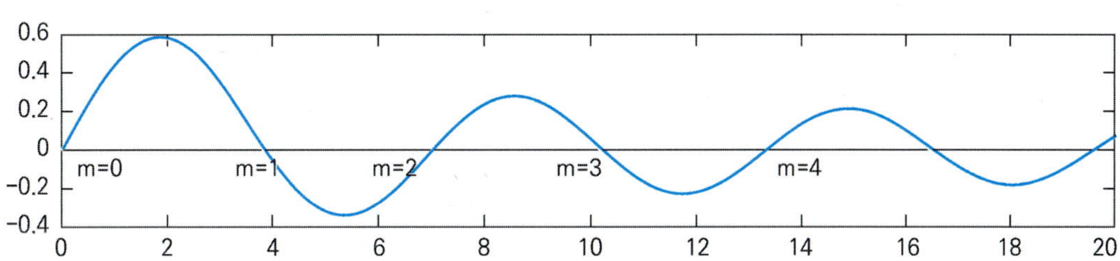

그림 4.1 Bessel function $J_1(x)$ 그래프

치가 필요하므로 이 값들은 그림 1에서 대충 읽은 값을 사용했다. 표 4.9에서 'root'는 해 근처의 값들을 저장하기 위한 변수로 사용되었다. 여기서 주의할 점으로 Matlab에서의 array는 1부터 시작하므로 표 4.9의 code 상에서 첫 번째 인덱스는 0이 아닌 1에서 시작한다.

표 4.2 α_{m0}을 구하기 위한 Matlab code

```
root=[0 4 7 10 13];
for i=1:5
    alphmn(1,i)= fzero(@(z) bessel(1, z), root(i))/pi
end
```

α_{mn}을 구하는 방법을 정리하면 다음과 같다.

1. $J_n'(x)$를 recurrence relation을 사용하여 $J_m(x)$ 치환한다.
2. 각각의 n에 대한 식 (4.63)의 그래프를 그려서 α_{mn}의 대략적인 위치를 파악한다.
3. α_{mn}의 대략적인 위치가 파악되면 수치해석, 여기서는 matlab을 통해 정확한 해를 구한다.

이와 같은 방법을 통해 구한 α_{mn}을 소개하면 다음 표와 같다.

표 4.3 α_{mn}

n \ m	0	1	2	3	4
0	0	1.2197	2.2331	3.2383	4.2411
1	0.5861	1.6971	2.7172	3.7261	4.7312
2	0.9722	2.1346	3.1734	4.1923	5.2036
3	1.3373	2.5513	3.6115	4.6428	5.6623
4	1.6926	2.9547	4.0368	5.0815	6.1103

다음으로 다룰 부분은 momentum eq.의 z방향이다. 식 (4.51)을 z로 미분하면

$$\frac{\partial}{\partial z}\{Z(z)\}=E\left(i\frac{\xi}{L}\right)e^{i\frac{\xi z}{L}}+F\left(-i\frac{\xi}{L}\right)e^{-i\frac{\xi z}{L}} \tag{4.71}$$

식 (4.71)에 B.C. 1 중 $z=0$일 때의 조건을 적용시키면

$$\frac{\partial}{\partial z}\{Z(0)\}=E\left(i\frac{\xi}{L}\right)+F\left(-i\frac{\xi}{L}\right)=0 \tag{4.72}$$

그러므로 $E=F$가 된다. 그리고 $z=L$일 때는

$$\frac{\partial}{\partial z}\{Z(L)\}=E\left(i\frac{\xi}{L}\right)e^{i\xi}+F\left(-i\frac{\xi}{L}\right)e^{-i\xi} \tag{4.73}$$

그리고 식 (4.72)에 의해 $E=F$이므로

$$\frac{\partial}{\partial z}\{Z(L)\}=E\left(i\frac{\xi}{L}\right)\{e^{i\xi}-e^{-i\xi}\} \tag{4.74}$$

식 (4.74)에서 지수함수항 만을 따로 쓰면

$$e^{i\xi}-e^{-i\xi}=\cos\xi+isin\ \xi-\{\cos(-\xi)+i\sin(-\xi)\}=2i\sin\xi \tag{4.75}$$

그러므로 식 (4.74)는

$$\frac{\partial}{\partial z}\{Z(L)\}=2E\left(\frac{\xi}{L}\right)\sin\xi=0 \tag{4.76}$$

이 된다. 따라서 식 (4.76)으로부터

$$\xi=\pi q,\quad q=0,\ 1,\ 2,\ \cdots \tag{4.77}$$

이 된다. 따라서 일반해 식 (4.51)은

$$\begin{aligned} Z(z)&=Ee^{i\frac{\xi z}{L}}+Fe^{-i\frac{\xi z}{L}}=E\left\{e^{i\frac{\xi z}{L}}+e^{-i\frac{\xi z}{L}}\right\}=2E\cos\left(\xi\frac{z}{L}\right) \\ &=2E\cos\left(\pi\frac{l}{L}z\right),\qquad l=1,\ 2,\ 3,\ \cdots \end{aligned} \tag{4.78}$$

식 (4.78)로서 z방향 압력섭동의 특수해가 된다. 식 (4.78)에서 L방향의 섭동주파수는 다음과 같이 구할 수 있다. 먼저 $z=\bar{a}t$이며 한 파장을 생각하면 $t=T$(여기서 T는 주기이다.) 이므로

$$\pi\frac{l}{L}\bar{a}T=2\pi \tag{4.79}$$

$$f_L = \frac{1}{T} \tag{4.80}$$

이므로

$$f_L = \frac{\bar{a}l}{2L} \tag{4.81}$$

이 된다.

마지막으로 circular frequency, f (rev/time)는 angular frequency ω (rad/time)와 다음과 같은 관계가 있다.

$$\omega = 2\pi f \quad \text{or} \quad f = \frac{\omega}{2\pi} \tag{4.82}$$

B.C. 3을 θ 방향의 압력섭동 방정식에 적용 시키면

$$\Theta(\theta) = \Theta(\theta + 2\pi k), \quad k = 1,\ 2,\ 3,\ \cdots \tag{4.83}$$

식 (4.49)에 식 (4.70), (4.77), (4.82)를 넣고 정리하면

$$\begin{aligned} \frac{\omega^2}{\bar{a}^2} &= \frac{\alpha^2}{R^2} + \frac{\xi^2}{L^2} \\ \frac{(2\pi f)^2}{\bar{a}^2} &= \frac{(\pi\alpha_{mn})^2}{R^2} + \frac{(\pi l)^2}{L^2} \end{aligned} \tag{4.84}$$

$$f = \frac{\bar{a}}{2}\sqrt{\left(\frac{\alpha_{mn}}{R}\right)^2 + \left(\frac{l}{L}\right)^2} \tag{4.85}$$

식 (4.85)는 0과 자연수 l, m, n의 함수이므로 f에 아래 첨자를 붙여 다음과 같이 쓸 수 있다.

$$f_{lmn} = \frac{\bar{a}}{2}\sqrt{\left(\frac{\alpha_{mn}}{R}\right)^2 + \left(\frac{l}{L}\right)^2} \tag{4.86}$$

식 (4.86)의 α_{mn}은 표 3.2에 수록되어 있다.

4.1.3. 8톤급 연소기 주파수 예측

지금까지 구한 해를 사용하여 다음과 같은 소형 연소기 내부의 주파수를 계산할 수 있다.

▷ 연소실 형상

길이: 342.64 mm, 반지름: 85.6 mm, 음속: 1222.9 m/sec

이에 따른 순수 longitudal mode의 주파수는 다음과 같이 예측된다.

표 4.4 Longitudal mode 주파수 예측(Hz)

1L	2L	3L	4L	5L
1784.5	3569.1	5353.6	7138.1	8922.6

또한 transversal mode의 주파수는 다음과 같다.

표 4.5 Transversal mode 주파수(Hz)

n \ m	0	1	2	3	4
0	0	8712	15,951	23,132	30,294
1	4186	12,122	19,409	26,616	33,796
2	6944	15,248	22,668	29,946	37,170
3	9552	18,224	25,797	33,164	40,447
4	12,091	21,106	28,835	36,298	43,646

그러므로 최소 transversal mode의 최소 주파수가 longitudal mode의 1L mode보다 약 2.5배 더 큰 것을 알 수 있다.

4.1.4. 연소시험 결과와 비교

다음과 같은 특성의 연소기가 주어졌을 때에 각 방향의 주파수를 구하면 표 3.5, 3.6과 같다.

▷ 연소기 규격

L(길이)=218.6 mm, R(반지름)=35 mm, a(음속)=460.3 m/sec, 연소압: 20 MPa

표 4.6 Transversal Acrostic Frequency, m: radial, n: tangential(Hz)

n \ m	0	1	2	3	4
0	0	8020	14,684	21,294	27,888
1	3854	11,159	17,867	24,502	31,111
2	6393	14,037	20,867	27,567	34,217
3	8794	16,777	23,748	30,530	37,234
4	11,130	19,429	26,545	33,415	40,179

표 4.7 Longitudal mode Acoustic Frequency(Hz)

1L	2L	3L	4L	5L
1052.8	2105.7	3158.5	4211.3	5264.2

다음 그림 4.2는 위 연소기 연소시험 결과이다. 그림은 실제 연소시험 중 동압센서의 응답 결과를 FFT를 사용하여 주파수 대역을 표시한 것이다. 1200 Hz 이상의 주파수는 크기가 매우 작아서 생략하였다. 그림에서 알 수 있듯이 먼저 amplitude spectrum이 최대 0.027 MPa로 연소압에 비해 매우 낮아 연소가 안정적으로 이루어졌다는 것을 알 수 있다. 또한 주파수 영역별로 살펴보면 표 3.5와 3.6에서 1200 Hz보다 낮은 주파수는 1L mode가 유일하며 1L mode에서의 고유주파수는 1052.8 Hz이다. 이 주파수를 실험결과와 비교하면 이 근방에서 amplitude는 0에 가까운, 음향학적으로 매우 안정된 연소기라는 것을 알 수 있다. 따라서 이 연소기는 전체적으로 안정된 연소가 이루어지면서 연소장과 기기가 음향학적으로 커플링이 이루어지지 않아서 매우 잘 설계된 연소기임을 알 수 있다.

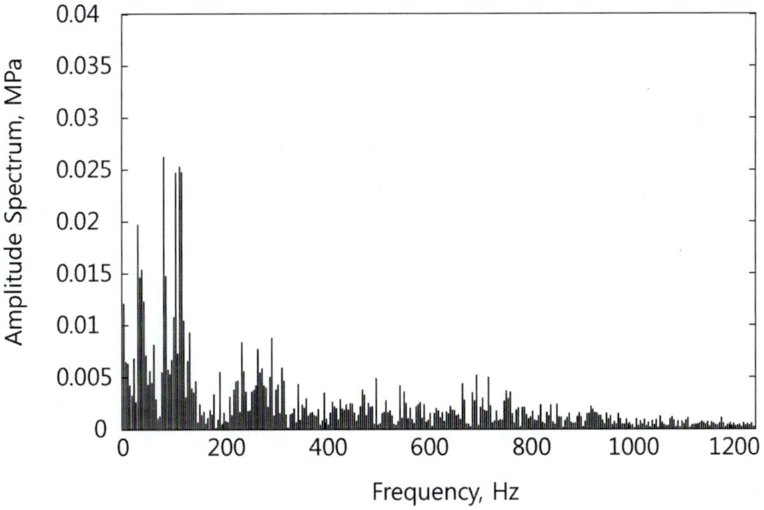

그림 4.2 예연소기 연소 시험 결과

4.2. 실린더 내부의 방향별 섭동 특성

4.1절에서는 연소실 내부를 실린더라 가정하고 내부의 acoustic wave를 고전적인 analytic method를 사용하여 구해보았다. 이 때 사용된 가정은 다음과 같다.

(1) 연소실 내부의 압력섭동은 매우 작아서 그 크기의 변화가 Sound wave의 압력변화 정도이다.

(2) 연소실 내부에서 시간과 공간에 따른 압력의 변화 역시 매우 작은 값을 갖는다.

이러한 가정을 바탕으로 해를 구하였으며 실린더 내부는 3차원 공간이므로 각 방향과 시간 항의 해는 다음과 같다.

$$T(t) = He^{i\omega t} + He^{-i\omega t} \tag{4.50}$$

$$Z(z) = 2E\cos\left(\frac{\pi lz}{L}\right) \tag{4.78}$$

$$\Theta(\theta) = Ce^{i\eta\theta} + De^{-i\eta\theta} \tag{4.52}$$

$$R(r) = AJ_n\left(\frac{\alpha r}{R}\right) \tag{4.64}$$

$$\lambda = \frac{\omega}{\bar{a}} = n, \quad \sigma = \frac{\alpha}{R}, \quad \phi = \frac{\xi}{L} \tag{4.48}$$

$$\frac{\omega^2}{\bar{a}^2} = \frac{\alpha^2}{R^2} + \frac{\xi^2}{L^2} \tag{4.49}$$

$$\omega = 2\pi f \tag{4.82}$$

$$f_{lmn} = \frac{\bar{a}}{2}\sqrt{\left(\frac{\alpha_{mn}}{R}\right)^2 + \left(\frac{l}{L}\right)^2}, \quad l,\ m,\ n = 0,\ 1,\ 2,\ \cdots \tag{4.86}$$

식 (4.50), (4.86), (4.52), (4.64)는 일반해에서 경계조건을 적용한 식이다. 그리고 식 (4.48)은 식 (4.50), (4.86), (4.52), (4.64)에 사용된 적분 상수들이며 이 상수들은 서로 식 (4.49), (4.82), (4.86)과 같은 관계가 성립한다. 식 (4.86)의 α_{mn}은 $J_n\left(\alpha\frac{r}{R}\right) = 0$의 m번째 해를 나타낸다.

이상과 같이 지금까지는 연소실의 형상이 주어지고 내부 연소가스의 특성이 결정되었을 때 각 방향의 주파수를 구하였다. 앞으로는 각 방향의 압력섭동이 어떠한 형태로 발생하는지를 알아보고자 한다.

4.2.1. 실린더 내부의 압력 섭동

식 (4.86)은 각각이 서로 다른 방향에 독립적이며 모든 0과 자유수 l, m, n에 대하여 연소실 내부의 변화 $p'(t,\ r,\ \theta,\ z)$를 만족시키므로 $p'(t,\ r,\ \theta,\ z)$는 다음과 같이 쓸 수 있다.

$$p'(r,\ \theta,\ z,\ t) = \sum_{l,m.n}^{\infty} AJ_n\left(\frac{\pi\alpha_{mn}r}{R}\right)\{C\,e^{\in\theta} + De^{\in\theta})\ \cos\left(\frac{\pi lz}{L}\right)(\geq^{\ i\omega t} + He^{-i\omega t}) \tag{4.87}$$

음압(acoustic pressure)을 나타내는 식 (4.87)에서 실제 압력은 실수로서 나타나므로 식 (4.87)을 다시 쓰면 다음과 같다.

$$p'(r,\ \theta\ ,z,\ t) = \sum_{l,m.n}^{\infty} J_n\left(\frac{\pi\alpha_{mn}r}{R}\right)\cos\left(\frac{\pi lz}{L}\right)(\overline{A}cos\ n\theta\ \cos\ \omega t$$

$$+\overline{B}\cos\ n\theta\ \sin\ \omega t + \overline{C}\sin\ n\theta\ \cos\ \omega t + \overline{D}\sin\ n\theta\ \sin\ \omega t) \qquad (4.88)$$

식 (4.88)에서 $\overline{A}$, $\overline{B}$, $\overline{C}$, $\overline{D}$는 식 (4.87)의 상수 A, B, C, D에서 기인한 것으로 모두 실수다. 편의상 이들 상수를 다음과 같이 식 (4.89)로 표현하면 식 (4.88)은 식 (4.89)와 같아진다.

$$\overline{A} = M\cos\ \delta_1 + N\cos\ \delta_2 \qquad (4.89.a)$$

$$\overline{B} = M\sin\ \delta_1 - N\sin\ \delta_2 \qquad (4.89.b)$$

$$\overline{C} = M\sin\ \delta_1 + N\sin\ \delta_2 \qquad (4.89.c)$$

$$\overline{D} = -M\cos\ \delta_1 + N\cos\ \delta_2 \qquad (4.89.d)$$

$$p'(r,\ \theta,\ z,\ t)$$
$$= \sum_{l,m.n}^{\infty} J_n\left(\frac{\pi\alpha_{mn}r}{R}\right)\cos\left(\frac{\pi lz}{L}\right)\{M\cos\ (n\theta + \omega t - \delta_1) + N\cos\ (n\theta - \omega t - \delta_2)\} \qquad (4.90)$$

4.2.2. Tangential Wave

식 (4.90)을 살펴보면 시간과 공간에 따른 섭동압력은 베셀함수로 나타나는 r방향의 섭동, cosine함수로 나타나는 축방향 섭동 그리고 시간에 따라서 반대방향으로 회전하는 2개의 tangential 섭동으로 구성되어 있는 것을 알 수 있다. 여기서 M과 N은 임의의 진폭이며 δ_1과 δ_2는 임의의 phase angle이다. 식 (4.90)을 자세히 살펴보면 tangential 방향의 섭동만이 유일하게 시간 항을 포함하고 있는 것을 알 수 있다. 다음의 식 (4.91)은 식 (4.90)에서 tangential 방향만을 분리한 것이다. 시간항이 tangential 방향과 coupling된 것은 축방향과 반경방향의 섭동에는 경계면이 존재하기 때문에 경계조건에 의해 standing wave(시간에 따라 변하지 않는)만이 가능하기 때문이다[2]. 반면에 θ방향으로는 이 방향의 움직임을 제한하는 물리적인 경계면이 존재하지 않으므로 시간에 따라 움직임에 제한이 없는 파동이 생길 수 있다.

$$F_{\theta,t}(\theta,\ t) = M\cos\ (n\theta + \omega t - \delta_1) + N\cos\ (n\theta - \omega t - \delta_2) \qquad (4.91)$$

그럼에도 불구하고 tangential 방향의 움직임은 standing wave와 traveling wave로 나눌 수 있는데 이는 식 (4.91)의 M, N, δ_1, δ_2에 의해서 결정된다. 먼저 그림 4.3은 $n=1$인 경우 M과 N이 1 그리고 δ_1과 δ_2가 0으로 동일할 때이다. 그림에서 알 수 있듯이 $n=1$이므로 압력은 가장 단순한 형태인 원으로 나타난다. 또한 M과 N이 동일하므로 압력을 나타내는 원의 형상이 어떠한 두 점에 고정되어 상하 운동을 하는 모습만 볼 수 있다. 이 두 개의 고정점을 node와 anti-node라 하며 이때 두 고정점 즉, node와 anti-node가 움직이지 않기 때문에 이러한 압력 형상을 standing wave라 한다. M과 N은 식 (4.91)에서 알 수 있듯이 cosine 함수의 진폭을 나타내므로 그림 4.3에서 압력섭동이 변화하는 최대 진폭을 결정하고 δ_1, δ_2는 node의 위치를 결정한다. 그림 4.3에서 모든 시간에 대해서 node와 anti-node에서 압력 섭동값은 0이므로, 식 (4.91)으로부터 t와 관계된 시간항을 0으로 잡으면 식 (4.91)은 다음과 같이 간단해진다.

$$F_{\theta,t}(\theta) = \cos\ (\theta - \delta_1) + \cos\ (\theta - \delta_2) \tag{4.92}$$

식 (4.92)를 삼각함수 공식을 사용하여 간단히 하면 식 (4.93)을 얻을 수 있으며

$$F_{\theta,t}(\theta,\ t) = \frac{1}{2}\left\{\cos\left(\theta - \frac{\delta_1 + \delta_2}{2}\right)\cos\left(\frac{\delta_2 - \delta_1}{2}\right)\right\} \tag{4.93}$$

따라서 식 (4.93)로부터 노드의 위치는

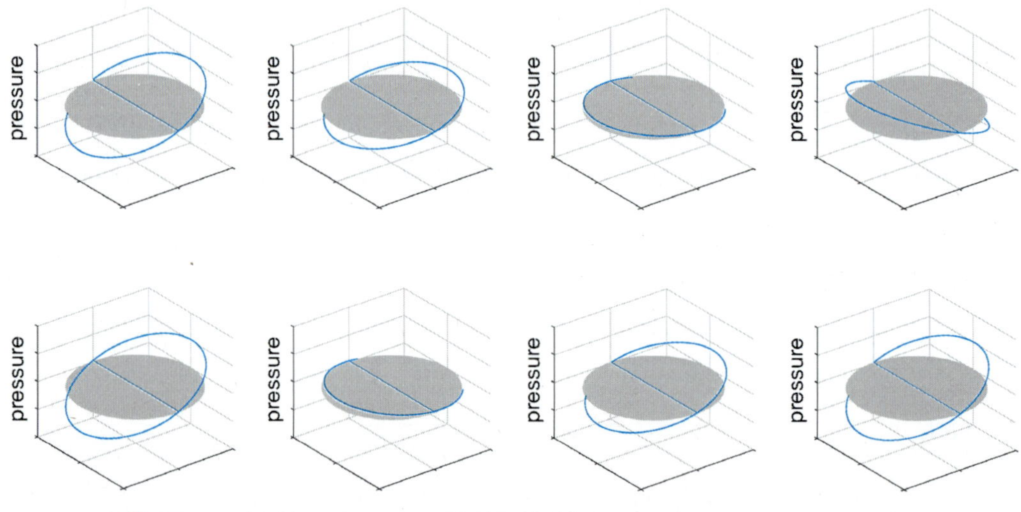

그림 4.3 n=1, M=N=1, $\delta_1 = \delta_2 = 0$이 경우 압력섭동. M=N이므로 standing wave이다.

$$\theta_{node} = \left(\frac{\pi}{2} + \frac{\delta_1 + \delta_2}{2}\right), \quad \theta_{anode} = \left(\frac{3\pi}{2} + \frac{\delta_1 + \delta_2}{2}\right) \tag{4.94}$$

가 된다. 그러므로 $n=1$, $\delta_1 = \delta_2 = 0$인 경우에는 90도와 270도가 node와 anti-node가 된다.

그림 4.4는 그림 4.3의 $\theta=0°$, $90°$ 즉, node와 압력섭동의 최대변화점에서 시간에 따른 압력의 변화를 보여준다. 그림 4.3(a)에서 좌표가 $(0,\ -1)$, $(0,\ 1)$인 최대압력섭동 지점에서는 M항과 N항의 보강간섭이 일어나 총 ±2 만큼 변화한다는 것을 알 수 있다. 그리고 M항과 N항의 그래프가 완벽히 일치하므로 그림에서는 마치 하나의 그래프처럼 보인다.

그림 4.4(b)는 $x=\pm 1$, $y=0$ 즉, $\theta=90°$인 node에서의 움직임이다. 이때도 M항과 N항의 크기는 같으나 위상이 서로 반대이므로 상쇄간섭이 일어나 전체 압력은 0임을 알 수 있다. 따라서 이 지점에서 압력 변동은 0이다.

그림 4.5는 M과 N은 동일하고 $\delta_1 = 90°$과 $\delta_2 = 45°$일 때의 경우를 보여준다. M과 N이 같기 때문에 전체적인 움직임은 그림 4.3과 유사하나 압력이 0이 되는 node의 위치가 90°, 270°에서 202.5°, 337.5°로 바뀐 것을 알 수 있다.

반면에 $M \neq 0$, $N \neq 0$이면서 $M \neq N$일 경우에는 그림 4.5에 나타난 바와 같이 압력이 회전하는 것처럼 보인다. 실제로 압력이 0이 되는 노드를 따라 움직이는 회전운동과 z축을

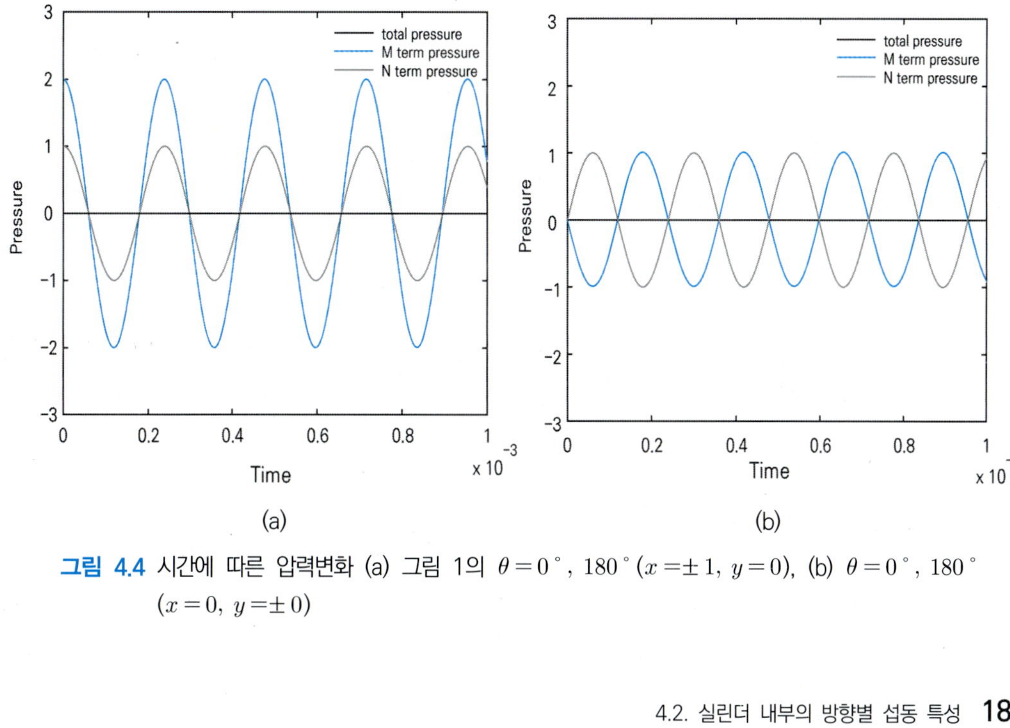

그림 4.4 시간에 따른 압력변화 (a) 그림 1의 $\theta=0°$, $180°$ $(x=\pm 1,\ y=0)$, (b) $\theta=0°$, $180°$ $(x=0,\ y=\pm 0)$

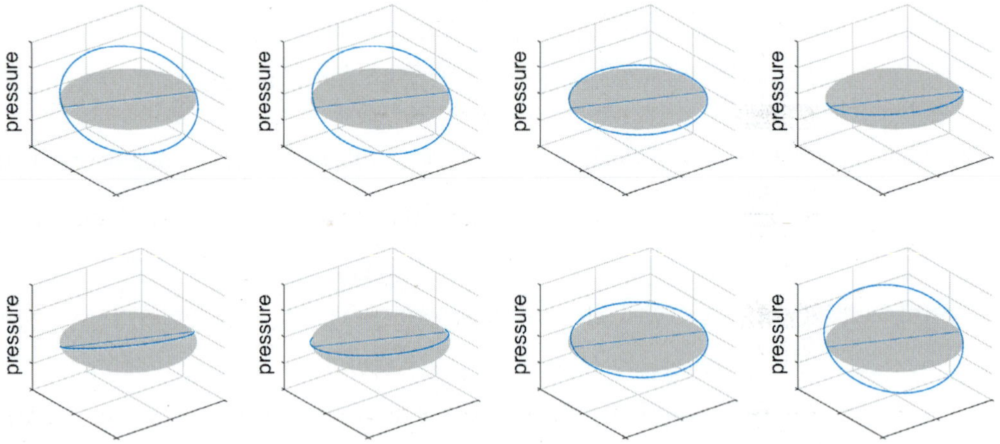

그림 4.5 n=1, M=N, $\delta_1 = 90^\circ$과 $\delta_2 = 45^\circ$인 경우 tangential 방향의 압력섭동. 그림에서 node와 anti-node의 위치가 그림 4.3과 비교하여 90도 회전 이동한 것을 알 수 있다.

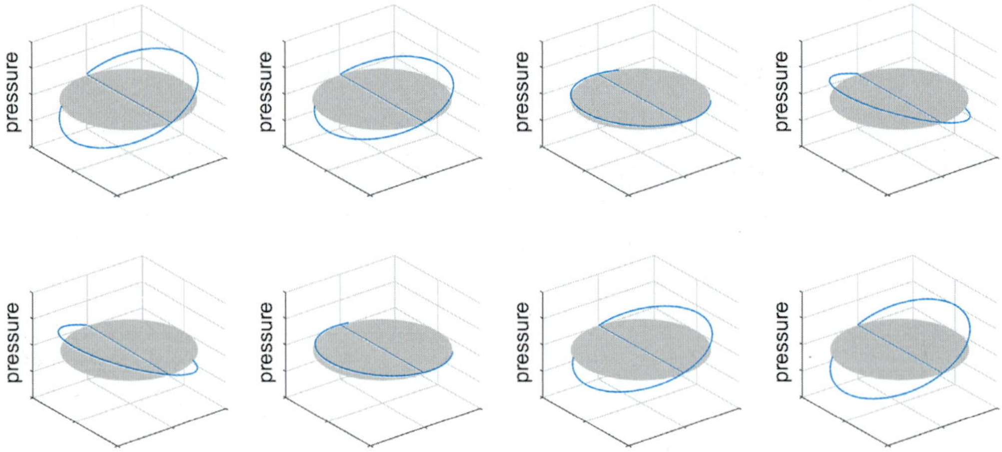

그림 4.6 n=1일 경우에도, $M \neq N$면. 두 가지 움직임이 복합적으로 나타나므로 node와 anti-node가 회전하게 된다.

중심으로 회전하는 운동이 동시에 일어난다.

그림 4.7은 M과 N이 다르며 δ_1과 δ_2가 동일한 경우이므로 그림 4.4와 비교하기 위해서 그림 4.7에 각도가 0인 지점과 각도가 90인 지점에서의 압력을 시간에 대한 변화를 나타내었다. 그림 4.7을 보면 $\theta = 0^\circ$인 지점 (a)에서는 비록 두 파동의 진폭은 다르나 서로 보강간섭이 일어나 전제적인 압력섭동은 커지며 (b)에서는 서로 상호간섭이 일어나나 두 파장의 진폭이 다르기 때문에 그 합이 0이 아님을 알 수 있다.

특별한 경우로 식 (4.90)에서 M 혹은 N 둘 중 하나가 0이면 압력은 순수하게 tangential

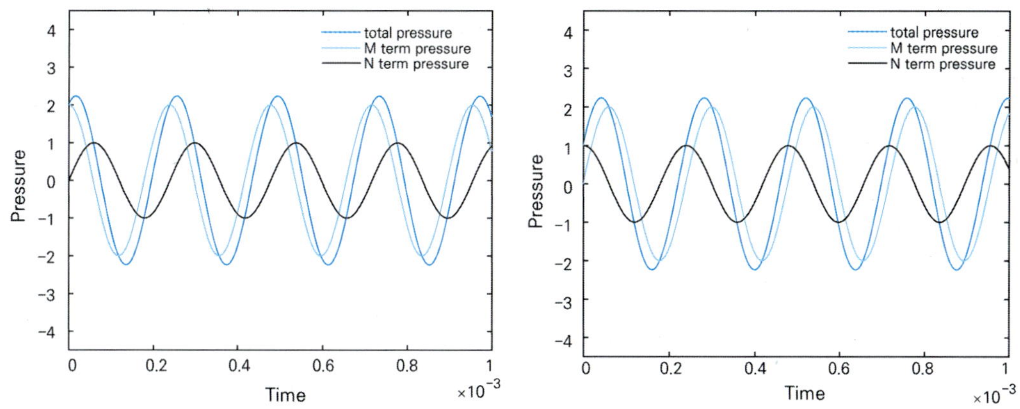

(a) (b)

그림 4.7 시간에 따른 압력변화 (a) 그림 4의 $\theta=0^\circ$, 180° (b) $\theta=90^\circ$, 270°

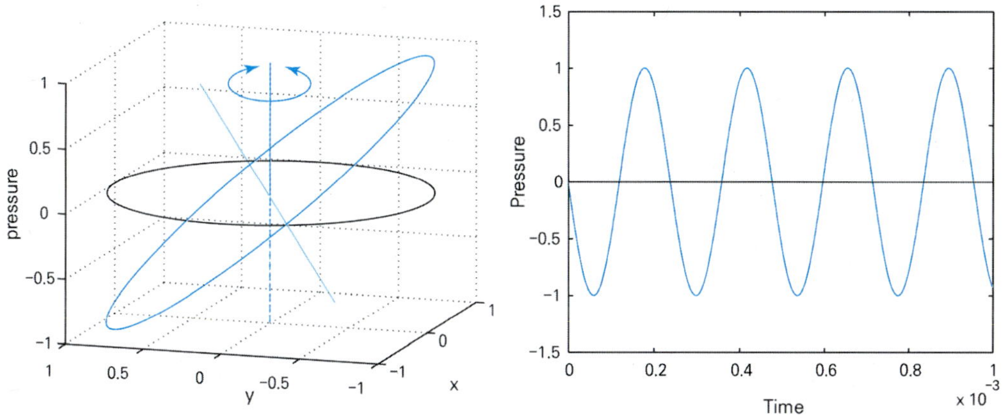

(a) (b)

그림 4.8 Pure travailing wave

방향의 travelling wave만 나타난다. 그러므로 전제적인 압력의 변화는 그림 4.8(a)에 anti-node 지점에서의 변화는 그림 4.8(b)와 같다. 그리고 당연히 모든 점에서 압력의 변화는 그림 4.8(b)와 같다.

식 (4.87)에서 n이 2 이상이면 압력파동이 원형이 아닌 sine wave처럼 나타난다. 다음 그림 4.9와 4.10은 n=4일 때 standing wave와 travelling wave를 보여준다. Standing wave는 $M=N$일 경우로 시간에 의한 변화와 공간에 의한 변화가 서로 간섭하여 파동이 마치 제자리에서 크기만 변화하는 것처럼 보인다. 그리고 Travelling wave는 $M\neq N$일 때로 시간에 대한 변화와 공간에 대한 변화가 그대로 드러나 파동이 원을 그리며 돌게 된다.

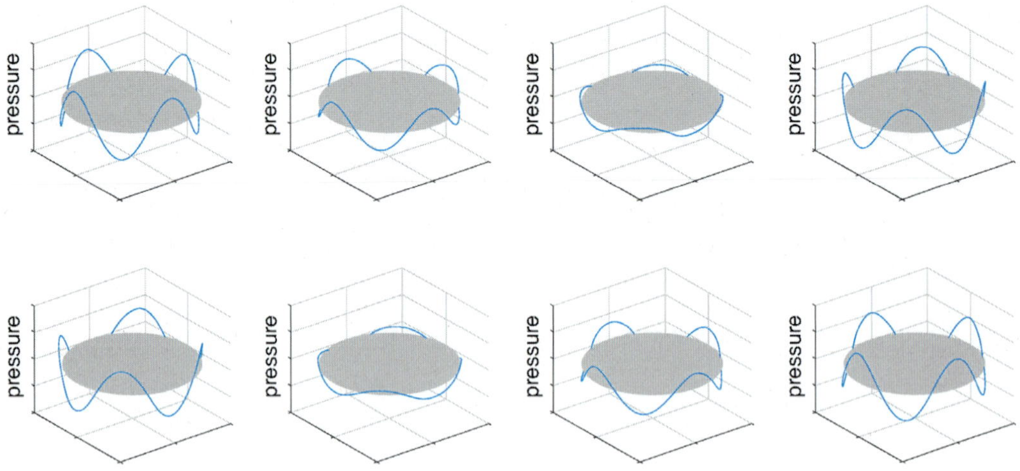

그림 4.9 Standing wave, $M = N$, n=4

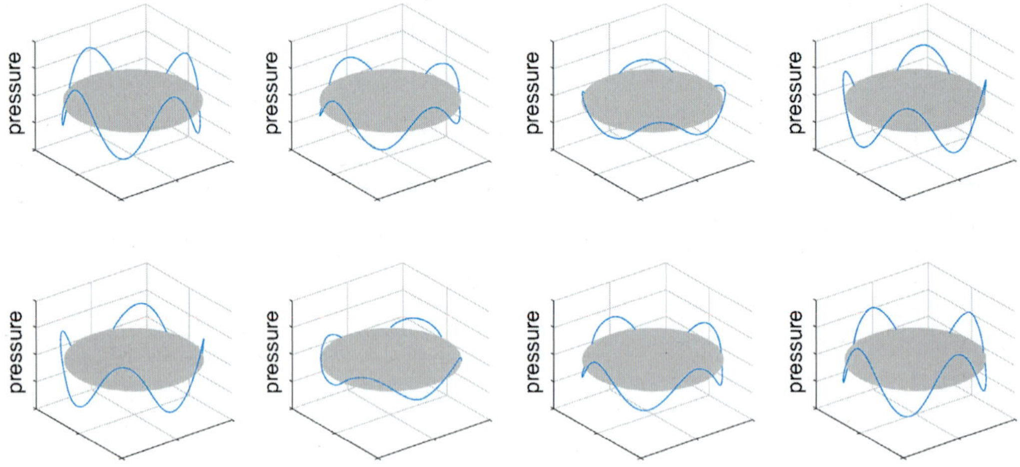

그림 4.10 Travelling wave, $M \neq N$, n=4

다음은 tagential wave의 구하는 matlab 파일이다. 파리미터를 바꿔가며 위의 그림을 실제로 그려보도록 하자. 애니메이션은 nt 값만큼 작동하므로 중간에 끝내기 위해서는 ctrl-c를 눌러야 한다.

```
% This program shows tangential waves in a combustion chamber

% variables
%
% T: total time
```

```
% nt: time point
% M, N coeff. of Eq. (4.87)
% n: mode of Bessel function Jn

clear all
close all

% ------------------------------------------------------------------
% alpha mn
% ------------------------------------------------------------------

 al=[ 0 1.2197 2.2331 3.2383 4.2411; ...
 0.5861 1.6971 2.7172 3.7261 4.7312; ...
 0.9722 2.1346 3.1734 4.1923 5.2036; ...
 1.3373 2.5513 3.6115 4.6428 5.6623; ...
 1.6926 2.9547 4.0368 5.0815 6.1103; ...
 2.0422 3.3486 4.4523 5.5108 6.5494];

% 연소기 크기
a=1200;   % m/sec
L=340e-3;   % m
R=86e-3;  % m

for i=1: 5
 for j=1: 5
  f(i,j)=a/2 * al(i,j)/ R;
 end
end

T=0.001; % sec
nt=2000; % time point
nr=10;   % number point of r direction

% n=1, l=0, m=0 mode
% frequency = f(1,0)

% if M=N standing wave
% if M<>N traveling wave
M=2;
N=2;

m=2;
n=1;
```

```
R=1;
r=1;

omega=f(n+1,1)*2*pi;    % Index starts from 1 not 0
period=2*pi/omega;

% temporal phase shift
delta1=2*pi/n;
delta2=delta1;

% or spatial phase shift

% draw a base circle
for i=1:361
 theta(i)=(i-1)/180*pi;
 x(i)=cos(theta(i));
 y(i)=sin(theta(i));
 zero(i)=0;
end

% end of draw a base circle

% calc. pressure perturbation

for j=1: nt
 dt= T/(nt-1);
 t=dt*(j-1);
 tt(j)=t;

 for i=1: 361
  theta(i)=(i-1)/180*pi;
  pT(j,i)=( M*cos(n*theta(i)+omega*t - delta1)+N*cos(n*theta(i)-omega*t -
delta2));
  c1(j,i)=M*cos(n*theta(i)+omega*t - delta1);
  c2(j,i)=N*cos(n*theta(i)-omega*t - delta2);
 end;
end

figure(1)
plot(tt, pT(:,91), tt, c1(:,91), tt, c2(:,91));
axis([tt(1) tt(nt) -(M+N)*1.5 (M+N)*1.5])
xlabel('Time');
ylabel('Pressure');
legend ('total pressure', 'M term pressure', 'N term pressure')
figure(3)
```

```
plot(tt, pT(:,1), tt, c1(:,1), tt, c2(:,1));
axis([tt(1) tt(nt) -(M+N)*1.5 (M+N)*1.5])
xlabel('Time');
ylabel('Pressure');
legend ('total pressure', 'M term pressure', 'N term pressure')
figure (2)
plot3(x, y, zero, 'Color', 'k');
axis([-1 1 -1 1 -(M+N)*2 (M+N)*2]);
xlabel('x');
ylabel('y');
zlabel('pressure');
grid on
hold

h1=plot3(x, y, pT(1,:));
%set(h1, 'EraseMode','xor','MarkerSize',18)

set(h1, 'EraseMode','xor')

for j=1:nt
 pause (.001);
 drawnow
 set(h1, 'XData', x, 'Ydata', y, 'ZData', pT(j,:), 'LineWidth', 1)
end
```

4.2.3. Radial Wave와 longitudal wave

식 (4.88)에서 반경방향의 파동은 베셀함수로 표현된다. 이를 다른 방향과 분리하면 식 (4.88)과 같다. 4.2.1절에서 설명한 바와 같이 반경방향의 압력섭동은 시간에 대해 독립적으로 생각할 수 있으므로 tangential wave에 비해 간단하게 표현된다. 그림 4.11은 반경방향으로 작용하는 wave를 보여준다. 그림에서 각 그래프에 해당하는 숫자는 식 (4.95)의 m, 즉 Bessel 함수의 m번째 해이다.

$$F'(r) = J_n\left(\frac{\pi\alpha_{mn}r}{R}\right) \tag{4.95}$$

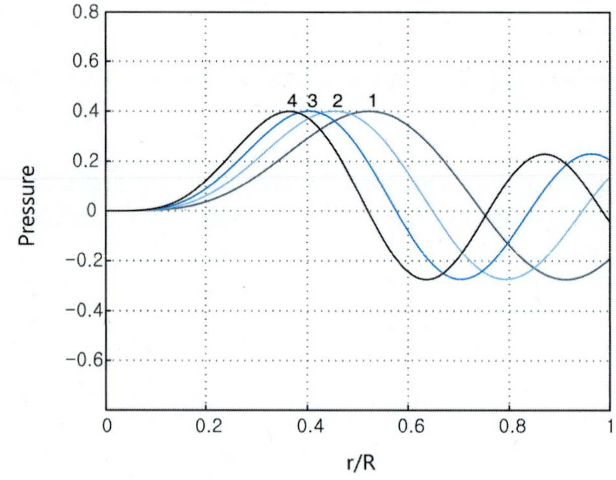

그림 4.11 n=4일 경우 반경방향의 파동, R은 연소실 반경, r은 좌표, 그래프 위의 숫자는 Bessel 함수의 m번째 해를 의미한다.

축방향의 압력은 단순히 코사인 함수의 하모닉 웨이브로서 나타난다.

$$F'(\theta) = \cos\left(\frac{\pi l z}{L}\right) \tag{4.96}$$

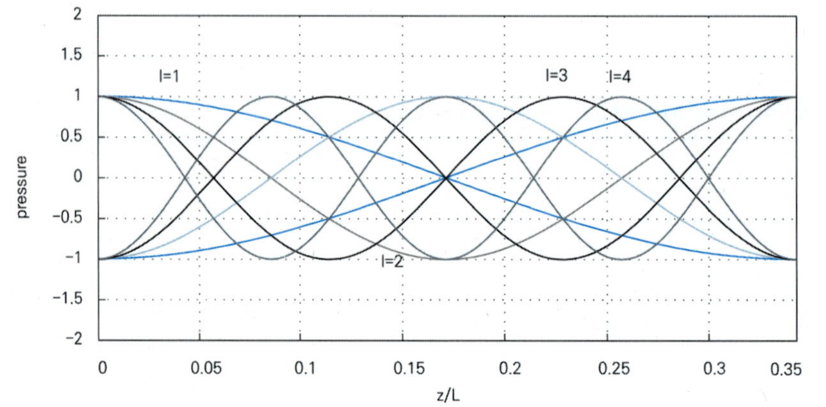

그림 4.12 축방향 파동, L은 연소실의 길이, z는 좌표이다.

05 특성방정식과 Compatibility Equation for Steady 2D Irrotational Supersonic Flow

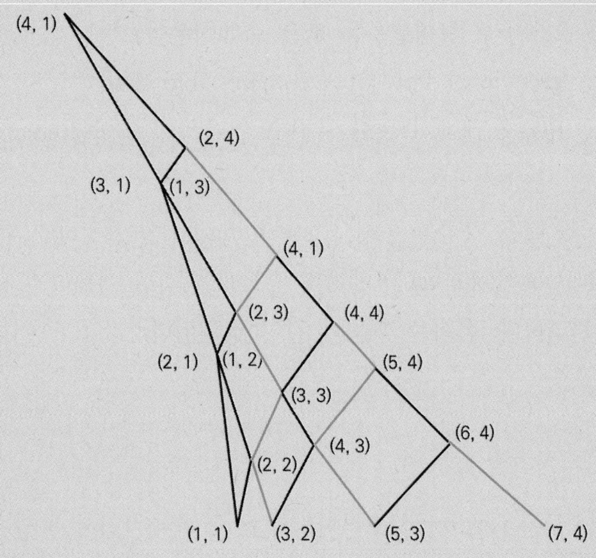

특성곡선이론은 1차 편미분 방정식 중 쌍곡선(hyperbola) 문제를 풀기위해서 1903년 프랑스의 Jacques Salomon Hadamard와 1932년 이탈리아의 Tulliol Levi-Civita에 의해 고안되었다. 이후 Ludwig Prandtl과 Adolf Busemann이 처음으로 이 특성곡선법(method of characteristics)을 2차원 초음속 유체에 적용하였고 이 결과를 1929년 Stodola Festschrigtsh논문에 발표하였다[1]. 특성곡선법을 적용하면 1차 편미분 방정식이 1차 상미분 방정식으로 치환된다. 치환된 상미분 방정식은 원래식인 편미분 방정식보다 쉽게 해를 구할 수 있기 때문에 편미분 방정식의 풀이법으로 매우 유용한 방법이다. 일단 상미분 방정식의 해가 구해지면 특성곡선을 따라 편미분 방정식의 해로 변환이 가능하다.

이 장에서는 2차원 irrotational 유동을 설명하기 위해 Navier-Stoke equation을 직접 풀기 보다는 N-S 방정식으로부터 먼저 특성곡선 방정식으로 유도하고 특성곡선 방정식의 해를 구하고자 한다. 또한 유도된 특성방정식을 초음속 노즐에 적용하여 노즐 내부의 유동장을 해석하는 기초방법을 연구하도록 하겠다.

5.1. Governing Equations

2차원 유동현상을 설명하기 위해 먼저 다음과 같이 유동장을 가정하였다.

① 2차원 유동(평면운동 혹은 축대칭운동)

② Irrotational flow of a compressible fluid

③ 유동장 내에서 변화가 작고 완만하게 일어남(adiabatic and reversible)

이와 같은 가정을 통해서 governing eq.을 설정하면 다음과 같다. 먼저 ③의 가정으로 인해 Navier Stoke eq.의 에너지 방정식을 직접 이용하기 보다는 음속방정식을 사용하는 것이 더 편리하다. 음속은 다음과 같이 정의된다.

$$a^2 = \left(\frac{\partial p}{\partial \rho}\right)_s \tag{5.1}$$

식 (5.1)은 isentropic 조건이므로 reversible이면서 동시에 adiabatic이다. 따라서 어느 흐름에서 그 변화가 매우 작고 완만하게 일어나는 경우이므로 식 (5.1)을 식 (5.2)와 같이 쓸 수 있으며 결국 식 (5.3), (5.4)와 같은 미분방정식으로 나타낼 수 있다[1].

$$a^2 = \frac{dp}{d\rho} \tag{5.2}$$

$$dp = a^2 d\rho \tag{5.3}$$

$$\frac{Dp}{Dt} = a^2 \frac{D\rho}{Dt} \tag{5.4}$$

그리고 연속방정식으로부터

$$\frac{\partial \rho}{\partial t} + \nabla \cdot (\rho \mathbf{v}) = 0 \tag{5.5}$$

$$\frac{\partial \rho}{\partial t} + \mathbf{v} \cdot \nabla \rho + \rho \nabla \cdot \mathbf{v} = 0 \tag{5.6}$$

$$\frac{D\rho}{Dt} + \rho \nabla \cdot \mathbf{v} = 0 \tag{5.7}$$

식 (5.4)를 식 (5.7)에 넣으면

$$\frac{Dp}{Dt} + a^2 \rho \nabla \cdot \mathbf{v} = 0 \tag{5.8}$$

유동이 정상상태일 경우, $\frac{\partial}{\partial t} = 0$이므로 식 (5.8)은 식 (5.9)와 같이 쓸 수 있다.

$$(\mathbf{v} \cdot \nabla) p + a^2 \rho \nabla \cdot \mathbf{v} = 0 \tag{5.9}$$

Momentum eq.은, body force와 외력이 없을 경우 다음 식 (5.10)처럼 간단하게 쓸 수 있다.

$$\rho \frac{D\mathbf{v}}{Dt} + \nabla p = 0 \tag{5.10}$$

다시 한 번 정상상태를 가정하면

$$\rho (\mathbf{v} \cdot \nabla) \mathbf{v} + \nabla p = 0 \tag{5.11}$$

벡터 연산에서 다음 식 (5.12)가 항상 성립한다.

$$(\mathbf{v} \cdot \nabla) \mathbf{v} = \nabla \left(\frac{\mathrm{v}^2}{2} \right) - \mathbf{v} \times (\nabla \times \mathbf{v}) \tag{5.12}$$

그리고 irrotational flow일 경우에는 $\nabla \times \mathbf{v} = 0$이므로, 식 (5.12)에 irrotation 조건을 적용하면 다음과 같이 간단해진다.

$$(\mathbf{v} \cdot \nabla)\mathbf{v} = \nabla\left(\frac{\mathbf{v}^2}{2}\right) \tag{5.13}$$

식 (5.13)을 식 (5.11)에 대입하면 식 (5.14)와 같이 된다.

$$\nabla p + \rho \nabla\left(\frac{\mathbf{v}^2}{2}\right) = 0 \tag{5.14}$$

그리고 식 (5.14)에 속도의 스칼라 적을 해주면

$$(\mathbf{v} \cdot \nabla)p + \rho(\mathbf{v} \cdot \nabla)\left(\frac{\mathbf{v}^2}{2}\right) = 0 \tag{5.15}$$

이 되며, 식 (5.15)에서 첫 번째 항인 $(\mathbf{v} \cdot \nabla)p$를 식 (5.9)를 사용해서 다시 쓰면

$$-a^2 \rho \nabla \cdot \mathbf{v} + \rho(\mathbf{v} \cdot \nabla)\left(\frac{\mathbf{v}^2}{2}\right) = 0 \tag{5.16}$$

식 (5.16)이 된다. 이를 정리하면 다음과 같다.

$$(\mathbf{v} \cdot \nabla)\left(\frac{\mathbf{v}^2}{2}\right) - a^2 \nabla \cdot \mathbf{v} = 0 \tag{5.17}$$

식 (5.17)은 벡터형식이므로 이를 2차원 평면좌표계에 적용하면 다음과 같다.

$$\left(u\frac{\partial}{\partial x} + v\frac{\partial}{\partial y}\right)\left(\frac{\mathbf{v}^2}{2}\right) - a^2\left(\frac{\partial u}{\partial x} + \frac{\partial v}{\partial y}\right) = 0 \tag{5.18}$$

$$u^2\frac{\partial u}{\partial x} + uv\frac{\partial u}{\partial y} + uv\frac{\partial v}{\partial x} + v^2\frac{\partial v}{\partial y} - a^2\left(\frac{\partial u}{\partial x} + \frac{\partial v}{\partial y}\right) = 0 \tag{5.19}$$

$$(u^2 - a^2)\frac{\partial u}{\partial x} + (v^2 - a^2)\frac{\partial v}{\partial y} + uv\frac{\partial u}{\partial y} + uv\frac{\partial v}{\partial x} = 0 \tag{5.20}$$

평면좌표계에서 $\nabla \times \mathbf{v}$는 다음과 같다.

$$\nabla \times \mathbf{v} = \begin{vmatrix} \boldsymbol{i} & \boldsymbol{j} & \boldsymbol{k} \\ \dfrac{\partial}{\partial x} & \dfrac{\partial}{\partial y} & \dfrac{\partial}{\partial z} \\ u & v & w \end{vmatrix} = v_x - u_y = 0 \tag{5.21}$$

여기서 아래첨자는 해당 변수의 편미분을 나타내는 것으로, $v_x = \dfrac{\partial v}{\partial x}$, $u_y = \dfrac{\partial u}{\partial y}$이다. 식 (5.21)에 의해 irrotational flow에서, $v_x = u_y$이므로 이를 식 (5.20)에 대입하면 식 (5.22)처럼 쓸 수 있다.

$$(u^2 - a^2)u_x + (v^2 - a^2)v_y + 2uvu_y = 0 \tag{5.22}$$

식 (5.22)는 cartesian 좌표에서의 식이며 cylindrical 좌표계에서는 식 (5.23)과 같이 변화한다.

$$(u^2 - a^2)u_x + (v^2 - a^2)v_r + 2uvu_r - \frac{a^2 v}{r} = 0 \tag{5.23}$$

여기서 u는 x, 축방향의 속도이고 v는 r, 반경방향의 속도이다. 식 (5.22)와 (5.23)은 다음과 같이 하나의 식으로 표현할 수 있다.

$$(u^2 - a^2)u_x + (v^2 - a^2)v_y + 2uvu_y - \delta\frac{a^2 v}{y} = 0 \tag{5.24}$$

여기서 직교좌표계일 경우에는 $\delta = 0$, cylindrical 좌표계에서는 $\delta = 1$이며 x좌표는 축방향을 y좌표는 r방향을 의미한다. 이러한 표현법은 앞으로 일관성 있게 사용될 것이다. 또한 irrotational flow이므로, cylindrical 좌표계에서의 $\nabla \times \mathbf{v}$ 는 다음과 같다.

$$\nabla \times \mathbf{v} = \frac{1}{r}\begin{vmatrix} \widehat{r_o} & r\widehat{\varphi_o} & \boldsymbol{k} \\ \dfrac{\partial}{\partial r} & \dfrac{\partial}{\partial \varphi} & \dfrac{\partial}{\partial z} \\ v & 0 & u \end{vmatrix} = \widehat{\varphi_o}\left(\frac{\partial u}{\partial r} - \frac{\partial v}{\partial z}\right) = 0 \tag{5.25}$$

식 (5.25)에서 축방향을 x로 재정의하면 식 (5.26)과 같아진다.

$$\nabla \times \mathbf{v} = u_r - v_x = 0 \tag{5.26}$$

이상과 같이 irrotational 2차원 유동의 governing eq.을 정리하면 다음과 같다.

음속

$$\frac{Dp}{Dt} = a^2 \frac{D\rho}{Dt} \tag{5.4}$$

Continuum Eq.

$$(\mathbf{v} \cdot \nabla)p + a^2 \rho \nabla \cdot \mathbf{v} = 0 \tag{5.9}$$

Momentum Eq.

$$(u^2 - a^2)u_x + (v^2 - a^2)v_y + 2uvu_y - \delta \frac{a^2 v}{y} = 0 \tag{5.24}$$

Irrotational Condition

$$\nabla \times \mathbf{v} = u_r - v_x = 0 \tag{5.26}$$

5.2. 특성 곡선 방정식(Characteristic Equations)

특성곡선 방정식은 운동량 방정식과 irrotation 조건을 사용하여 유도한다. 주어진 조건 내에서 각 좌표 $(x,\ r)$에 대한 속도성분 u와 v를 구하기 위해 먼저 식 (5.24)와 (5.26)을 선형화시킨다. 즉, 식 (5.24)를 L_1, 식 (5.26)을 L_2라 할 때 다음과 같은 선형화가 가능하다.

$$L = \sigma_1 L_1 + \sigma_2 L_2 = 0 \tag{5.27}$$

여기서 σ_1, σ_2는 $(x,\ y,\ u,\ v)$의 함수 혹은 weighting factor이다. 식 (5.27)에 식 (5.24)와

식 (5.26)을 대입하여 전개하면 다음과 같다.

$$\sigma_1\left\{(u^2-a^2)u_x+(v^2-a^2)v_y+2uvu_y-\delta\frac{a^2v}{y}\right\}+\sigma_2(u_y-v_x)=0 \tag{5.28}$$

이를 u_x, u_y, v_x, v_y에 대해 정리하면,

$$\left[\left\{\sigma_1(u^2-a^2)\right\}u_x+\left\{2\sigma_1uv+\sigma_2\right\}u_y\right]+\left[(-\sigma_2)v_x+\left\{\sigma_1(v^2-a^2)\right\}\right]v_y-\frac{\sigma_1\delta a^2v}{y}=0 \tag{5.29}$$

Characteristics eq.을 구하기 위해 첫 번째 대괄호 안에 있는 u_x의 계수와 두 번째 대괄호 안에 있는 v_x의 계수로 묶으면 다음과 같은 식을 얻을 수 있다.

$$\left\{\sigma_1(u^2-a^2)\right\}\left[u_x+\frac{2\sigma_1uv+\sigma_2}{\sigma_1(u^2-a^2)}u_y\right]+(-\sigma_2)\left[v_x+\frac{\sigma_1(v^2-a^2)}{-\sigma_2}v_y\right]-\frac{\sigma_1\delta a^2v}{y}=0 \tag{5.30}$$

식 (5.30)을 특성방정식(characteristic eq.)이라 한다. 여기서 u와 v는 x와 y의 함수로 즉 $u=u(x,\ y)$, $v=v(x,\ y)$이다. Isentropic 가정이 있으므로 u와 v는 매우 천천히 변화한다. 따라서 u와 v는 $(x,\ y)$의 연속함수이며 좌극한값과 우극한값이 같고 결국 미분 가능이다. 그러므로 각각 x에 대해 전미분을 구하면

$$\frac{du}{dx}=u_x+\lambda u_y \text{ 와 } \quad \frac{dv}{dx}=v_x+\lambda v_y \tag{5.31}$$

가 된다. 단 여기서 $\lambda=\dfrac{dy}{dx}$이다. 참고로 충격파(shock)와 같이 물리량의 변화가 매우 큰 유동은 isentropic 조건을 적용하기 어렵고 수학적으로는 미분 불가능한 유동이다. (물론 순수하게 수학적으로는 미분이 가능할 경우도 있겠으나 실용적으로는 의미가 없거나 적용하기 어려운 것이 대부분이다.) 특성방정식, 식 (5.30) 중 대괄호 안의 식은 $u_x+\alpha u_y$와 $v_x+\beta v_y$의 형태로 식 (5.31)과 같은 형태이다. 그러므로 이 두 식을 matching 시키면 λ를 다음과 같이 정의할 수 있다.

$$\lambda=\frac{2\sigma_1uv+\sigma_2}{\sigma_1(u^2-a^2)} \tag{5.32.a}$$

$$\text{또는} \quad \lambda = -\frac{\sigma_1(v^2 - a^2)}{\sigma_2} \tag{5.32.b}$$

여기서 $\lambda = \dfrac{dy}{dx}$이므로 λ는 $(x,\ y)$ 평면에서 기울기를 나타낸다는 것을 항상 상기하라. 그리고 λ가 식 (5.32.a)와 (5.32.b)와 같이 정의되면 대괄호 내부는 식 (5.31)과 같으므로 다음과 같이 쓸 수 있다.

$$\{\sigma_1(u^2 - a^2)\}\left(\frac{du}{dx}\right) + (-\sigma_2)\left(\frac{dv}{dx}\right) - \frac{\sigma_1 \delta a^2 v}{y} = 0 \tag{5.33}$$

이를 좀 더 간단히 하면 식 (5.34)가 된다.

$$\sigma_1(u^2 - a^2)du - \sigma_2 dv - \frac{\sigma_1 \delta a^2 v}{y} dx = 0 \tag{5.34}$$

식 (5.34)는 식 (5.24), (5.26)의 동등방정식(compatibility eq.)이다. 식 (5.34)를 풀기 위해서는 먼저 이 식에 나타난 임의의 함수 혹은 상수인 σ_1과 σ_2를 제거해야 한다. 즉, 식 (5.32)에서 σ_1과 σ_2으로 표현된 λ를 σ_1과 σ_2이 아닌 다른 파라미터를 사용하여 표현해야 한다. 이를 위해 먼저 특성 방정식 (5.32)를 σ_1과 σ_2에 대해서 나열하면 다음과 같다. 식 (5.32)로부터

$$\sigma_1\{\lambda(u^2 - a^2) - 2uv\} - \sigma_2 = 0 \tag{5.35.a}$$

$$\sigma_1(v^2 - a^2) + \sigma_2 = 0 \tag{5.35.b}$$

식 (5.35)의 우측변이 모두 0이므로 trivial solution을 피하기 위해서는 다음이 성립해야 한다.

$$\begin{vmatrix} \{\lambda(u^2 - a^2) - 2uv\} & -1 \\ (V^2 - a^2) & +\lambda \end{vmatrix} = 0 \tag{5.36}$$

식 (5.36)을 풀면 식 (5.37)과 같이 되므로

$$\lambda^2(u^2 - a^2) - 2uv\lambda + v^2 - a^2 = 0 \tag{5.37}$$

근의 공식을 사용하여 λ를 구할 수 있다.

$$\lambda = \frac{uv \pm \sqrt{u^2v^2 - (u^2 - a^2)(v^2 - a^2)}}{u^2 - a^2}$$
$$= \frac{uv \pm \sqrt{u^2v^2 - u^2v^2 + a^2(u^2 + v^2) - a^4}}{u^2 - a^2}$$
$$= \frac{uv \pm a^2\sqrt{\dfrac{(u^2 + v^2)}{a^2} - 1}}{u^2 - a^2} = \frac{uv \pm a^2\sqrt{M^2 - 1}}{u^2 - a^2} \tag{5.38}$$

여기서 M는 마하수(Mach number)이다. 식 (5.38)에서 λ는 M의 크기에 따라서 2개의 서로 다른 근을 가질 수도, 하나의 근만을 가질 수도 있다. 그리고 물론 M이 1보다 작은 아음속 영역 대에서는 식 (5.38)이 성립하지 않는다. 여기서는 초음속 유동을 다루고 있으므로 M이 1보다 큰 경우만을 생각하자. 이 때 두 개의 λ를 식 (5.38)의 근호 앞, $\pm$기호에 따라 각각 $\pm$로 표기하도록 한다. 그리고 편의상 $-$방향의 특성곡선을 우특성곡선, $+$방향의 특성곡선을 좌특성곡선이라고 하자. 그러면 식 (5.38)은 식 (5.39)와 같이 표현된다.

$$\lambda_{\pm} = \left(\frac{dy}{dx}\right)_{\pm} = \frac{uv \pm a^2\sqrt{M^2 - 1}}{u^2 - a^2} \tag{5.39}$$

식 (5.39)는 식 (5.32)에서 σ_1과 σ_2를 제거한 식이다. 다시 한번 강조하지만 $\lambda = \dfrac{dy}{dx}$이므로 λ는 $(x,\ y)$ 평면에서 기울기이다. 얼핏 보면 식 (5.31)은 직선의 방정식같아 보이나 식 (5.39)에서 u와 v가 주어진 환경, 주위의 형상에 따라 달라지므로 기울기는 계속 변화한다. 즉, 그림 5.1에서 볼 수 있는 바와 같이 어떤 점, p에서 시작되는 특성곡선의 기울기는 계속 변화하므로 직선이 아닌 곡선이 된다. 또한 λ가 두 개이므로 하나의 점에서의 특성곡선은 두 개가 생기며 이들 중 왼쪽을 향하는 곡선을 좌특성곡선, 오른쪽으로 향하는 곡선을 우특성곡선이라고 한다.

서로 이웃한 두 점에서 출발한 좌특성곡선과 우특성곡선 혹은 우특성곡선과 좌특성곡선은 그림 5.2와 같이 한 점에서 만나게 된다. 그림 5.2에서 곡선 L이 정의되어있다면 L 위의 어떤 점 p_1과 p_2에서 각각 $+$와 $-$방향의 특성곡선을 구할 수 있으며 좌특성곡선과 우특성곡선은 어느 한점에서 만나게 된다. 그림 5.2에서는 p_1에서 출발한 C_+와 p_2에서 출발한 C_-가

만나 p_3의 위치를 결정지었다. 그림 5.1과 그림 5.2에서 C는 특성곡선이며 λ는 기울기이며 C 상에서 계속해서 변화한다는 것을 상기하자.

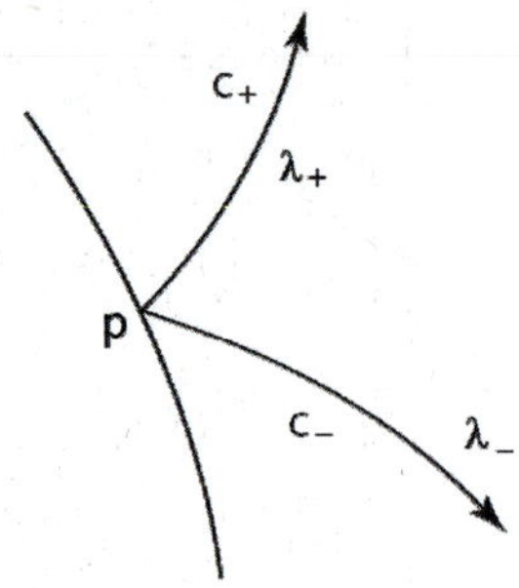

그림 5.1 특성곡선. λ_+과 λ_-는 각각 특성곡선 C_+과 C_-의 기울기이다.

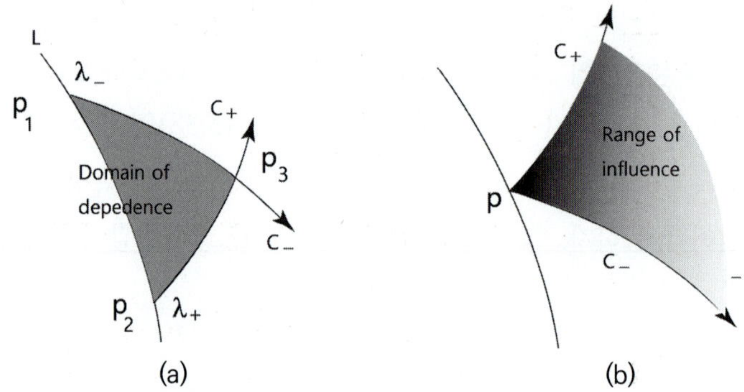

그림 5.2 p_1, p_2와 p_3 그리고 특성곡선과의 관계

유동각, θ가 $\theta = \tan^{-1}\left(\dfrac{v}{u}\right)$와 같고 Mach angle, $\alpha = \tan^{-1}\left(\dfrac{1}{\sqrt{M^2-1}}\right)$과 같을 때 이 각을 사용하면 식 (5.39)가 매우 간단해진다. 유동의 방향과 Mach angle은 유동이 매우 빠르다면 x-y 좌표계서 그림 5.3과 같이 나타낼 수 있다.

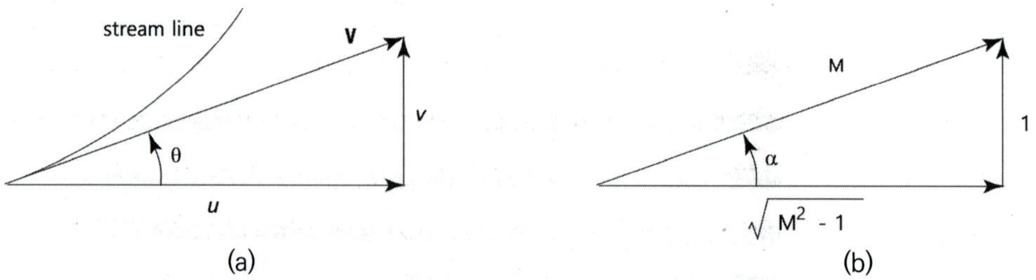

그림 5.3 속도성분과 Mach angle

즉, 속도벡터 $\vec{v}$를 속도성분을 분해하면 식 (5.40)이 되며 Mach angle을 성분으로 분해하면 식 (5.41)과 같아진다.

$$u = \text{v} \cos\theta, \quad u = \text{v} \sin\theta, \quad \theta = \tan^{-1}\left(\frac{v}{u}\right) \tag{5.40}$$

$$\alpha = \sin^{-1}\left(\frac{1}{M}\right), \quad M = \csc\alpha, \quad \sqrt{M^2 - 1} = \cot\alpha \tag{5.41}$$

식 (5.40), (5.41)을 식 (5.39)에 대입하면

$$\begin{aligned}\lambda_{\pm} &= \frac{\text{v} \cos\theta \ \text{v} \sin\theta \pm a^2 \cot\alpha}{\text{v}^2 \cos^2\theta - a^2} = \frac{\sin\theta \ \cos\theta \pm \cot\alpha (1/M^2)}{\cos^2\theta - (1/M^{2)}} \\ &= \frac{\sin\theta \ \cos\theta \pm \cot\alpha \ \sin^2\alpha}{\cos^2\theta \ - \sin^2\alpha} = \frac{\sin\theta \ \cos\theta \ \pm \ \sin\alpha \ \cos\alpha}{\cos^2\theta \ - \ \sin^2\alpha}\end{aligned} \tag{5.42}$$

삼각함수 공식으로부터

$$\sin(\theta \pm \alpha) = \sin\theta \ \cos\alpha \ \pm \ \cos\theta \ \sin\alpha \tag{5.43.a}$$

$$\cos(\theta \pm \alpha) = \cos\theta \ \cos\alpha \ \mp \ \sin\theta \ \sin\alpha \tag{5.43.b}$$

$$\tan(\theta \pm \alpha) = \frac{\sin\theta \ \cos\alpha \ \pm \ \cos\theta \ \sin\alpha}{\cos\theta \ \cos\alpha \ \mp \ \sin\theta \ \sin\alpha} \tag{5.43.c}$$

식 (5.43.c), tangent 식의 분자와 분모에 $\cos\theta \ \cos\alpha \ \pm \ \sin\theta \ \sin\alpha$를 곱해주고 정리하면 식 (5.44)와 같은 관계를 얻을 수 있다.

$$\begin{aligned}\tan(\theta + \alpha) &= \frac{(\sin\theta \ \cos\alpha \ \pm \ \cos\theta \ \sin\alpha)(\cos\theta \ \cos\alpha \ \pm \ \sin\theta \ \sin\alpha)}{(\cos\theta \ \cos\alpha \ \mp \ \sin\theta \ \sin\alpha)(\cos\theta \ \cos\alpha \ \pm \ \sin\theta \ \sin\alpha)} \\ &= \frac{\sin\theta\cos\theta\cos^2\alpha \pm \sin^2\theta\sin\alpha\cos\alpha \pm \cos^2\theta \ \sin\alpha\cos\alpha + \cos\theta\sin\theta\sin^2\alpha}{\cos^2\theta\cos^2\alpha - \sin^2\theta \ \sin^2\alpha} \\ &= \frac{\sin\theta \ \cos\theta \ (\cos^2\alpha + \sin^2\alpha) \pm \ \sin\alpha \ \cos\alpha(\sin^2\theta + \cos^2\theta)}{\cos^2\theta \ (1 - \sin^2\alpha) \ - (1 - \cos^2\theta) \ \sin^2\alpha} \\ &= \frac{\sin\theta \ \cos\theta \ \pm \ \sin\alpha \ \cos\alpha}{\cos^2\theta \ - \ \sin^2\alpha}\end{aligned} \tag{5.44}$$

식 (5.44)의 최종 결과는 식 (5.42)의 우변과 같으므로 이를 사용하면 식 (5.45)를 얻을 수 있다.

$$\left.\frac{dy}{dx}\right|_{\pm} = \lambda_{\pm} = \tan(\theta \pm \alpha) \tag{5.45}$$

식 (5.45)로부터 특성곡선의 기울기는 유동방향과 Mach angle과의 합의 tangent값과 같은 것을 알 수 있다. 다음 그림 5.4는 x-y 평면에서 식 (5.45)의 기하하적 의미를 도식화한 것이다. 즉, 그림에서 C_+와 C_-는 어떤 지점 p에서의 특성곡선이며 θ는 유동방향이다. 이 지점에서 λ_+와 λ_-로 표시되는 C_+와 C_-의 기울기는 각각 $\tan(\theta+\alpha)$와 $\tan(\theta-\alpha)$임을 알 수 있다.

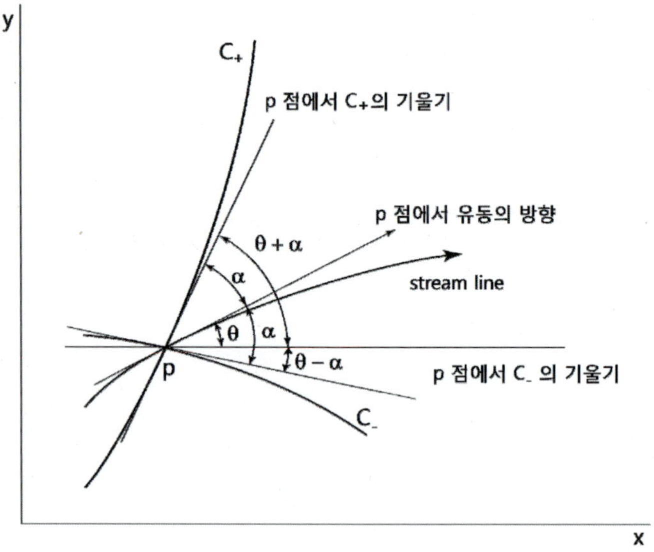

그림 5.4 x-y 평면에서 특성곡선과 stream line 그리고 Mach angle과의 관계

5.3. 동등방정식(compatibility equation)

식 (5.34)는 이 장에서 다루고 있는 초음속 유동을 설명하는 특성방정식의 동등방정식(compatibility eq.)이다. 특성곡선 방정식은 특성곡선을 따라서 u와 v의 관계를 설명하며 동등방정식은 특성방정식의 해를 용의하게 구할 수 있게 한다. Compatibility equation 식

(5.34)는 두 개의 식 (5.24), (5.26)을 선형화시킨 것이나 이를 완성하기 위해서는 parameter σ_1과 σ_2를 제거하여야 한다. 그리고 이러한 기본적인 방법을 통해 유도한 식 (5.34)외에도 다른 형태의 compatibility equation이 존재함에 유의할 필요가 있다.

λ가 σ_1과 σ_2의 함수인 식 (5.32a)와 (5.32b)로부터 σ_2에 대해서 풀면 다음과 같은 식을 얻을 수 있다.

$$\sigma_2 = \sigma_1 \{ (u^2 - a^2)\lambda - 2uv \} \tag{5.46.a}$$

$$\sigma_2 = -\sigma_1 \frac{v^2 - a^2}{\lambda} \tag{5.46.b}$$

식 (5.46.a)와 (5.46.b)는 서로 독립적인 식은 아니며 이는 식 (5.46.a)를 식 (5.37)에 대입함으로 확인할 수 있다. 즉, 식 (5.46.a)의 양변을 $-\sigma_1$으로 나눈 뒤 식 (5.37) 대입하면 식 (5.46.b)를 얻을 수 있다. 참고로 σ_1과 σ_2는 식 (5.36)이 성립해야 하므로 0이 아니다.

식 (5.46.a)를 식 (5.34)에 대입하고 양변을 σ_1나누면 식 (5.47)과 같은 또 다른 형태의 compatibility equation을 구할 수 있다.

$$(u^2 - a^2)du_{\pm} + \left[2uv - (u^2 - a^2)\lambda_{\pm} \right] dv_{\pm} - \left(\frac{\delta a^2 v}{y} \right) dx_{\pm} = 0 \tag{5.47}$$

식 (5.47)에서 복호, ±는 각각의 미분항이 특성곡선 C_+와 C_-상에서의 값이라는 것을 의미한다. 식 (5.47)에 식 (5.46.a)를 대입하면 다음과 같다.

$$(u^2 - a^2)du_{\pm} + \frac{v^2 - a^2}{\lambda} dv_{\pm} - \left(\frac{\delta a^2 v}{y} \right) dx_{\pm} = 0 \tag{5.48}$$

그리고 또한 식 (5.47)과 (5.45)를 결합하면 다음과 같은 식을 얻을 수 있다.

$$du_{\pm} + \lambda_{\pm} dv_{\pm} - \delta \left(\frac{a^2 v}{y} \right) dx_{\pm} = 0 \tag{5.49}$$

식 (5.47), (5.48), (5.49)는 서로 독립적이지는 않지만 여러 가지 형태의 compatibility equation이 있음을 알려준다. 특히 식 (5.47)은 초음속 유동에서 특성을 수치적으로 해석하기 위한 식으로 널리 사용된다. 그러므로 편의를 위해 식 (5.45)와 식 (5.47)을 아래에 다시 정리하였다.

Characteristic Equation

$$\left.\frac{dy}{dx}\right|_{\pm} = \lambda_{\pm} = \tan(\theta \pm \alpha) \tag{5.45}$$

Compatibility Equation

$$(u^2 - a^2)du_{\pm} + \left[2uv - (u^2 - a^2)\lambda_{\pm}\right]dv_{\pm} - \left(\frac{\delta a^2 v}{y}\right)dx_{\pm} = 0 \tag{5.47}$$

5.4. 특성곡선을 활용한 수치해석

5.4.1. 특성곡선과 compatibility equation을 활용한 수치해석 기본 알고리즘

앞선 절에서는 2차원 irrotational flow의 characteristics equation과 compatibility equation을 유도하였다. Compatibility equation을 사용하면 운동량 방정식(momentum equation)을 직접 풀지 않아도 된다는 장점이 있으나 이 방정식은 특성곡선을 따라서만 유효하므로 특성곡선 방정식을 동시에 풀어야 한다.

특성곡선 방정식과 compatibility equation은 모두 비선형이므로 이를 풀기 위해서는 수치해석기법을 도입하는 것이 편리하다. 그림 5.5에서 p_1, p_2, p_3는 극소좌표(infinitesimal coordinate)를 나타낸 그림이다. 실제 수치해석에서 증분 Δ를 무한히 작게 가져갈 수 없으므로 특성곡선의 기울기 λ에 대해서 다음과 같은 선형화가 필요하다. 다시 말해 λ는 C 상의 모든 점에서 C의 접선과 기울기가 같아야 하지만 차분화의 한계로 인하여 p_1과 p_3의 평균 기울기로 정의한다.

그림 5.5의 p_3는 p_1의 C_- 특성곡선과 p_2의 C_+ 특성곡선과의 교점이다. 그림의 네트워크를 선형차분화하기 위해 특성 곡선의 기울기 대신에 점선으로 표시된 평균기울기를 사용한다. 상미분방정식은 다음과 같이 표시할 수 있다.

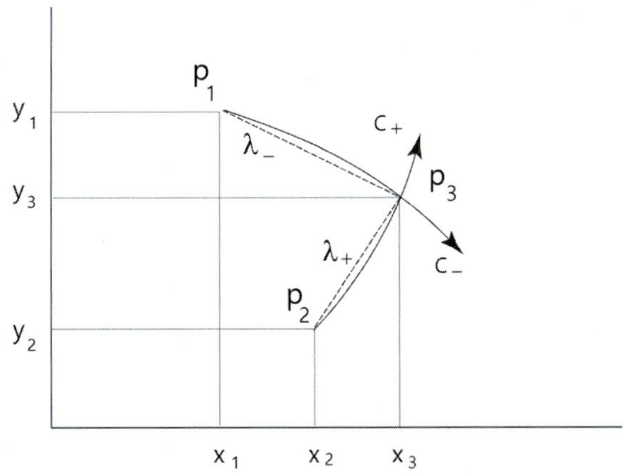

그림 5.5 2차원 평면상에서 characteristic method를 사용하기 위한 네트워크

$$\frac{dy}{dx} = f(x, y) \tag{5.50}$$

또는

$$dy = f(x, y)dx \tag{5.51}$$

식 (5.50) 혹은 (5.51)을 point i에서 point $i+1$까지 수치적으로 적분하기 위해서 이를 차분화시키면 다음과 같이 쓸 수 있다.

$$y_{i+1} = y_i + f(x_i, y_i)\Delta x_i \tag{5.52}$$

여기서 Δx_i는 x방향의 증분이며 보통 편의상 상수를 사용한다. 때에 따라서 경계층(boundary layer)과 같이 유동의 특성이 급격히 변화하는 부분에는 연산의 효율을 높이기 위해 위치에 따라 Δx_i를 변화시키기도 하지만 여기서는 유동의 특성이 급격히 변화하는 부분이 없기 때문에 일반적인 방법을 따라서 상수를 사용하기로 한다. 그러므로 $\Delta x_i = \Delta x$와 같이 쓸 수 있다. 식 (5.52)와 같은 방식을 Euler predictor algorithm 혹은 줄여서 predictor이라고 한다. 이 때 기울기인 $f(x_i, y_i)$는 초기값 x_i와 y_i만의 함수이므로 그림 5.5에서 점선으로 나타낸 평균기울기가 아니다. 동시에, 기울기를 알지 못하면 p_3 값을 결정할 수 없기 때문에 처음부터 평균기울기를 얻을 수는 없다. 따라서 처음에는 일단 predictor를 사용하여 p_3 값을 구한 뒤, 다음 계산부터 결정된 p_3 값을 활용하면 평균 기울기를 사용할 수 있다. 그리고 식 (5.52)으로부터 구한 y_{i+1} 값을 활용하여 반복계산하면 보다 정확한 값을 얻을 수 있다. 식 (5.53)은 predictor를 사용하여 구한 최초의 값이며 식 (5.54)는 p_1과 앞서 구한 p_3와의 평균값을 사용한 수식이다.

$$y^{o}_{i+1} = y_i + f(x_i,\ y_i)\Delta x, \quad j = 1,\ 2,\ 3,\ \cdots \tag{5.53}$$

$$y^{j}_{i+1} = y_i + f\left(x_i + \frac{\Delta x}{2},\ \frac{y_i + y^{j-1}_{i+1}}{2}\right)\Delta x \tag{5.54}$$

식 (5.54)에서 y^{j}_{i+1}는 y^{j-1}_{i+1}으로부터 보정된 값이며 이러한 방법을 corrector algorithm 혹은 간단히 corrector이라고 한다. 따라서 식 (5.53)을 사용하여 초기값을 구한 뒤 식 (5.54)를 반복계산하면 특성곡선식과 compatibility equation을 원하는 정확도로 풀 수 있다.

5.4.2. 내부점(interior point)을 결정하기 위한 기본방법

어느 한 점에서 특성곡선은 2개가 생기므로, 특성곡선의 구성과 조합에 따라 다음 그림 5.6에서와 같이 크게 2개의 영역이 생긴다. 그림 5.6의 왼쪽 그림에서와 같이 L상의 p_1, p_2에서 출발한 특성곡선과 특성곡선이 교차하는 점, p_3를 잇는 영역을 domain of dependence라 하며 p_3를 내부점(interior point)이라고 부른다. 이와는 반대로 같은 점, p_1 혹은 p_2에서 출발한 특성곡선 C_-, C_+ 내부영역은 range of influence라고 한다.

p_3의 위치와 이 점에서 유체의 특성은 그림 5.5와 같이 이미 알고 있는 점 p_1, p_2 그리고 C_-, C_+를 통해 구할 수 있다. 이 때 p_1, p_2를 초기점(initial value point)라고 한다. 여기서 수치해석을 실시하는 목적은 이미 알고 있는 p_1, p_2로부터 p_3를 구할 수 있는 수치해석 기법

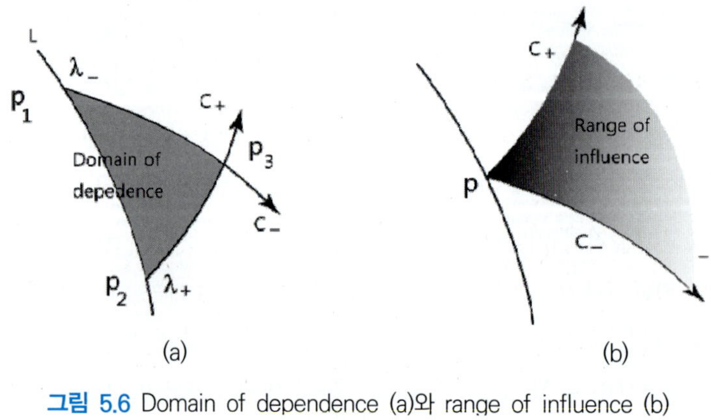

그림 5.6 Domain of dependence (a)와 range of influence (b)

을 유도하는 것이다.

특성곡선 문제는 특성곡선 2개와 compatibility equation 2개를 풀어 위치벡터 $(x,\ y)$와 속도벡터 $(u,\ v)$를 구하는 것이다. 먼저 p_1에서 우특성 곡선의 기울기 λ_-과 p_2에서 좌특성 곡선의 기울기 λ_+를 통해 p_3의 위치는 다음과 같이 결정할 수 있다.

$$y_3 - y_2 = \lambda_+ (x_3 - x_2) \tag{5.55}$$

$$y_3 - y_1 = \lambda_- (x_3 - x_1) \tag{5.56}$$

식 (5.55)와 (5.56)에서 기울기 $\lambda_\pm$는 특성방정식 (5.45)를 통해 주어진다. 즉,

$$\lambda_+ = \tan(\theta_+ + \alpha_+) \tag{5.57a}$$

$$\lambda_- = \tan(\theta_- - \alpha_-) \tag{5.57b}$$

이에 대한 기하학적 의미는 그림 5.4를 참조하기 바란다. 그리고 식 (5.57a)와 (5.57b)는 식 (5.45)를 +와 −방향으로 나누어 놓은 것에 불과하다. 식 (5.57)에서 θ와 α는 각각 유체 흐름의 방향과 Mach angle이므로 다음 각각의 정의에 의해 쉽게 구할 수 있다.

$$\theta_\pm = \tan^{-1}\left(\frac{v_\pm}{u_\pm}\right) \tag{5.58}$$

$$M_\pm = \frac{\mathrm{V}}{a_\pm} \tag{5.59}$$

식 (5.59)에서 속력은 식 (5.60)과 같이 그리고 음속, a는 초기조건으로 구할 수 있다.

$$\mathrm{V}_\pm = \sqrt{u_\pm^2 + v_\pm^2} \tag{5.60}$$

$$\alpha_\pm = \sin^{-1}\left(\frac{1}{M_\pm}\right) \tag{5.61}$$

이와 같이 식 (5.57)의 λ는 초기점의 조건으로부터 구한 식 (5.58)의 θ와 식 (5.61)의 α로 구할 수 있다. 일단 λ가 결정되면 식 (5.55), (5.56)를 통해 $(x_3,\ y_3)$를 구할 수 있다.

식 (5.55), (5.56)를 통해 $(x_3,\ y_3)$를 구했으므로 이제는 식 (5.47)의 compatibility equation을 사용하여 p_3에서 속도를 구할 차례이다. 이때에는 compatibility equation을

간편하게 코딩하기 위해서 다음과 같이 변형된 형태의 방정식 식 (5.62)을 사용하는 것이 편리하다.

$$Q_{\pm}\Delta u_{\pm} + R_{\pm}\Delta v_{\pm} - S_{\pm}\Delta x_{\pm} = 0 \tag{5.62}$$

여기서,

$$Q = u^2 - a^2 \tag{5.63}$$

$$R = 2uv - (u^2 - a^2)\lambda \tag{5.64}$$

$$S = \frac{\delta a^2 v}{y} \tag{5.65}$$

이다. 식 (5.62)에서 초기점 p_2와 p_3를 잇는 좌특성곡선, C+와 초기점 p_1과 p_3를 잇는 우특성곡선의 식을 분리하면 다음 2개의 식으로 나타난다.

$$Q_{+}(u_3 - u_2) + R_{+}(v_3 - v_2) - S_{+}(x_3 - x_2) = 0 \tag{5.66}$$

$$Q_{-}(u_3 - u_1) + R_{-}(v_3 - v_1) - S_{-}(x_3 - x_1) = 0 \tag{5.67}$$

식 (5.66)과 (5.67)에서 x_3는 식 (5.55)와 (5.56)를 통해 구할 수 있으므로 아직 결정되지 않은 변수는 u_3와 v_3 둘 뿐이다. 그러므로 이 둘은 식 (5.66)과 (5.67)을 통해 구할 수 있다. 식 (5.55), (5.56), (5.66)과 (5.67)로 부터 $(x_3,\ y_3)$, $(u_3,\ v_3)$를 구하기 쉽게 표기하면 다음과 같다.

$$y_3 - \lambda_{+} x_3 = y_2 - \lambda_{+} x_2 \tag{5.68}$$

$$y_3 - \lambda_{-} x_3 = y_1 - \lambda_{-} x_1 \tag{5.69}$$

$$Q_{+} u_3 + R_{+} v_3 = T_{+} \tag{5.70}$$

$$Q_{-} u_3 + R_{-} v_3 = T_{-} \tag{5.71}$$

$$T_{+} = S_{+}(x_3 - x_2) + Q_{+} u_2 + R_{+} v_2 \tag{5.72}$$

$$T_{-} = S_{-}(x_3 - x_1) + Q_{-} u_1 + R_{-} v_1 \tag{5.73}$$

$$Q_+ = u_+^2 - a_+^2 \tag{5.74}$$

$$R_+ = 2u_+v_+ - Q_+\lambda_+ \tag{5.75}$$

$$S_+ = \frac{\delta a_+^2 v_+}{y_+} \tag{5.76}$$

$$Q_- = u_-^2 - a_-^2 \tag{5.77}$$

$$R_- = 2u_-v_- - Q_-\lambda_- \tag{5.78}$$

$$S_- = \frac{\delta a_-^2 v_-}{y_-} \tag{5.79}$$

위의 식들을 사용하여 처음으로 $(x_3,\ y_3)$를 구하기 위해서는 Euler predictor algorithm을 사용하게 되므로 이때에는

$$u_+ = u_2,\ v_+ = v_2,\ y_+ = y_2 \tag{5.80a}$$

$$u_- = u_1,\ v_- = v_1,\ y_- = y_1 \tag{5.80b}$$

가 된다. 그리고 Euler predictor algorithm을 사용하여 얻은 값들을 정밀도를 높이기 위해 Euler corrector algorithm을 사용하기 위해서는 다음과 같이 평균값을 사용한다.

$$u_+ = \frac{u_2 + u_3}{2},\ v_+ = \frac{v_2 + v_3}{2},\ y_+ = \frac{y_2 + y_3}{2} \tag{5.81a}$$

$$u_- = \frac{u_1 + u_3}{2},\ v_- = \frac{v_1 + v_3}{2},\ y_- = \frac{y_1 + y_3}{2} \tag{5.81b}$$

정밀도를 높이기 위해서는 원하는 값을 찾을 때까지 corrector algorithm을 반복하면 된다. 특정한 값이 요구되지 않는 경우 정밀도는 위치일 경우에는 0.0001 m, 속도일 경우에는 0.1 m/sec를 많이 사용한다[2].

유동이 축대칭흐름이고 여기에 cylindrical 좌표계를 도입하면 식 (5.65)에서 $\delta = 1,\ y = r$ $v = v_r$이므로 을 다음과 같이 쓸 수 있다.

$$S = \frac{a^2 v_r}{r} \tag{5.82}$$

많은 경우, $r=0$인 지점에서 $v_r=0$이므로 식 (5.82)은 $\frac{0}{0}$ 꼴이 되어 계산이 불가능해진다. 이러한 경우에는 그림 5.7에서와 같이 $\frac{v_{r_2}}{r_2}$ 대신에 $\frac{v_{r_1}}{r_1}$을 사용하고 corrector algorithm을 사용하여 반복계산하면 원하는 값을 얻을 수 있다.

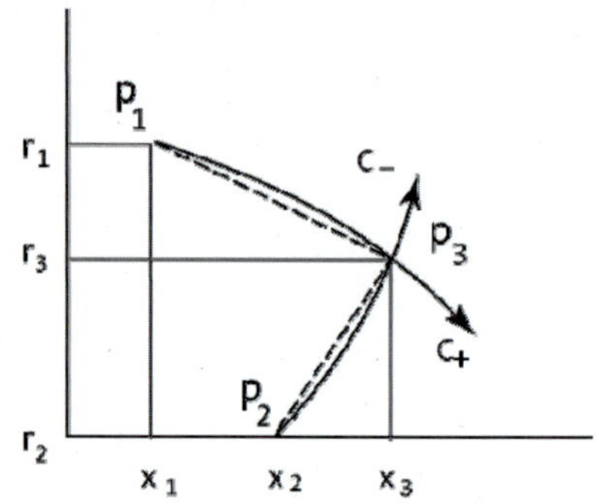

그림 5.7 축대칭 유동에서의 interior point

또 다른 방법으로 cylindrical 좌표를 사용하는 경우에는 대부분 축대칭 운동을 하므로 이와 같이 특별한 경우는 대칭성을 이용하여 쉽게 문제를 해결 할 수 있다. 이러한 경우는 5.4.5 절에서 다루고자 한다.

Ex. 1 어떤 노즐 내에서 기체의 특성 중 비열비는 1.14이고 기체의 분자량은 23.3 kg/kmol이다. 노즐 내 어떤 두 점에서 위치와 속도가 다음과 같을 때에 두 점의 특성곡선이 일치하는 지점의 위치와 속도를 구하라. 단 기체의 stagnation temperature는 3800 K이며 기체는 calorifically perfect gas라 가정하라.

표 Ex.1.1 Initial Data

	point 1	point 2
x [m]	0.1	0.11
y [m]	0.04	0.035
u [m/sec]	2000	1800
v [m/sec]	800	100

Sol. 점 1, 2로부터 특성곡선이 만나는 점 3을 구하는 단순한 문제로 수계산이 가능하나 향후 복잡한 문제에 적용이 가능하도록 Matlab code를 작성하여 문제를 풀었다. 먼저 문제를 해결하기 위한 main program은 다음 표 Ex.1.2와 같다. Main의 가장 첫줄인 delta=0는 이 문제가 cartesian좌표를 사용하고 있음을 알려준다. 다음의 변수 T0, k, R에는 주어진 문제로부터 전온도, 비열비, 기체상수를 지정해 준다. 그 뒤의 p1.?과 p2.?는 structured data이며 각각 point 1과 point 2를 의미한다. 각 점에서 .x, .y는 위치, .u, .v는 속도이다.

실제 계산은 subroutine(function)인 interiorpoint(k, R, T0, p1, p2, delta)를 불러서 실행이 되며 이 subroutine는 계산된 결과인 새로운 좌표와 속도를 p1, p2와 동일한 데이터구조로 return시킨다. Subroutnie, interiorpoint는 표 Ex.1.3에 수록하였다.

표 Ex.1.2 Main program

```
delta=0;
T0=3800;   % stagnation temperature
k=1.14;
R=356.6;

p1.x=0.1;
p1.y=0.04;
p1.u=2000;
p1.v=800;

p2.x=0.11;
p2.y=0.035;
p2.u=1800;
p2.v=100;

p3=interiorpoint(k, R, T0, p1, p2, delta);

sprintf('(x3, y3) = (%8.4f, %8.4f)\n', p3.x, p3.y)
sprintf('(u3, v3) = (%8.4f, %8.4f)\n', p3.u, p3.v)

quiver ([p1.x p2.x p3.x], [p1.y p2.y p3.y],[p1.u p2.u p3.u], [p1.v p2.v
p3.v]);
axis([0.09 0.125 0.034 0.043])
```

표 Ex.1.3 Function interiorpoint

```
function p3 = interiorpoint(k, R, T, p1, p2, delta)
%
% Objective
%   Get u, v, x, y of p3 from p1 and p2 by characteristics method.
% Usage
% p = interiorpoint(k, R, T, p1, p2, delta)
% input
%   k: specific heat ratio (initial value)
%   R: gas constant
%   T: stagnation temperature in the nozzle (initial value)
%   p1: a point from which a right running characteristics starts
%   p2: a point from which a left running characteristic starts
%   p2 and p3 have the same structure.
%    p1.x, p1.y, p1.u, p1.v
%   delta: specifies coordinate 1=cylindrical, 0=cartesian
% output
%   p3

i=1;
corrector=0;
error=1;
tol=0.0000001;
p3.x=p1.x*100;   % just for error management

while error>tol

  if corrector
 up=(p2.u+p3.u)/2;
 vp=(p2.v+p3.v)/2;
 yp=(p2.y+p3.y)/2;
 um=(p1.u+p3.u)/2;
 vm=(p1.v+p3.v)/2;
 ym=(p1.y+p3.y)/2;

  else
 vp=p2.v;
 up=p2.u;
 yp=p2.y;
 um=p1.u;
 vm=p1.v;
 ym=p1.y;
 corrector=1;
```

```
  end

   Vp=sqrt(vp^2 + up^2)
   Vm=sqrt(vm^2 + um^2);

% calc. sonic speed
  a0=sqrt(k*R*T)

  ap= sqrt(a0^2 - (k-1)/ 2 * Vp^2)
  am= sqrt(a0^2 - (k-1)/ 2 * Vm^2);

  thetap=atan(vp/up)
  thetam=atan(vm/um);

  alphap=asin(ap/Vp);
  alpham=asin(am/Vm);

  lambdap=tan(thetap + alphap);
  lambdam=tan(thetam - alpham);

  A1=[-lambdap 1; -lambdam 1];
  X=[p2.y-lambdap*p2.x; p1.y-lambdam*p1.x];
  X3=A1^-1 *X;

  xold=p3.x;
  p3.x=X3(1);
  p3.y=X3(2);

 error=abs((xold-p3.x)/p3.x);

  Qp=up^2 - ap^2;
  Qm=um^2 - am^2;

  Rp=2*up*vp - Qp * lambdap;
  Rm=2*um*vm - Qm * lambdam;

  if abs(yp)<tol
   Sp=0;
  else
   Sp=delta*ap^2 * vp / yp;
  end;

  if abs(ym)<tol
```

```
    Sm=0;
  else
    Sm=delta*am^2 * vm / ym;
  end;

  Tp=Sp * (p3.x-p2.x) + Qp * p2.u + Rp * p2.v;
  Tm=Sm * (p3.x-p1.x) + Qm * p1.u + Rm * p1.v;

  A=[Qp Rp; Qm Rm];
  B=[Tp; Tm];

  V3=A^-1 * B;

  p3.u=V3(1);
  p3.v=V3(2);

  i=i+1;
end % while

end  % function
```

서브루틴(함수)의 첫 번째 행인 'corrector=0' 문구는 p3를 결정하는데 처음부터 corrector algorithm을 사용할 수는 없기 때문에 0을 할당한 것이다. 'p3.x=p1.x*100' 문구는 오류체크 시 p3.x를 기본으로 사용하기 위해 처음에 커다란 error 값이 나오도록 강제 지정한 것으로 후반에 코드 상에서 error는 다음과 같이 계산한다.

$$error = \left| \frac{p_3^{n+1}.x - p_3^n.x}{p_3^n.x} \right| \tag{Ex.1.1}$$

While 문을 통해서 error가 tolerance보다 크다면 계속해서 반복계산을 하는데 while 문은 처음 계산을 시작하기 전에 판정을 하기 때문에 while 문 이전에 강제로 오류가 tolerance보다 크도록 만들어진 것이다. 참고로 matlab에서는 반복구역 후반에서 판정을 하는 do~while, 혹은 repeat~until과 같은 함수를 지원하지 않는다. 함수 interiorpoint는 모두 x, y, u, v값을 계산하지만 error는 x 값만을 기준으로 한다. 그래서 error 계산을 위해 오직 update 전 x 값만을 저장하여 전후의 값을 비교한다.

While 문 안에서는 처음으로 계산을 하는 것인지 아니면 루프를 돌고 있는지를 판단하여

predictor algorithm을 사용할지 corrector algorithm을 사용할지를 결정하는데 실제로 이는 'if corrector==0'를 통해 결정한다. corrector가 0이면 당연히 처음 하는 계산이므로 predictor algorithm을 사용하고 더불어 corrector에 1을 할당하여 다음 계산부터는 corrector algorithm을 사용할 수 있도록 한다. 또 다른 방법으로는 while문 이전에 predictor를 사용하고 처음 계산을 한 뒤 end문 바로 전에 corrector를 사용하면 두 번째 루프부터는 무조건 corrector를 사용하게 되므로 위와 같이 if문을 사용할 필요가 없어진다.

그 뒤의 문장들은 단순히 특성곡선 방정식과 compatibility equation으로부터 (x, y), (u, v)를 구하는 절차이며 반복 계산이후 error 값이 tol 값보다 작아지면 반복계산을 멈추고 계산값을 return한다. Subroutine interior point의 흐름도는 다음 그림 5.8에 나타내었다.

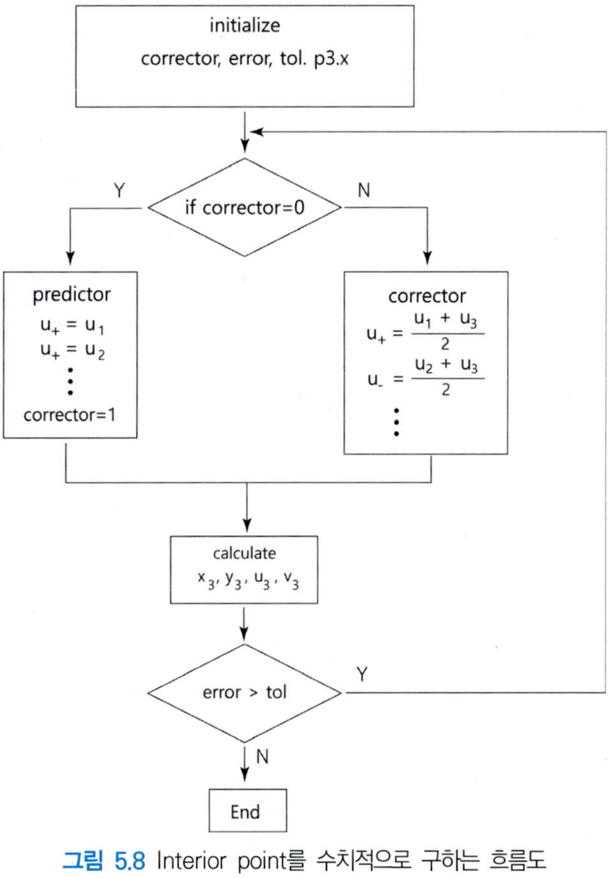

그림 5.8 Interior point를 수치적으로 구하는 흐름도

프로그램의 수행 결과는 다음과 같다.

표 Ex.1.4 Interior point solutions. 첫번째 해는 prediction method 두 번째 부터는 correction method 를 사용한 결과이다.

반복회수	x [m]	y [m]	u [m/sec]	v [m/sec]	error
1	0.1131	0.0379	2201.9193	645.8982	87.38025663
2	0.1127	0.0376	2069.0241	738.9712	0.00370551
3	0.1126	0.0378	2067.2036	745.8621	0.00071562
4	0.1127	0.0379	2066.2710	746.7772	0.00008737
5	0.1127	0.0379	2066.2129	746.8638	0.00000090
6	0.1127	0.0379	2066.2045	746.8736	0.00000046
7	0.1127	0.0379	2066.2037	746.8746	0.00000002

5.4.3. 경계면 상의 점

초음속 유동의 편미분 방정식은 쌍곡선 방정식으로 표현할 수 있다. 쌍곡선 방정식은 시공간에서 최소한 하나의 좌표계가 열려있어서 이 방향으로 무한히 진행시킬 수 있는 특징이 있다. 또한 쌍곡선의 특징상 좌표값이 커질수록 점근선에 가깝게 접근하기 때문에 안정된 계산 결과를 얻을 수 있다는 장점이 있다. 이는 아음속 유동과 비교되는 특징으로 아음속 유동은 타원방정식으로 표현이 되기 때문에 방향성의 문제가 생긴다. 초음속 유동의 대표적인 예로서는 우물과 같은 형태의 경계조건이 많이 등장하며 액체로켓엔진에 사용되는 노즐 역시 이러한 우물형태의 경계조건을 가진 좋은 예라 할 수 있다.

노즐 벽면에서 유동의 방향은 벽면의 기울기와 같다. 이러한 경계조건에 의해서 내부점(interior point)을 구할 때의 조건이 달라지는데 이를 그림으로 표현하면 그림 5.9와 같다. 그림 5.9에서 p_3를 구하기 위해서 p_3와 p_1점이 필요하지만 p_1점은 경계 바깥에 있기 때문에 사용할 수 없다. 대신 경계면의 조건을 알고 있으므로 이를 사용한다는 p_3를 구할 수 있다. 결론적으로 p_3를 구하기 위해 경계 내에서 적용가능한 점은 p_2, 뿐이며 p_1을 대신하기 위해서 다음과 같은 경계면 조건을 적용해야 한다.

$$y = y(x) \tag{5.82}$$

$$\frac{dy}{dx} = \frac{v}{u} = \tan\,\theta \tag{5.82}$$

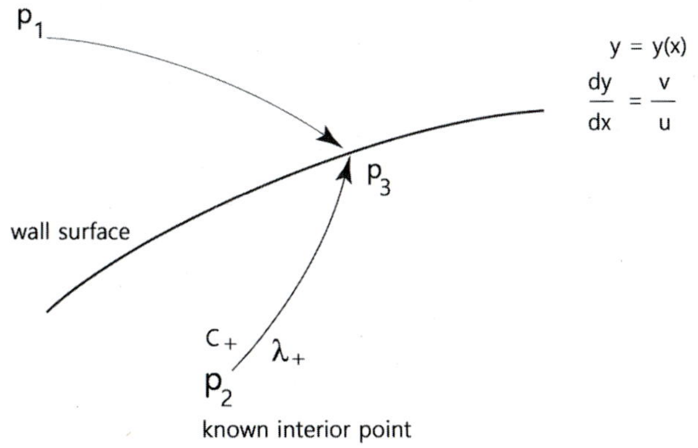

그림 5.9 경계조건과 특성곡선

실제로 경계면 조건을 사용하여 p_3점을 정할 때에 경계면이 수식 표현되면 식 (5.83), (5.84)을 적용하는 데에 큰 어려움이 없지만 실제 어떠한 형상을 설계할 때에는 경계면이(x, y) 좌표의 집합으로 지정이 되는 경우가 많다. 이런 경우에는 경계면이 불연속이므로 경계면 상에서 p_3 점이 정확히 결정되지 않고 그림 5.10과 같이 좌표 p_i와 p_{i+1} 사이에 위치한다.

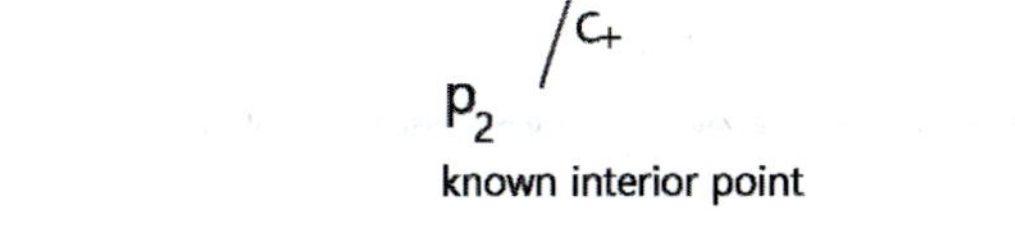

그림 5.10 경계면이 불연속일 경우 경계면상에서 p3 점의 위치

p_3를 구하는 가장 간단한 방법은 i와 i+1 사이를 내삽으로 정하는 것이다. 내삽법에는 여러 가지 방법이 있지만 가장 많이 사용하는 방법으로는 1차 혹은 2차 다항식을 사용하는 방법일 것이다. 1차 다항식으로 가정한다면 i와 i+1점 만으로 직선의 방정식을 구하면 되고 2차 다항식일 경우에는 i-1, i, i+1 이렇게 3점을 사용하면 된다. 다항식을 사용할 때의 장점으

로는 다항식 계수를 구하는 식이 선형적이므로 간단한 행렬 계산으로 다항식을 정의할 수 있다는 것이다. 경계면이 2차 다항식일 경우에는 i에서 i+1까지의 경계면을 다음과 같이 가정할 수 있다.

$$y = ax^2 + bx + c, \quad (x = [x_{i-1},\ x_{i+1}]) \tag{5.85}$$

식 (5.85)에 $(x_{i-1},\ y_{i-1})$, $(x_i,\ y_i)$, $(x_{i+1},\ y_{i+1})$을 넣고 정리하면 다음과 같은 행렬 방정식을 얻을 수 있다.

$$\begin{pmatrix} x_{i-1}^2 & x_{i-1} & 1 \\ x_i^2 & x_i & 1 \\ x_{i+1}^2 & x_{i+1} & 1 \end{pmatrix} \begin{pmatrix} a \\ b \\ c \end{pmatrix} = \begin{pmatrix} y_{i-1} \\ y_i \\ y+1 \end{pmatrix} \tag{5.86}$$

식 (5.86)를 사용하여 식 (5.85)의 계수 a, b, c가 결정되면 우리가 원하는 i와 i+1사이의 구간에서 미분가능한 함수를 구할 수 있으므로 식 (5.83), (5.84)을 사용하여 p_3를 구할 수 있다.

또한 경계면에서도 앞 절에서 알아본 바와 같이 반복계산을 통해 정밀도를 높여야 할 필요가 있다. 즉, 처음 계산 때에는 predictor method를, 두 번째 계산부터는 corrector method를 사용한다. 첫 계산, 즉 predictor method를 사용할 때에는 그림 5.10에서 p_2 점에서의 기울기를 사용하여 p_3점을 구하고 2회 이상부터는 정밀도를 증가시키기 위해 p_3와 p_2의 중간값을 사용하는 corrector method를 사용할 수 있다. Predictor method를 사용할 때에는 그림 5.10에서와 같이 p_2에서의 접선과 경계면 $[x_{i-1},\ x_{i+1}]$ 사이의 교점 p_3^1을 구하면 된다. 즉, p_3^1점은 기울기는 λ_+이며 $p_2(x_2,\ y_2)$를 지나는 직선 식 (5.87)과 경계면을 2차원 곡선으로 가정한 식 (5.85)와의 교점이다.

$$y = \lambda(x - x_2) + y_2 \tag{5.87}$$

$$y = ax^2 + bx + c \tag{5.85}$$

그러므로 p_3점은 식 (5.87)과 (5.85)를 연립하여 풀면 구할 수 있으나 이 두식의 관계는 non-linear이므로 간단한 행렬연산으로는 풀 수 없다. 다행히 식 (5.87)과 (5.85)은 간단한 대수식이므로 Newton-Raphson method를 사용하여 쉽게 해를 구할 수 있다. Newton-Raphson method를 사용하기 위해 식 식 (5.87)과 (5.85)를 다음과 같이 고쳐 쓴다.

$$f_1(x,\ y) = \lambda(x - x_2) + y_2 - y = 0 \tag{5.88}$$

$$f_2(x,\ y) = ax^2 + bx + c - y = 0 \tag{5.89}$$

$$\boldsymbol{F} = \begin{pmatrix} f_1 \\ f_2 \end{pmatrix} \tag{5.90}$$

$$\boldsymbol{J} = \begin{pmatrix} \dfrac{\partial f_1}{\partial x} & \dfrac{\partial f_1}{\partial y} \\ \dfrac{\partial f_2}{\partial x} & \dfrac{\partial f_2}{\partial y} \end{pmatrix} \tag{5.91}$$

여기서 $\boldsymbol{J}$는 식 (5.90)의 Jacobian matrix이다.

$$\Delta \vec{x} = -\boldsymbol{J}^{-1} \cdot \boldsymbol{F} \tag{5.92}$$

$$\vec{x}_{i+1} = \vec{x}_i + \Delta \vec{x} \tag{5.93}$$

여기서 $\vec{x} = \vec{x}(x,\ y)$이다. 이와 같이 식 (5.92)와 (5.93)을 반복하면 원하는 정밀도로 p_3^1을 구할 수 있으며 일단 p_3^1이 구해지면 corrector method를 사용하여 p_3의 정밀도를 높일 수 있다.

Ex. 2 (1) 케로신-액체산소를 추진제로 사용하면서 연소실 압력이 70 bar, 추력이 7 tonf를 만족시키기 위한 연소기를 설계하고자 한다. 연소실 내부에서 O/F 비는 2.45, 연소기의 효율은 0.95이다. 80% 콘노즐, 노즐 반각을 $\alpha = 15^\circ$, 노즐목 부근에서의 형상을 $0.382R_t$원, 나머지 부분을 3차원 다항식의 벨노즐이라 가정할 때 목부터 노즐끝단까지의 형상을 구하라. 단 외기압은 0.05 bar, 연소실과 노즐의 면적비는 3.805라 가정한다.
(2) 위의 노즐 내부 중 벽 근처인 (x, y)=(0.22 m, 0.13 m)에서 전압이 70 bar 전온도가 3600 K, x 성분의 속도 u2 = 1900 m/sec, y 성분의 속도 v2=1100 m/sec라 할 때 이 점에서 출발하는 특성곡선이 벽면과 접촉하는 곳의 위치를 구하라. 또 그 점에서의 속도를 구하라. 단, 이 때 가스상수는 346.4 J/kg K, 비열비는 1.175이다.

Sol. (1) 노즐 형상 결정:

노즐의 형상을 결정하기 위한 가장 기본적인 파라미터는 목직경이므로 연소기의 요구사항을 통해서 목직경을 구한다. 연소실 압력이 70 bar, 추력이 7 tonf, O/F 비는 2.45이므로 이를 사용하여 CEA를 구동하면 다음과 같은 결과를 얻을 수 있다. 그러나 CEA를 사용하기 위해서는 확장비가 필요하므로 확장비를 먼저 구해야 한다. 확장비는 외기압력을 알고 있으므로 확장비를 가정하고 CEA를 iteration하든가 아니면 미리 구축한 데이터베이스를 사용하여 구할 수 있다. 이렇게 구한 확장비의 값은 102.8이며 이를 사용한 CEA input file은 다음과 같다.

```
reac fuel=Jet-A(L) wt%=100 t(k)=288
   oxid=O2(L) wt%=100 t(k)=93
problem
   rocket equilibrium
   o/f=2.45 p,bar=70 sup,ae/at=102.8125 fac acat = 3.805
   output siunits
   plot ivac isp t cf gamma cstar cp p rho son mach m
end
```

다음으로 구할 것은 주어진 추력을 내기위한 추진제의 양을 구하는 일이다. CEA를 통해 구해진 비추력과 연소실효율을 사용하여 추진제의 양을 구할 수 있다. 먼저 CEA의 결과는 다음과 같다. 결과에서 CEA를 통해 계산되는 비추력은 흔히 사용하는 단위가 초인 비추력에 중력가속도를 곱한 값이므로 다른 공식에서 사용하기 위해서는 CEA의 결과를 중력가속도로 나누어 주어야 한다.

항목(CEA 변수이름, 단위)	값
확장비(Ae/At)	102.81
특성속도(CSTAR, M/SEC)	1798.9
노즐계수(CF)	1.9366
진공 비추력(Ivac, M/SEC)	3609.4
진공 비추력(sec)	368.1
비열비(k)	1.141 (연소실)
연소온도(T, K)	3634.4 (연소실)

연소효율만큼 추진제가 더 필요하므로 이를 보정해준다. 실무에서는 노즐효율도 보정해 주어야 하나 이는 문제에서 요구하지 않았기 때문에 노즐효율을 1이라

가정한다. 따라서 다음 식의 효율(*efficiency*)는 연소효율과 같다.

$$I_v = I_{vac} \times efficiency = 349.7 \times 0.95 = 349.7 \text{ sec}$$

$$m_{total} = \frac{F}{I_v g} = \frac{7000g}{349.7g} = 20.0 \ kg/\text{sec}$$

$$m_f = \frac{m_{total}}{(1+O/F)} = \frac{20.0}{(1+2.45)} = 5.803 \ kg/\text{sec}$$

$$m_o = m_{total} - m_f = 20.0 - 5.803 = 14.22 \ kg/\text{sec}$$

이렇게 구한 확장비를 사용하여 노즐목 크기를 구하면 다음과 같다.

$$\dot{m} = A_t p_1 k \frac{\sqrt{\left(\frac{2}{k+1}\right)^{\frac{k+1}{k-1}}}}{\sqrt{kRT_1}} \tag{Ex.2.1}$$

식 (Ex.2.1)로부터 노즐목반경, $R_t = 39.15 \ mm$가 된다.

다음은 노즐에서 원과 다항식과의 교점을 구할 차례이다. 노즐형상은 전체적으로 80% 콘노즐, 노즐 반각은 15도이므로 Huzel & Hwang[3]으로부터 $\theta_n = 27.4^\circ$, $\theta_e = 9.8^\circ$가 구해진다. 그리고 원과 다항식의 접점을 구하기 위해 식 (Ex.1)에

$$\begin{aligned} x_n &= 0.382 R_t \sin \theta_n \\ y_n &= \sqrt{0.382^2 R_t^2 - x_n^2} + 1.382 R_t \end{aligned} \tag{Ex.2.2}$$

θ_n과 R_t를 대입하면

$$x_n = 0.382 R_t \sin \theta_n = 0.382 \cdot 39.15 \times 10^{-3} \sin 9.8^\circ = 2.5455 \ mm$$

$$\begin{aligned} y_n &= \sqrt{0.382^2 R_t^2 - x_n^2} + 1.382 R_t \\ &= \sqrt{0.382^2 (39.15 \times 10^{-3})^2 - (2.5455 \times 10^{-3})^2} + 1.382 (39.15 \times 10^{-3}) \\ &= 68.8 \ mm \end{aligned}$$

그러므로 교점 $(x_n, \ y_n)$는 (2.55, 68.8)이다. 그리고 노즐 끝에서의 좌표, x_e와 y_e는 각각 다음과 같다. 먼저 x_e는 L_f와 같으므로

$$L_f = 0.8L_n = \frac{R_t(\sqrt{\epsilon}-1) + R(\sec\alpha - 1)}{\tan\alpha} \times 0.8 = 1.0698\ m$$

그리고 y_e는 노즐목반경과 확장비로 쉽게 구할 수 있다.

$$y_e = R_t\sqrt{\epsilon} = 0.397\ m$$

그러므로 정리하면

$(x_n,\ y_n)$=(2.55 mm, 68.8 mm), 기울기는 $\dfrac{1}{\tan\ \theta_n}$

$(x_e,\ y_e)$=(1.0689 m, 0.397 m), 기울기는 $\dfrac{1}{\tan\ \theta_e}$

이를 다음 행렬 연산식에 넣으면

$$\begin{pmatrix} y_n^3 & y_n^2 & y_n & 1 \\ y_e^3 & y_e^2 & y_e & 1 \\ 3y_n^2 & 2y_n & 1 & 0 \\ 3y_e^2 & 2y_e & 1 & 0 \end{pmatrix} \begin{pmatrix} a \\ b \\ c \\ d \end{pmatrix} = \begin{pmatrix} x_n \\ x_e \\ \dfrac{1}{\tan\theta_n} \\ \dfrac{1}{\tan\theta_e} \end{pmatrix}$$

$$\begin{pmatrix} (68.8\times10^{-3})^3 & (68.8\times10^{-3})^2 & (68.8\times10^{-3}) & 1 \\ 0.397^3 & 0.397^2 & 0.397 & 1 \\ 3(68.8\times10^{-3})^2 & 2(68.8\times10^{-3}) & 1 & 0 \\ 3\cdot0.397^2 & 2\cdot0.397 & 1 & 0 \end{pmatrix} \begin{pmatrix} a \\ b \\ c \\ d \end{pmatrix} = \begin{pmatrix} 2.55\times10^{-3} \\ 1.0689 \\ \dfrac{1}{\tan\ 27.4^\circ} \\ \dfrac{1}{\tan\ 9.8^\circ} \end{pmatrix}$$

$a = 13.79,\ b = -3.6361,\ c = 2.1571,\ d = 0.0761$

그러므로 노즐형상은 다음과 같다.

$(0,\ 0)$ to $(x_n,\ y_n) = (2.55$ mm, 68.8 mm$)$:

$x^2 + (y - 1.382R_t)^2 = (0.382R_t)^2$

$(x_n,\ y_n) = (2.55$ mm, 68.8 mm$)$ to $(x_e,\ y_e) = (1.0689$ m, 0.397 m$)$:

$x = 13.79y^3 - 3.6361y^2 + 2.1571y + 0.0761$

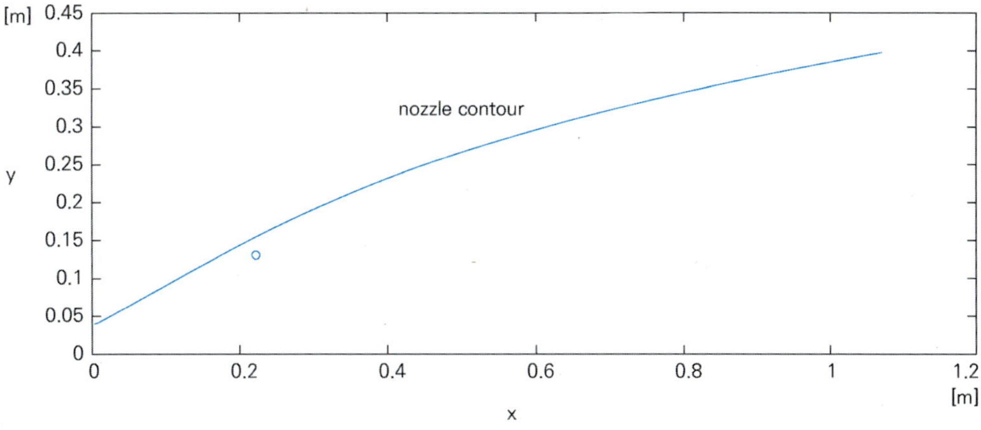

그림 5.11 노즐 contour

(2) 특성곡선과 만나는 벽 위치:

그림 5.11에 주어진 조건의 점 위치와 p_3점을 표시하면 그림 5.12와 같다.

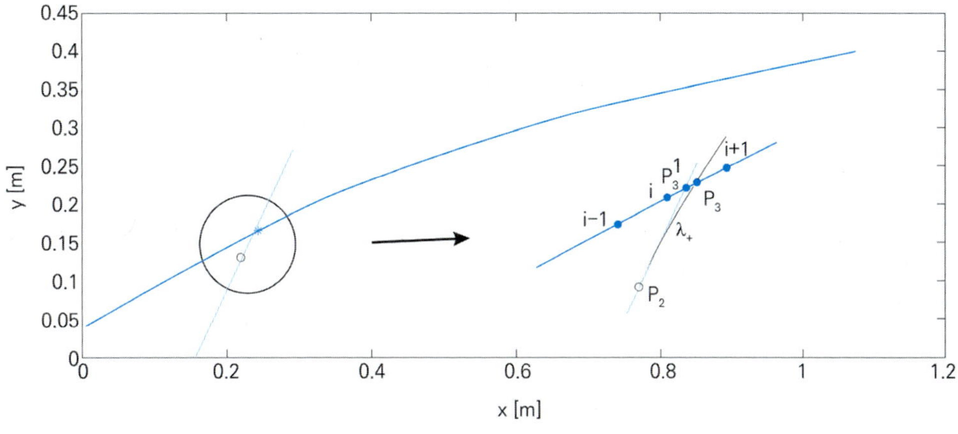

그림 5.12 경계면 상에서 p_3 점

실제로 경계조건을 사용하여 p_3점을 찾기 위해서 속도 성분을 통해서 p_2점에서의 기울기를 구해야 한다. 기울기가 구해지면 p_2점에서 좌표를 알고 있기 때문에 그림 5.Ex.2.2에서와 같이 p_2점에서 직선의 방정식이 정의된다. 그러면 이 직선과 경계면의 교점이 우리가 구하고자 하는 p_3^1점이 된다.

경계면에서의 정보가 함수로 주어진다면 경계선산의 어떠한 점에서라도 정확한 함수값과 도함수 값을 구할 수 있다. 그러나 실제 노즐 설계를 할 때에는 경계면이 연속하지 않고 불연속일 경우가 있다. 이러한 경우에는 다음과 같이 계산할 수 있다. 먼저 p_2점에서의 직선과 교차하는 경계면의 위치가 i 점과 i+1 점 사이일 것이라고 가정한다. 이때 i 점은 그림 5.12와 같이 p_2의 x 좌표가 i−1과 i 사이의 값이 되도록 정한다. 이렇게 i 점이 결정되면 간단한 연산으로 i−1, i, i까지의 경계면을 2차 방정식으로 나타낼 수 있다.

실제로 구하고자하는 p_3점이 이 다항식이 유효한 범위 즉 [xi−1, xi+1]에 있을 가능성은 대단히 낮지만 노즐은 x값의 변화에 따른 y값의 변화가 적으므로 p_3점이 [xi−1, xi+1]에서 벗어나 있다 할지라도 그 차이는 그리 크지 않다. 그림 5.13에 이러한 경우가 도식되어 있는데 p_2점을 i−1과 i 사이로 잡았지만 p_3 점은 i+1 점보다 바깥에 즉 i+1과 i+2 사이에 위치한다. 그러나 그림에서 i−1부터 i+3까지의 기울기가 완만하게 변하기 때문에 i−1에서 i+1까지의 다항식과 i에서 i+2까지의 다항식이 크게 다르지 않을 것을 예측할 수 있다. 이렇듯 p_3점이 i−1과 i+1사이를 벗어날 가능성은 노즐을 나타내는 점을 수가 많을수록 높아진다.

그리고 일단 predictor method에 의해서 p_3점이 구해지면 그 다음 부터는 corrector method를 사용하면서 보다 정확한 [xi−1, xi+1]를 찾아 새로운 2차 다항식을 구하면 된다. 원하는 섹션의 3차 다항식의 계수는 행렬 연산을 통해 구할 수 있다.

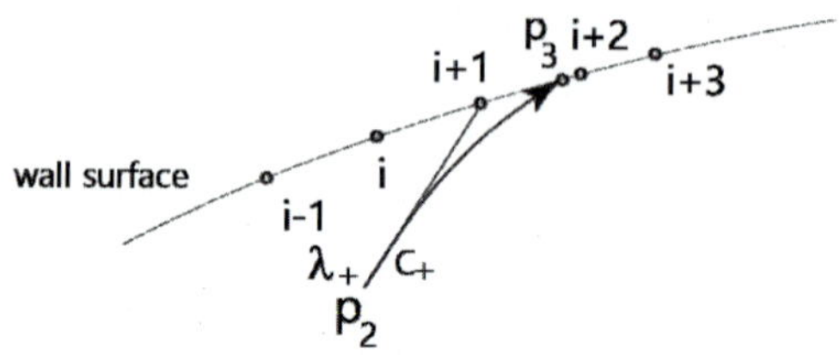

그림 5.13 p_3 점이 i−1에서 i+1 사이에 존재하지 않는 경우. 이 경우 correction method를 사용하면서 새로운 i점을 찾아야 한다.

이에 따라 2차 다항식은 다음과 같다.

$$y = -0.3328x^2 + 0.6421x + 0.0287$$

이제 p_2에서 시작되는 직선의 방정식을 구하기 위해 기울기를 찾아야 한다. p_2점에서의 기울기는 p_2점에서 stream angle과 Mach angle과의 합이므로 유동각은 속도성분으로부터 Mach angle은 내부 환경으로부터 구할 수 있다.

$$a_o = \sqrt{kRT} = \sqrt{1.175 \times 346.4 \times 3600} = 1,210.5\ m/\mathrm{sec}$$

$$u_+ = u_2, \quad v_+ = v_2$$

$$\mathrm{v} = \sqrt{u_+^2 + v_+^2} = 2,195.4\ m/\mathrm{sec}$$

$$a_+ = \sqrt{a_o^2 - \frac{k-1}{2}\mathrm{v}^2} = 1,021.5\ m/\mathrm{sec}$$

$$M = 2.15$$

$$\theta_+ = \frac{v_+}{u_+} = 0.5248\ rad$$

$$\alpha_+ = \sin^{-1}\left(\frac{a_+}{\mathrm{v}_+}\right) = 0.4840\ rad$$

$$\lambda_+ = \tan^{-1}(\theta_+ + \alpha_+) = 1.5878\ rad$$

그러므로 점 p_2에서 기울기가 1.5878인 직선과 2차곡선

$$y = -0.3328x^2 + 0.6421x + 0.0287$$

과의 교점을 구하면 된다. 그러므로

$$\mathrm{p}_3^1 = (0.2417, 0.1645)$$

Correction method를 사용하여 몇 회 반복 계산 후에,

$$p_3 = (0.2406,\ 0.1640)$$

를 얻을 수 있다.

5.4.4. 경계면 상의 점(역방향)

유동의 물리값이 급격하게 변할 때에는 좌특성곡선(C_+)의 기울기가 매우 작아지기 때문에 공간상의 변화가 심해진다(그림 5.14 참조). 이러한 경우에, 5.4.3절에서 소개된 방법을 사용한다면 원하는 정밀도로 문제를 풀기가 어렵다. 따라서 p_1 점에서 출발하여 p_3점을 구하는 순방향의 방법보다는 경계면 상에서 p_3점을 미리 정해 놓은 뒤 역으로 p_1점을 구하는 방법이 사용된다.

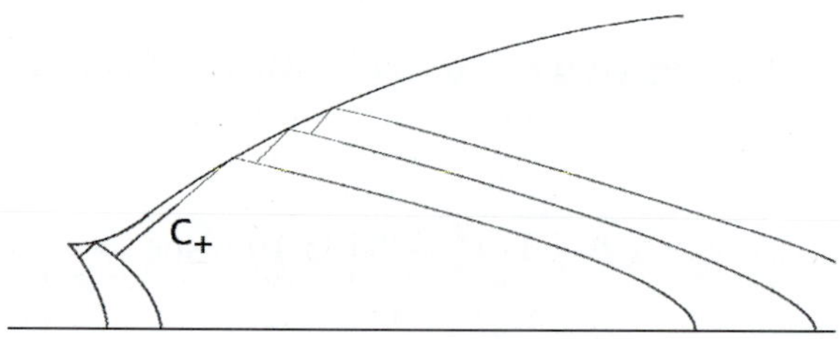

그림 5.14 유동의 변이가 클 경우에는 특성곡선의 기울기가 작아져 spacing에 문제가 생긴다.

그림 5.15와 같이 경계면에서 미리 선정해 놓은 위치인 p_4에서 특성곡선을 역으로 따라가서 p_2 점을 구하고자 한다. 여기서 p_2 점은 p_1과 p_3를 잇는 우특성곡선 C_-상에 위치한 점이다. 그러므로 p_4는 p_2에서 출발하는 좌특성곡선 C_+가 경계면과 마주치는 점이다. p_4의 위치 (x, y)는 초기조건으로 주어진 값이므로 p_4에서 구하고자 하는 값은 (u_4, v_4) 두개의 값이다. 그런데 이 (u_4, v_4)는 p_2의 영향을 받고 있으므로 (u_4, v_4)를 구하기 이전에 p_2에서의 (x_2, y_2, u_2, v_2)를 먼저 구해야 한다.

그림 5.15의 p_2에서 p_4를 잇는 특성곡선은 좌특성곡선이므로 식 (5.70)이 성립한다.

$$Q_+ u_4 + R_+ v_4 = T_+ \tag{5.70}$$

만일 또한 경계면에서 유동흐름의 방향은 경계면의 기울기와 같으므로 식 (5.94)과 같다.

$$\frac{dy}{dx} = \frac{v}{u} = \tan\ \theta \tag{5.94}$$

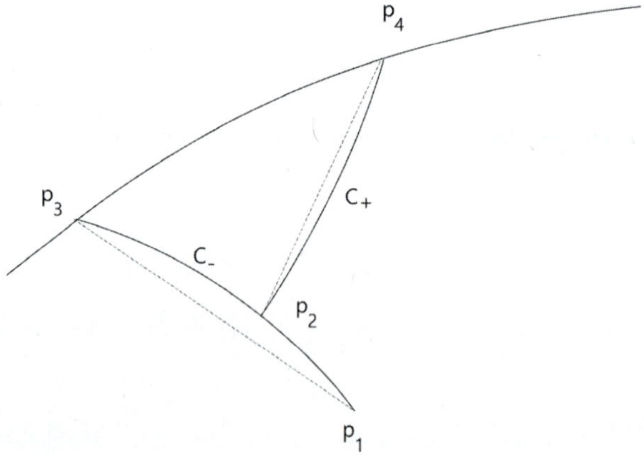

그림 5.15 역방향 경계점의 단위 프로세서, P4는 사전에 정의된 지점 p2는 p1과 p3 사이의 점이다.

만일 p_2에서의 물리값을 알 수 있다면 식 (5.70)과 (5.94)를 통해서 $(u_4,\ v_4)$를 구할 수 있다. p_2 점의 위치는 특성곡선 $p_4 \sim p_2$와 $p_1 \sim p_3$의 교차점이다.

p_2점의 위치와 속도를 모르기 때문에 처음 계산할 때에는 modified predictor 방법을 사용한다. 즉, p_2에서의 물리값 대신 p_1과 p_3의 평균값을 사용한 뒤 반복계산을 통해 p_2의 값을 구한다. 그러나 실제 계산을 수행해 보면 p_3의 값을 그대로 차용해도 수렴도에 큰 문제가 없으므로 계산을 간단히 하기 위해 p_3의 값을 사용한다. 그러므로 반복계산의 첫 번째 단계로 $u_2 = u_3,\ v_2 = v_3$를 가정한다.

그림 5.16은 p_4와 p_2 그리고 p_3와 p_2를 연결하는 특성곡선을 직선으로 가정했음을 보여준다. 그림에서 λ_+와 λ_-는 p_2를 지나는 좌특성곡선과 우특성곡선의 기울기로서 λ_+는 p_1과 p_3의 평균 λ_+ 값이며 λ_-는 그림에서와 같이 p_1과 p_3의 기하학적인 기울기이다. 기울기가 정해지면 p_2의 위치는 단순히 두 직선의 교점이므로 간단히 구할 수 있다.

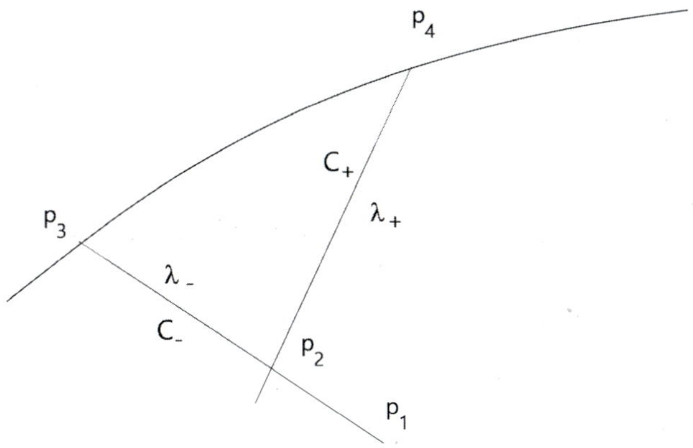

그림 5.16 Predictor method를 사용하여 p_2의 초기값을 구할 때

p_2점에서 λ_+는 식 (5.57a)를 사용하여 구할 수 있으며 이를 위해서는 먼저 θ_+와 α_+를 구해야 한다. 이때 p_2 점에서 $(u_2,\ v_2)$를 알지 못하므로 앞서 설명한 바와 같이 반복계산의 초기값으로 p_3 값을 사용한다. 즉, 식 (5.95)와 같다.

$$\theta_+ = \tan^{-1}\left(\frac{v_2}{u_2}\right) = \tan^{-1}\left(\frac{v_3}{u_3}\right) \tag{5.95}$$

그리고 p_2 지점에서의 Mach angle, α_+ 역시 p_3에서의 속도와 음속을 사용하여 구한다.

$$\mathrm{v}_2 = \sqrt{u_2^2 + v_2^2} = \sqrt{u_3^2 + v_3^2} \tag{5.96}$$

$$a_2 = \sqrt{kRT - \frac{k-1}{2}\mathrm{v}_2^2} \tag{5.97}$$

$$\alpha_2 = \alpha_+ = \sin^{-1}\left(\frac{a_2}{\mathrm{v}_2}\right) \tag{5.98}$$

그러므로 p_2점에서 λ_+는

$$\lambda_+ = \tan(\alpha_+ + \theta_+) \tag{5.99}$$

가 된다. 기울기, λ_+를 알고 한 점, p_4를 알고 있으므로 직선, C+의 방정식은 다음과 같다.

$$y - y_4 = \lambda_+(x - x_4) \tag{5.100}$$

식 (5.100)에서 관심이 있는 점은 p_2이므로 이를 다시 정리하면

$$\lambda_+ x_2 - y_2 = \lambda_+ x_4 - y_4 \tag{5.101}$$

가 된다.

$\lambda_$은 p_1과 p_3를 잇는 직선의 기울기이며 p_2는 이 직선상에 위치하므로

$$\lambda\_ = \frac{y_3 - y_1}{x_3 - x_1} \tag{5.102}$$

가 된다. 그러므로 직선의 방정식은 다음과 같다.

$$\lambda\_ x_2 - y_2 = \lambda\_ x_3 - y_3 \tag{5.103}$$

따라서 $(x_2,\ y_2)$는 식 (5.101)과 식 (5.103)을 연립하여 구할 수 있다. 그리고 $(u_2,\ v_2)$는 $(u_1,\ v_1)$과 $(u_3,\ v_3)$를 사용하여 내삽을 통해 구한다.

p_2의 값들을 모두 구했으므로 다음은 p_4에서 $(u_4,\ v_4)$를 구할 차례이다. 유동방향의 기울기는 경계면의 기울기와 같기 때문에 식 (5.104)과 같이 하나의 식은 준비된 상태이다 그러므로 하나의 식만을 더 사용하면 $(u_4,\ v_4)$를 구할 수 있다. 식 (5.70)은 $(u_3,\ v_3)$, 여기서는 $(u_4,\ v_4)$만의 식이므로 이를 사용하면 식 (5.104)와 더불어 닫힌계를 만들 수 있다. 첨자 3을

4로 바꾸어 다시 쓰면 식 (5.105)와 같다.

$$\frac{v_4}{u_4} = \tan\ \theta_4 \tag{5.104}$$

$$Q_+ u_4 + R_+ v_4 = T_+ \tag{5.105}$$

이상과 같이 modified corrector algorithm를 사용하여 p_4에서의 속도를 구하였다. 지금까지 $(x_2,\ y_2)$, $(u_2,\ v_2)$, $(u_4,\ v_4)$를 구하였으므로 이 값들을 사용하여 식 (5.95)부터 다시 반복 계산한다. 이때는 corrector algorithm를 사용하여 구한 값의 정밀도를 향상시킨다. corrector algorithm은 p_2에서의 값을 다음과 같이 수정한다.

$$y_+ = \frac{y_2 + y_4}{2},\ u_+ = \frac{u_2 + u_4}{2},\ v_+ = \frac{v_2 + v_4}{2} \tag{5.106}$$

Ex. 3 노즐 내부에 이상기체가 흐른다고 가정한다. 유체의 특성이 다음과 같을 때에 inverse wall point unit process를 사용하여 p_4에서 속도를 구하라. (From Zucrow and Hoffman, 1977[5])

$$k = 1.2$$
$$R = 320.0\ J/kgK$$
$$p_c = 70\ bar$$
$$T_c = 3000\ K$$

표 Ex.3.1 Inverse wall point 초기값

	point 1	point 3	point 4
x [mm]	5.495	5.085	5.283
y [mm]	26.020	26.080	26.170
$u\ [m/sec]$	1578.3	1577.5	
$v\ [m/sec]$	705.7	702.3	
$\theta\ [deg]$			25.000

Sol. **Step 1.** λ_+와 C_+를 구함,

$$\lambda_+ = \tan(\alpha_+ + \theta_+)$$

$$\alpha_+ = \sin^{-1}\left(\frac{a_2}{\mathrm{v}_2}\right)$$

$$\mathrm{v}_2 = \sqrt{u_2^2 + v_2^2} = \sqrt{u_3^2 + v_3^2} = \sqrt{1577.5^2 + 702.3^2} = 1726.8\ m/sec$$

$$a_2 = \sqrt{kRT - \frac{k-1}{2}\mathrm{v}_2^2} = \sqrt{1.2 \cdot 320 \cdot 3000 - \frac{1.2-1}{2}1726.8^2}$$

$$= 924.02\ \mathrm{m}/sec$$

$$\alpha_+ = \sin^{-1}\left(\frac{a_2}{\mathrm{v}_2}\right) = \sin^{-1}\left(\frac{924.02}{1726.8}\right) = 5.0646\ \mathrm{rad}$$

$$\theta_+ = \tan^{-1}\left(\frac{v_2}{u_2}\right) = \tan^{-1}\left(\frac{v_3}{u_3}\right) = \tan^{-1}\left(\frac{702.3}{1577.5}\right) = 0.4189\ \mathrm{rad}$$

$$\therefore\ \lambda_+ = \tan(\alpha_+ + \theta_+) = \tan(5.0646 + 0.4189) = 1.5023$$

그리고 C_+는 $\lambda_+ x_2 - y_2 = \lambda_+ x_4 - y_4$로부터

$$C_+:\ 1.5023x_2 - y_2 = 1.5023 \cdot 5.283 - 26.170$$

$$1.5023x_2 - y_2 = -18.2333$$

Step 2. λ_-와 C_-를 구함. p_1과 p_3로부터

$$\lambda_- = \frac{y_3 - y_1}{x_3 - x_1} = \frac{26.080 - 26.020}{5.085 - 5.495} = -0.14634$$

두 점을 알 때 직선의 방정식은 $\lambda_- x_2 - y_2 = \lambda_- x_3 - y_3$이므로

$$C_-:\ -0.14634x_2 - y_2 = -0.14634 \cdot 5.085 - 26.080$$

$$-0.14634x_2 - y_2 = -26.8241$$

Step 3. C_+와 C_-로부터 $(x_2,\ y_2)$와 $(u_2,\ v_2)$를 구함

C_+와 C_-를 연립하면 $(x_2,\ y_2)$=(5.2110, 26.0615)를 구할 수 있다. $(u_2,\ v_2)$는 p_1과 p_3로 내삽하여 결정한다.

u2=interp1([x1, x3], [u1 u3], x2)=1577.7 m/sec

v2=interp1([x1, x3], [v1 v3], x2)=703.3451 m/sec

Step 4. $(x_2,\ y_2)$를 활용한 반복 계산

Step 1.에서는 $(x_2,\ y_2)$의 값을 모르고 있는 상태이었으므로 $(x_2,\ y_2)$ 대신에 $(x_3,\ y_3)$의 값을 사용했지만 Step 4.에서 $(x_2,\ y_2)$의 값을 구했으므로 이를 사용하여 Step 1.부터 Step. 3까지 반복계산 한다. x 좌표를 기준으로 오차한계 0.1%까지 반복계산하였을 경우 다음과 같은 결과를 얻을 수 있다.

$$x = 5.21\ mm,\ y = 26.06\ mm$$
$$u = 1577.74558\ m/sec,\ v = 703.34371\ m/sec$$

Step 5. $(x_2,\ y_2)$를 활용한 $(u_4,\ v_4)$ 계산

$(x_2,\ y_2)$의 좌표를 구하였으므로 이제는 $(u_4,\ v_4)$를 구할 차례이다. 이 값들은 식 (5.104), (5.105)를 통해 구한다. 식 (5.104)로부터

$$u_4 \tan\theta_4 - v_4 = 0$$

θ_4는 p_4에서 경계면의 각도이므로 윗 식은

$$\tan\ \theta_4\ u_4 - v_4 = \tan\ 25^\circ\ u_4 - v_4 = 0.4663077 u_4 - v_4 = 0 \qquad \text{(Ex.3.1)}$$

그리고 식 (5.74), (5.75), (5.76)를 사용하기 위해 초기값으로 $u_+ = u_2$로 정하고 각각의 값을 계산하면

$$\mathrm{v}_+ = \mathrm{v}_2 = \sqrt{u_2^2 + v_2^2} = 1{,}7274\ \mathrm{m/sec}$$
$$a_+ = \sqrt{kRT - \frac{k-1}{2}\mathrm{v}_2^2} = \sqrt{1.2 \cdot 320 \cdot 3000 - \frac{1.2-1}{2}1726.8^2}$$
$$= 923.9062\ \mathrm{m}/sec$$
$$Q_+ = u_+^2 - a_+^2 = 1577.74558^2 - 923.9062^2 = 1.6357 \times 10^6$$
$$\theta_+ = \tan^{-1}\left(\frac{v_2}{u_2}\right) = \tan^{-1}\left(\frac{703.34371}{1577.74558}\right) = 0.4193$$

$$\alpha_+ = \sin^{-1}\left(\frac{a_+}{\mathrm{v}_+}\right) = \sin^{-1}\left(\frac{923.0696}{1,7274}\right) = 0.5643$$

$$\lambda_+ = \tan(\theta_+ + \alpha_+) = \tan(0.4193 + 0.5643) = 1.5029$$

$$\begin{aligned} R_+ &= 2u_+v_+ - Q_+\lambda_+ \\ &= 2 \cdot 1577.74558 \cdot 703.34371 - 1.6357 \times 10^6 \cdot 1.5029 \\ &= -2.3887 \times 10^5 \end{aligned}$$

$$S_+ = \frac{\delta a_+^2 v_+}{y_+} = \frac{1 \cdot 923.9062 \cdot 703.34371}{26.06/1000} = 2.3036 \times 10^{10}$$

식 (5.72)로부터

$$T_+ = S_+(x_3 - x_2) + Q_+u_2 + R_+v_2 \tag{5.72}$$

식 (5.72)의 x_3는 여기서의 x_4이므로

$$\begin{aligned} T_+ &= S_+(x_4 - x_2) + Q_+u_2 + R_+v_2 \\ &= 2.3545 \times 10^{10} + \frac{5.283 - 5.21}{1000} + 1.6357 \times 10^6 - 2.3887 \times 10^5 \cdot 703.34371 \\ &= 2.4144 \times 10^9 \end{aligned}$$

Q_+, R_+, T_+을 구했으므로 식 (5.70)을 사용하면

$$Q_+u_4 + R_+v_4 = T_+$$

$$1.6357 \times 10^6\, u_4 - 0.23887 \times 10^6\, v_4 = 2.4144 \times 10^9 \tag{Ex.3.2}$$

그러므로 식 (Ex.3.1)과 (Ex.3.2)를 연립하여 풀면 $(u_4,\ v_4)$를 구할 수 있다.

$$\begin{pmatrix} 0.4663077 & -1 \\ 1.6357 \times 10^6 & -0.23887 \times 10^6 \end{pmatrix}\begin{pmatrix} u_4 \\ v_4 \end{pmatrix} = \begin{pmatrix} 0 \\ 2.4144 \times 10^9 \end{pmatrix}$$

$$(u_4,\ v_4) = (1583.9\ m/sec,\ 738.6\ m/sec)$$

Step 6. Corrector를 활용한 반복 계산

식 (106)의 corrector를 사용해서 Step 2.부터 5까지 반복계산 한다. 최종 결과로 p4 점에서

$$(u_4,\ v_4) = (1583.9\ m/sec,\ 738.6\ m/sec)$$

다음은 Ex.3을 풀기 위한 matlab code이다.

Inverse wall point 계산을 위한 main program

```
% Ex. 3
% Inverse wall point


clear all
close all

delta=1;
k=1.2;
R=320;
T=3000;

p1.x=5.495e-3;
p1.y=26.020e-3;
p1.u=1578.3;
p1.v=705.7;

p3.x=5.085e-3;
p3.y=26.080e-3;
p3.u=1577.5;
p3.v=702.3;

x4=5.283e-3;
y4=26.170e-3;

slope=25/180*pi;

p4=invbnd(k, R, T, p1, p3, x4, y4, slope, delta);

sprintf(' %8.5f  %8.5f  %8.5f  %8.5f  \n', p4.x, p4.y, p4.u, p4.v)
```

경계면상에서 역방향의 특성곡선 문제를 풀기위한 함수

```
function p4 = invbnd(k, R, T, p1, p3, x4, y4, xn, yn, delta)
% or
% function p4 = invbnd(k, R, T, p1, p3, x4, y4, slope, delta)
```

```
%
% Objective
%   Get u4, v4, x2, y2  by inverse wall point method
%
% input
%   k: specific heat ratio (initial value)
%   R: gas constant
%   T: stagnation temperature in the nozzle (initial value)
%   p1:known point. structured data (p2, p3, p4 have the same structure.)
%    p1.x, p1.y, p1.u, p1.v
%
%   p3: known point on the wall. The characteristics starts from p3 on the wall to p1.
%
%  x4, y4: presepicified point on the wall
%   if nargin is 10
%  xn, yn: nozzle geometry data
%   if nargin is 9
%   slope: slope at (x4, y4), is not an angle.
%   delta: specifies coordinate 1=cylindrical, 0=cartesian
%
%
% output
%   The determined posion is the point of p2.
%   and the velocity is for p4.
%   p4.x, p4.y are assgined to p2.x p2.y.
%   p4.u, p4.v

if nargin ==9
 slope=xn;
 delta=yn;
else
   % deteriming slope of the wall at (x4, y4)
 N=length(xn);
 j=1;
 while x4>xn(j) && j<N
    j=j+1;
 end

 if j==N
  slope=(yn(j)-yn(j-1))/(xn(j)-xn(j-1));
 else
  slope=(yn(j+1)-yn(j))/(xn(j+1)-xn(j));
 end
end
```

```
% sprintf('--- %8d %12.4f  \n', j, slope)

oldu=p1.u*100;   % just for error management
oldx=p3.x*100;
error2=10;
corrector=0;

p4.x=x4;
p4.y=y4;

% Initialize for Modified Predictor

error1=1;
tol1=1e-6;   % 0.0001% error tolerence
tol2=1e-6;

p2.u=p3.u;
p2.v=p3.v;
p2.x=p3.x;
p2.y=p3.y;

fid=fopen('ex16_3.out', 'w');
fprintf(fid, ' lambdap   x2    y2    Qp e-6 Rp e-6 Sp e-10   Tp e-10,   u4
v4\n');
while error1>tol1

  % Deteriming x2, y2
 while error2>tol2
    v2=sqrt(p2.u^2+p2.v^2);
    a2=sqrt(k*R*T-(k-1)/2*v2^2);
    al_p=asin(a2/v2);

    th_p=atan(p2.v/p2.u);

    la_p=tan(al_p + th_p);
    la_m=(p3.y-p1.y)/(p3.x-p1.x);

    A=[la_p  -1; la_m  -1];
    C=[la_p*p4.x-p4.y; la_m*p1.x-p1.y];

    B=A^-1*C;
    p2.x=B(1);
    p2.y=B(2);

    p2.u=interp1([p1.x p3.x], [p1.u p3.u], p2.x);
    p2.v=interp1([p1.x p3.x], [p1.v p3.v], p2.x);
```

```
    error2=abs((p2.x-oldx)/oldx);
    oldx=p2.x;
 end

  if corrector==0
 up=p2.u;
 vp=p2.v;
 yp=p2.y;
 corrector=1;
  else
 up=(p2.u+p3.u)/2;
 vp=(p2.v+p3.v)/2;
 yp=(p2.y+p3.y)/2;
  end

  Vp=sqrt(vp^2 + up^2);
  a0=sqrt(k*R*T);
  ap= sqrt(a0^2 - (k-1)/ 2 * Vp^2);
  alphap=asin(ap/Vp);
  thetap=atan(p2.v/p2.u);

  lambdap=tan(thetap + alphap);
  Sp=delta*ap^2 * vp / yp;
  Qp=up^2 - ap^2;
  Rp=2*up*vp - Qp * lambdap;
  Tp=Sp * (p3.x-p2.x) + Qp * p2.u + Rp * p2.v;

  A1=[slope -1; Qp  Rp];
  C1=[0; Tp];
  B1=A1^-1 * C1;

  p4.u=B1(1);
  p4.v=B1(2);

  error1=abs(p4.u-oldu);
  oldu=p4.u;

  fprintf(fid, '%8.4f  %8.4f  %8.4f  %8.4f  %8.4f  %8.4f  %8.4f  %8.2f
%8.2f\n'...
    , lambdap, p2.x*1000, p2.y*1000, Qp*1e-6, Rp*1e-6, Sp*1e-10, Tp*1e-10, p4.u,
p4.v);
 end % while

fclose(fid)
end  % function
```

5.4.5. 대칭 축 상에서의 점

직교좌표계나 cylindrical 좌표계를 망라하고 많은 2차원 유동에서 대칭 현상을 발견할 수 있다. 그림 5.17은 이러한 대칭축에서 대칭 효과를 보여주고 있다. 이론적으로 어떤 점, p_3가 대칭축 상에 존재할 때에 반드시 p_1과 크기는 같으나 방향이 다른 p_2점이 대칭축 반대편에 mirror image처럼 존재해야 한다. 그림 5.17에서 이위치는 1'로 표현하였으며 그림 5.2에서 p_2점과 동일한 역할을 한다. 마찬가지로 특성곡선 C_-' 역시 대칭축을 중심으로 C_-의 기울기와 반대 방향으로 나타난다. 그러므로 p_2점을 p_1점의 mirror image로 구한 뒤 p_3점을 찾을 수 있다.

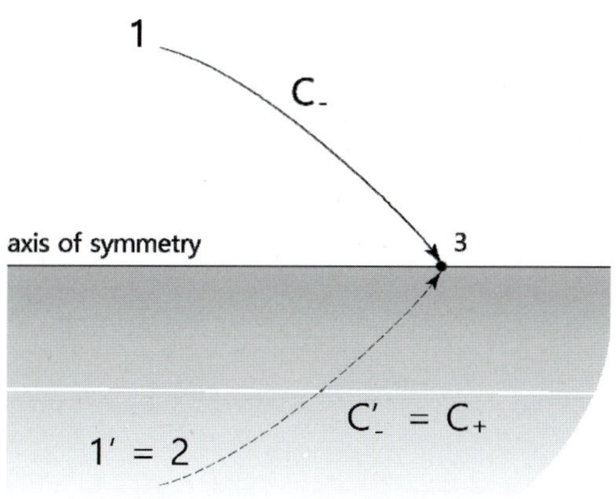

그림 5.17 P_3가 대칭 축 상에 존재 할 경우. p_2 점은 p1점과 거울대칭이다.

그리고 또 다른 방법으로 p_3점이 대칭축 상에 존재한다는 점을 다시 한 번 상기해보면 p_3 상에서의 y방향의 속도와 y좌표는 모두 대칭축과 일치하며 편의상 대칭축을 직교자표계의 x좌표, 혹은 cylindrical 좌표의 축방향으로 잡으면 이 값들은 모두 0이 된다. 즉,

$$y_3 = v_3 = \theta_3 = 0 \qquad (5.107)$$

이다. 그러므로 그림 5.18과 같이 직선과 대칭축 y=0과의 교점을 구하면 p_3를 구할 수 있다. 주어진 조건이 p_1과 대칭면이므로 우특성곡선을 사용하는 식 (5.71)과 (5.73)는 다음과 같다.

$$y_3 - \lambda_- x_3 = y_1 - \lambda_- x_1 \qquad (5.71)$$

$$Q_- u_3 + R_- v_3 = T_- \qquad (5.73)$$

여기서 $y_3 = v_3 = 0$이므로 식 (5.71)과 (5.73)를 각각

$$x_3 = x_1 - \frac{y_1}{\lambda_-} \tag{5.108}$$

$$u_3 = \frac{T_-}{Q_-} \tag{5.109}$$

과 같이 간단히 할 수 있다. 대칭면에서의 점을 구하라 때에도 내부점을 구할 때와 마찬가지로 그림 5.18과 같이 처음에는 predictor method 사용하고 다음부터는 corrector를 사용하여 정밀도를 향상시킬 수 있다.

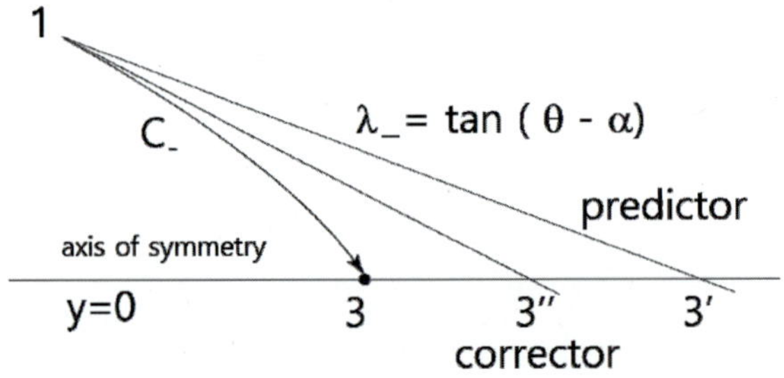

그림 5.18 대칭축 상에서 p_3 점

Ex. 4 비열비가 1.175, 기체상수는 346.4 J/kg K, 온도가 3600 K라 할 때 대칭축 선상과 근접한 점의 위치가 x=100 mm, y=1.2 mm이고 속도컴포넌트 u=2400 m/sec, v=30 m/sec이다. C- 특성곡선을 따라서 대칭축 상에서 p3의 위치와 이때의 속도를 구하라.

Sol. 지금까지와 같이 처음 계산을 할 때에는 predictor를 사용하므로 '-' 아래 첨자가 사용되는 모든 변수에는 point 1의 값을 사용한다. 그리고 식 (5.109)을 풀기 위해서는 먼저 p_1점에서의 기울기를 구해야 하므로

$$\mathrm{V}_- = \sqrt{u_-^2 + v_-^2} = \sqrt{2400^2 + 30^2} = 2{,}400.2\ m/\sec$$

$$a_o = \sqrt{kRT} = \sqrt{1.175 \times 346.4 \times 3600} = 1{,}210.5\ m/\sec$$

$$a_- = \sqrt{a_o^2 - \frac{k-1}{2}\mathrm{V}_-^2} = \sqrt{1210.5^2 - \frac{1.175-1}{2}2400.2^2} = 980.4\ m/\sec$$

$$\theta_- = \frac{v_m}{u_m} = 0.0125\ rad$$

$$\alpha_- = \sin^{-1}\left(\frac{a_-}{\mathrm{v}_-}\right) = 0.4208\ rad$$

$$\lambda_- = \tan(\theta_- - \alpha_-) = -0.4326$$

$$x_3 = -\frac{y_1}{\lambda_-} + x_1 = -\frac{1.290}{(-0.4626)} + 100 = 102.6\ mm$$

$$y_3 = 0$$

$$Q_- = u_-^2 - a_-^2 = 4.79881 \times 10^6$$

$$S_- = \delta\, a_-^2 \frac{v_-}{y_-} = 2.4030 \times 10^{10}\ \ (\delta = 1)$$

$$R_- = 2u_- v_- - Q_- \lambda_- = 2.2199 \times 10^6$$

$$T_- = S_-(x_3 - x_1) + Q_- u_1 + R_- v_1 = 1.1650 \times 10^{10}$$

$$u_3 = \frac{T_-}{Q_-} = \frac{1.0957 \times 10^{10}}{4.4981 \times 10^6} = 2{,}427.8\ m/\mathrm{sec}$$

정리하면

$$x_3 = 102.8\ mm,\ y_3 = 0\ mm,\ u_3 = 2427.8\ m/\mathrm{sec},\ v_3 = 0\ m/\mathrm{sec}$$

두 번째 방법부터는 predictor 대신 corrector를 사용하기 때문에 '-' 아래 첨자가 사용된 부분은 p_2와 p_3의 평균값을 사용한다. 즉,

$$u_- = \frac{u_1 + u_3}{2},\quad v_- = \frac{v_1 + v_3}{2},\quad y_- = \frac{y_1 + y_3}{2}$$

을 사용한다.

5.5. 노즐목에서 초기값 결정

5.4.1에서부터 5.4.5까지 특성곡선을 이용하여 편미분 방정식 중 쌍곡선 방정식을 수치해석을 통해 푸는 방법을 알아보았다. 쌍곡선 방정식의 특성상 상류와 경계면의 조건을 알면 경계면 내부의 상황은 비교적 손쉽게 계산할 수 있다. 지금까지 p_2와 경계면, p_1과 대칭면에서 그리고 보다 일반적 경우로 p_1과 p_2점이 존재하여 p_3점을 구할 수 있을 때를 알아보았다. 엔진 노즐 내부의 상황을 계산하기 위해 남은 조건 하나는 노즐목에서 초기값을 구하는 것이다. 그러므로 이 절에서는 액체로켓 엔진의 노즐 혹은 수축확산 노즐의 내부 상황을 계산하기 위해 노즐목 부근에서의 초기값을 결정하는 방법을 알아보도록 하겠다.

일반적으로 노즐을 통해 유동이 충분히 수축이 되면 노즐목에서 속도는 음속이 된다고 가정한다. 그러나 엄밀히 말해 노즐목 단면상의 모든 점에서 유속이 음속은 아니다. 노즐목 부근에서 음속인 곳을 따라가면 그림 5.19와 같은 포물선 형상이 된다. 노즐 근방에서 음속이 되는 점들은 노즐목, rt 보다 약간 상류에서 시작하여 그림처럼 대칭축에서는 0' 지점까지 포물선을 그리며 도달한다. 이 점들의 자취를 sonic line이라고 한다. 당연한 말이지만 M=1이 되는 sonic line 상류는 아음속 지역이며 하류는 초음속 지역이 된다. 특성곡선 방법을 사용하기 위해서는 유동이 초음속이어야 하므로 노즐내부의 상황을 알아보기 위한 첫 단계로는 M=1이 되는 포물선을 구하는 것이다. 이를 위해서는 0'점과 N점을 잇는 점들의 자취를 섭동방정식을 통해 구한다.

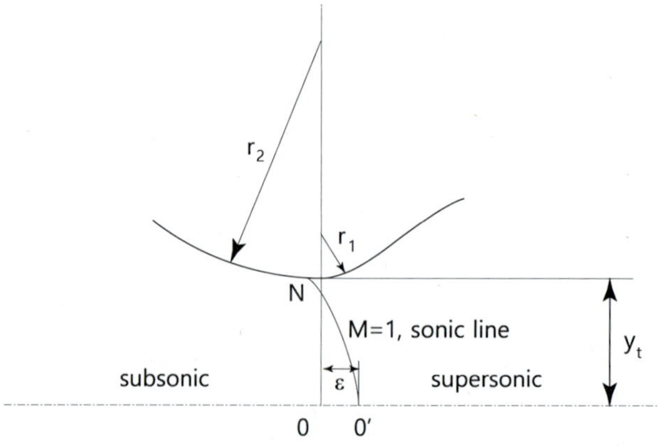

그림 5.19 노즐 부근에서 음속 1이 되는 점의 자취(N0')는 직선(노즐단면)이 아니고 포물선이다

5.5.1. 섭동방정식, Mach line, Initial value line

섭동방정식은 주어진 방정식에서 각 변수의 변화가 크지 않을 때 적용하는 한 방법으로 식을 단순히 하거나 비선형방정식을 선형으로 만드는데 흔히 사용하는 방법이다. 일반적으로 Navier Stock 방정식은 비선형정도가 매우 큰 방정식이므로 이를 그대로 사용하기는 힘들고 여러 가지 가정을 적용하여 단순화시키고 선형화 시켜서 사용한다. 만일 다루고 있는 유동이 isentropic한 환경이라면 변화가 매우 완만하게 일어나기 때문에 이러한 섭동방정식을 사용하기에 적합하다고 할 수 있다.

여기서는 먼저 유동의 흐름이 완만하게 변화한다고 가정한 뒤에 섭동방정식을 유도하고 연소기 노즐에 적용하도록 하겠다. 이를 위해서 기본적으로 Navier-Stoke equation에서 출발하지만 에너지 방정식 대신에 음속을 사용한다. 음속은 다음과 같이 정의된다.

$$a^2 = \left(\frac{\partial p}{\partial \rho}\right)_s \tag{5.110}$$

Isentropic 유동에 대해서 윗 식은

$$dp = a^2 d\rho \tag{5.111}$$

이 된다. 그리고

$$\frac{D}{Dt} = \frac{\partial}{\partial t} + (\nabla \cdot \vec{v}) \tag{5.112}$$

식 (5.112)를 식 (5.111)의 양변에 적용하고 다시 쓰면

$$\frac{Dp}{Dt} - a^2 \frac{D\rho}{Dt} = 0 \tag{5.113}$$

그리고 연속방정식으로부터

$$\frac{\partial \rho}{\partial t} + \nabla \cdot (\rho \vec{v}) = 0 \tag{5.114}$$

식 (5.114)를 전개한 뒤 식 (5.112)를 대입하면

$$\frac{\partial \rho}{\partial t}+\vec{v}\cdot\nabla\rho+\rho\nabla\cdot\vec{v}=0$$

$$\frac{D\rho}{Dt}+\rho\nabla\cdot\vec{v}=0 \tag{5.115}$$

이 된다. 그리고 식 (5.115)에 식 (5.113)을 대입하여 $\frac{D\rho}{Dt}$항을 제거하면

$$\frac{Dp}{Dt}+a^2\rho\nabla\cdot\vec{v}=0 \tag{5.116}$$

식 (5.116)과 같이 압력과 밀도와의 관계식을 구할 수 있다. 이 식을 정상상태 유동에 적용하면 시간에 대한 편미분항, $\frac{\partial}{\partial t}$이 0이 되므로

$$(\vec{v}\cdot\nabla)p+\rho a^2\nabla\cdot\vec{v}=0 \tag{5.117}$$

가 된다. 그리고 식 (5.118)은 벡터의 항등식이며 여기에 irrotational 유동을 가정하면 $\nabla\times\vec{v}=0$이 된다.

$$\vec{v}\times(\nabla\times\vec{v})=\frac{1}{\rho}\nabla p+\nabla\left(\frac{v^2}{2}\right) \tag{5.118}$$

그러므로 irrotational 유동을 가정한 뒤 식 (5.118)에 식 (5.119)처럼 속도를 scalar product해 주고 다시 정리하면 식 (5.120)을 얻을 수 있다.

$$\vec{v}\cdot\frac{1}{\rho}\nabla p+\vec{v}\cdot\nabla\left(\frac{v^2}{2}\right)=0 \tag{5.119}$$

$$(\vec{v}\cdot\nabla)p+\rho(\vec{v}\cdot\nabla)\left(\frac{v^2}{2}\right)=0 \tag{5.120}$$

계속해서 식 (5.120)의 첫 번째 항을 없애기 위해 식 (5.117)을 사용하고 정리하면 식 (5.121)이 유도되며

$$(\vec{v}\cdot\nabla)\left(\frac{v^2}{2}\right)-a^2\nabla\cdot\vec{v}=0 \tag{5.121}$$

이 식은 gas dynamic equation이라 불린다. 식 (5.121)은 vector form이므로 직교좌표에 적용해서 x 방향의 성분만을 고려하면

$$\left(u\frac{\partial}{\partial x}+v\frac{\partial}{\partial y}+w\frac{\partial}{\partial z}\right)\frac{\mathrm{v}^2}{2}-a^2\left(\frac{\partial u}{\partial x}+\frac{\partial v}{\partial y}+\frac{\partial w}{\partial z}\right)=0 \tag{5.122}$$

가 된다. 여기서, $\vec{v}=ui+vj+wk$, i, j, k는 단위 방향벡터, $\mathrm{v}=\sqrt{u^2+v^2+w^2}$ 이다. 그리고 앞으로 식을 간단히 하기 위해 $\dfrac{\partial u}{\partial x}\equiv u_x$라 정의하자. 식 (5.122)을 전개하면

$$u(uu_x+vv_x+ww_x)+v(uu_y+vv_y+ww_w)+w(uu_z+vv_z+ww_y)-a^2(u_x+v_y+w_z)=0$$

$$a^2(u_x+v_y+w_z)=u^2u_x+v^2v_y+w^2w_z+uv(u_y+v_x)+uw(u_z+w_z)+vw(v_z+w_y) \tag{5.123}$$

식 (5.123)은 비선형 식이므로 이를 선형화시키기 위해서 각 방향의 속도를 평균값과 섭동값으로 분해한 뒤 섭동값의 제곱항 이상은 매우 작은 값이라고 가정하고 제거한다. 이러한 방법은 섭동값이 평균값보다 매우 작을 때 사용가능하지만 현재 다루고 있는 유동이 isentropic하므로 유동의 변화가 매우 작게 천천히 일어나고 있다고 가정하는 것에 큰 무리가 없다. 예를 들어 그림 5.20(a)와 같이 $v=U_\infty$, $v=0$, $w=0$인 유동을 가정하여 보자. 이러한 유동에 에어포일과 같이 작은 교란을 일으키는 물체를 넣으면 그림 5.20(b)와 같이 유동에 작은 변화가 생긴다. 이러한 변화가 매우 작다고 가정하면 다음과 같이 표현할 수 있다.

$$u=U_\infty+u',\ v=v',\ w=w' \tag{5.124}$$

식 (5.124)를 식 (5.123)에 대입하면 식 (5.125)를 구할 수 있다.

(a) Undisturbed uniform flow

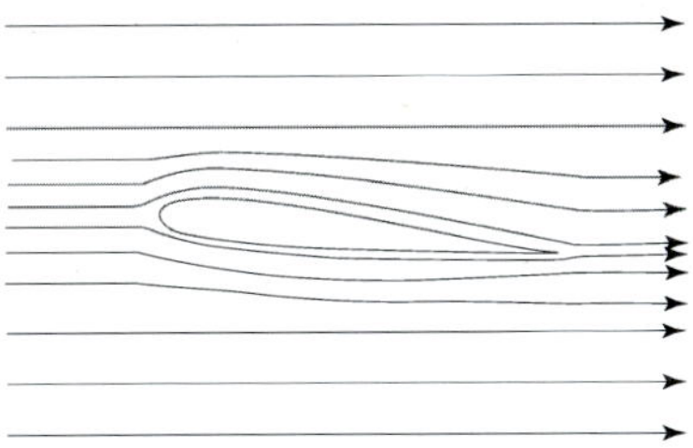

(b) Disturbed flow

그림 5.20 Uniform flow and a mildly disturbed flow

$$a^2(u'_x+v'_y+w'_z)=(U_\infty+u')^2u'_x+v'^2v'_y+w'^2w'_z+(U_\infty+u')v'(u'_y+v'_x) \\ +v'w'(v'_z+w'_y)+w'(U_\infty+u')(u'_z+w'_z) \tag{5.125}$$

그리고 어떤 유체가 움직일 때와 정지해 있을 때에, 두 상태 간에 음속의 관계식은 다음과 같다.

$$a_o=a^2+\frac{k-1}{2}\mathrm{v}^2 \tag{5.126}$$

그리고 식 (5.126)은 섭동 전과 후 모두 성립하므로 그림 5.20(a)와 그림 5.20(b)의 상태를 적용할 수 있다. 적용 후의 결과는 식 (5.127)과 같다.

$$a_o=a^2+\frac{k-1}{2}\mathrm{v}^2=a^2+\frac{k-1}{2}(u^2+v^2+w^2)=a_\infty^2+\frac{k-1}{2}U_\infty^2 \tag{5.127}$$

식 (5.127)을 음속 a에 대해서 정리한 뒤 식 (5.124)를 대입하고 간단히 하면 식 (5.128)이 된다.

$$a^2=a_\infty^2-\frac{k-1}{2}\left(2U_\infty u'+u'^2+v'^2+w'^2\right) \tag{5.128}$$

그리고 식 (5.128)을 식 (5.125)에 대입하고 양변을 a_∞^2로 나누어 준 뒤 정리하면

$$\begin{aligned}
&(1-M_\infty^2)u'_x+v'_y+w'_z \\
&=M_\infty^2\left\{(k+1)\frac{u'}{U_\infty}+\left(\frac{k+1}{2}\right)\left(\frac{u'}{U_\infty}\right)^2+\left(\frac{k-1}{2}\right)\left(\frac{v'^2+w'^2}{U_\infty^2}\right)\right\}u'_x \\
&\quad+M_\infty^2\left\{(k-1)\frac{u'}{U_\infty}+\left(\frac{k+1}{2}\right)\left(\frac{v'}{U_\infty}\right)^2+\left(\frac{k-1}{2}\right)\left(\frac{w'^2+u'^2}{U_\infty^2}\right)\right\}v'_y \\
&\quad+M_\infty^2\left\{(k-1)\frac{u'}{U_\infty}+\left(\frac{k+1}{2}\right)\left(\frac{w'}{U_\infty}\right)^2+\left(\frac{k-1}{2}\right)\left(\frac{u'^2+v'^2}{U_\infty^2}\right)\right\}w'_z \\
&\quad+M_\infty^2\left\{\frac{v'}{U_\infty}\left(1+\frac{u'}{U_\infty}\right)(u'_y+v'_x)+\frac{w'}{U_\infty}\left(1+\frac{u'}{U_\infty}\right)(u'_z+w'_x)+\frac{v'w'}{U_\infty^2}(w'_y+v'_z)\right\}
\end{aligned} \tag{5.129}$$

식 (5.129)를 얻을 수 있다. 단, 여기서 $M_\infty=\dfrac{U_\infty}{a_\infty}$이다. 식 (5.129)는 속도의 섭동항으로

표현된 gas dynamic equation이라고 한다. 식 (5.129)는 모든 방향의 섭동항을 포함한 일반식이며 비선형 방정식이기 때문에 사용하기에 많은 어려움이 있다. 따라서 이 식을 선형화, 단순화 시키는 방법을 강구해야 한다. 먼저 유동의 변화, 즉 각 방향의 속도의 변화가 매우 천천히 일어난다고 가정하면 식 (5.130)과 같다.

$$\begin{aligned}(1-M_\infty^2)u'_x+v'_y+w'_z &= M_\infty^2(k+1)\frac{u'}{U_\infty}u'_x+M_\infty^2(k-1)\frac{u'}{U_\infty}(v'_y+w'_z)\\ &\quad +M_\infty^2\frac{v'}{U_\infty}(u'_y+v'_x)+M_\infty^2\frac{w'}{U_\infty}(u'_z+w'_x)\end{aligned} \tag{5.130}$$

식 (5.130)은 식 (5.129)에 비해 단순하지만 여전히 비선형적인 측면이 강한 비선형 방정식이다. 그러므로 다시 한 번 선형화시키기 위해 u'의 변화량 역시 매우 작다고 가정하고 2차 이상의 값을 제거하면 식 (5.130)의 우항을 모두 사라지고 다음과 같이 간단한 식을 구할 수 있다.

$$(1-M_\infty^2)u'_x+v'_y+w'_z=0 \tag{5.131}$$

지금까지 식 (5.131)을 유도하면서 특별히 초음속 영역의 가정을 포함하지 않았기 때문에 이 식은 초음속이나 아음속 모두에 적용 가능하다. 그러나 유속이 음속에 가까운 천음속 영역에서 식 (5.131)를 사용하기는 어렵고 새로운 방정식을 구해야 한다. 천음속 영역에서 식 (5.131)의 좌측 첫 번째 항인 $(1-M_\infty^2)u'_x$의 값은 $M_\infty \approx 1$이므로 매우 작은 값이 될 것이다. 그리고 식 (5.130)의 우항 중 $M_\infty^2(k+1)\frac{u'}{U_\infty}u'_x$와 비슷한 크기의 값이 될 것이라 예상할 수 있다 (u'_x 항에 주의). 그러므로 식 (5.130)의 우항 중에서 $M_\infty^2(k+1)\frac{u'}{U_\infty}u'_x$ 항만을 남기고 모두 제거하면 식 (5.132)과 같은 식이 된다. 이는 천음속 영역에서의 섭동방정식이다.

$$(1-M_\infty^2)u'_x+v'_y+w'_z=M_\infty^2(k+1)\frac{u'}{U_\infty}u'_x \tag{5.132}$$

식 (5.131)과 (5.132)은 3차원 직교좌표계에서의 방정식이며 2차원 좌표계에서는 w'와 그의 미분항을 제거하면 되므로 다음 식과 같다.

$$(1-M_\infty^2)u'_x+v'_y=0 \tag{5.133}$$

$$(1-M_\infty^2)u'_x + v'_y = M_\infty^2(k+1)\frac{u'}{U_\infty}u'_x \tag{5.134}$$

또한 이 두 식을 cylindrical 좌표계에 적용하면

$$(1-M_\infty^2)u'_x + v'_y + \delta\frac{v'}{y} = 0 \tag{5.135}$$

$$(1-M_\infty^2)u'_x + v'_y + \delta\frac{v'}{y} = M_\infty^2(k+1)\frac{u'}{U_\infty}u'_x \tag{5.136}$$

여기서 δ는 여느 때와 마찬가지로 직교좌표계일 때에는 0 cylindrical 좌표계에서는 1이다.

노즐목 부근에서의 유동은 기본적으로 1차원 유동이며 그 속도는 음속과 매우 가깝기 때문에 교란이 생기기 전의 유동, U_∞와 critical sound speed a^*(M=1일 때의 음속)를 같게 봐도 큰 무리가 없을 것이다. 그러므로 $U_\infty = a^*$, $M_\infty = 1$을 위 식에 대입하면

$$v'_y + \delta\frac{v'}{y} = (k+1)\frac{u'}{a^*}u'_x \tag{5.137}$$

식 (5.137)이 된다. 이 식 (5.137)을 a^*로 나누고 식 (5.138)과 같은 새로운 무차원 변수를 도입하면 식 (5.139)이 된다.

$$\tilde{u} = \frac{u'}{a^*},\ \tilde{v} = \frac{v'}{a^*} \tag{5.138}$$

$$\tilde{v}_y + \delta\frac{\tilde{v}}{y} = (k+1)\tilde{u}\tilde{u}_x \ \text{또는}\ (k+1)\tilde{u}\tilde{u}_x - \tilde{v}_y - \delta\frac{\tilde{v}}{y} = 0 \tag{5.139}$$

노즐목 부근의 유동은 irrotational이므로 속도를 potential 함수로 표현할 수 있다. 이에 따라 velocity potential을 다음과 같이 정의하자, 그리고

$$\Phi = U_\infty x + \phi = a^*(x + \tilde{\phi}) \tag{5.140}$$

속도를 평균속도와 섭동량으로 나누고 식 (5.138)을 적용하면 식 (5.141)와 같으며 앞서 가정하였듯이 $U_\infty = a^*$, $M_\infty = 1$이므로 식 (5.142)과 같은 결과를 얻을 수 있다.

$$\begin{aligned} u &= \bar{u} + u' \\ &= U_\infty + u' \end{aligned} \tag{5.141}$$

$$u = a^* + u'$$
$$= a^*(1+\tilde{u}) \tag{5.142}$$

그리고 속도와 velocity potential의 관계는 식 (5.143)과 같으므로

$$u = \frac{\partial \Phi}{\partial x} = a^*(1+\tilde{\phi}_x) \tag{5.143}$$

식 (5.142)과 (5.143)을 연립하면 식 (5.144)가 된다.

$$a^*(1+\tilde{u}) = a^*(1+\tilde{\phi}_x) \tag{5.144}$$

이를 정리하면 식 (5.145)과 같은 간단한 결과를 얻을 수 있다.

$$\tilde{u} = \tilde{\phi}_x \tag{5.145}$$

같은 방법으로

$$v = 0 + v' = a^* \frac{v'}{a^*} = a^* \tilde{v} = \Phi_y = a^* \tilde{\phi}_y \tag{5.146}$$

그러므로

$$\tilde{v} = \tilde{\phi}_y \tag{5.147}$$

식 (5.145)과 (5.147)를 식 (5.139)에 대입하면

$$(k+1)\tilde{\phi}_x \tilde{\phi}_{xx} - \tilde{\phi}_{yy} - \delta \frac{\widetilde{\phi_x}}{y} = 0 \tag{5.148}$$

식 (5.148)는 아직도 비선형 방정식이며 small perturbation method로 선형화 시킬 수 없다. 그러므로 해를 직접 구할 수 없기 때문에 식 (5.132)의 해가 다항식이라고 가정을 하고 해를 구한다. 즉, $\tilde{\phi}(x, y)$를 y의 다항식(power series)이라고 가정하고 각 항의 계수(coefficient)는 다음 식과 같이 x의 함수라 가정한다.

$$\tilde{\phi}(x, y) = \sum_{i=o}^{\infty} f_i(x) y^i \tag{5.149}$$

그런데 노즐목에서의 유동은 목의 중심을 따라 상하 대칭이므로 이를 x축으로 잡으면 $u(x,\ y)$는 $u(x,\ -y)$와 같다. 즉, $u(x,\ y)$는 우함수(even function)이며 따라서 $\tilde{\phi}_x$ 역시 y에 대해서 우함수이어야 한다. 또한 $\tilde{\phi}_x$는 $\tilde{\phi}$의 x방향 편미분이므로 $\tilde{\phi}$ 역시 y에 대해서 우함수이어야 한다. 그러므로 식 (5.149)에서 우함수항만을 남기면

$$\tilde{\phi}(x,\ y) = f_o(x)y^0 + f_2(x)y^2 + f_4(x)y^4 + \cdots = \sum_{i=o}^{\infty} f_{2i}(x)y^{2i} \tag{5.143}$$

가 된다. 식 (5.150)를 식 (5.148)에 대입하기 위해서 x와 y로 각각 미분하면,

$$\tilde{\phi}_x = f'_o(x) + f'_2(x)y^2 + f'_4(x)y^4 + \cdots \tag{5.151a}$$

$$\tilde{\phi}_{xx} = f''_o(x) + f''_2(x)y^2 + f''_4(x)y^4 + \cdots \tag{5.151b}$$

$$\tilde{\phi}_y = 2f_2(x)y + 4f_4(x)y^3 + 6f(x)y^5 + \cdots \tag{5.151c}$$

$$\tilde{\phi}_{yy} = 2f_2(x) + 12f_4(x)y^2 + 30f(x)y^4 + \cdots \tag{5.151d}$$

여기서 $f_i'(x) = \dfrac{\partial f_i}{\partial x}$이다. 식 (5.151a, b, c, d)를 식 (5.150)에 대입하고 y^2항보다 높은 차수를 무시하면 다음과 같은 결과를 얻을 수 있다.

$$[(k+1)f'_o f''_o - 2f_2 - 2\delta f_2] + y^2[(k+1)(f_o' f_2'' + f_o'' f_2') - 12f_4 - 4\delta f_4] = 0 \tag{5.152}$$

식 (5.152)는 모든 x와 y에 대해서 성립해야 하므로 각각의 항이 모두 0이 되어야 한다. 그러므로 식 (5.153)과 (5.154)가 성립하며 이를 정리하면 식 (5.155)와 (5.156)처럼 정리할 수 있다.

$$(k+1)f_o' f_o'' - 2f_2 - 2\delta f_2 = 0 \tag{5.153}$$

$$(k+1)(f_o' f_2'' + f_o'' f_2') - 12f_4 - 4\delta f_4 = 0 \tag{5.154}$$

$$f_2(x) = \frac{(k+1)f_o' f_o''}{2(1+\delta)} \tag{5.155}$$

$$f_4(x) = \frac{(k+1)(f_o' f_2'' + f_o'' f_2')}{4(3+\delta)} \tag{5.156}$$

식 (5.155)과 (5.156)를 살펴보면 우변에 $f_o(x)$가 포함되어 있다는 것을 알 수 있다. 그러므

로 먼저 $f_o(x)$를 구한 뒤 $f_2(x)$와 $f_4(x)$를 결정하도록 한다. 식 (5.150)로부터 $y=0$일 때에 $\tilde{\phi}(x,\ 0)=f_o(x)$이다. $\tilde{\phi}(x,\ 0)$가 velocity potential이므로 속도는 이 $\tilde{\phi}(x,\ 0)$를 각 성분으로 미분하면 구할 수 있다. 그러므로 x방향의 속도는 $\tilde{u}(x,\ 0)=\tilde{\phi}_x=f_o{}'(x)$가 된다. 일단 $\tilde{u}(x,\ 0)$가 결정되면 $f_o(x)$를 구할 수 있고 차례로 $f_2(x)$와 $f_4(x)$를 구할 수 있다. $\tilde{u}(x,\ 0)$를 결정하기 위해서 먼저 이 값이 x에 대해서 선형적(linear)이라고 가정하면 다음과 같이 쓸 수 있다.

$$\tilde{u}(x,\ 0)=f_o{}'(x)=\alpha x \tag{5.157}$$

여기서 α는 coefficient of the linear nondimensional axial perturbation velocity[2]라 매우 긴 이름을 갖는 계수로 차후 경계조건을 통해 구할 수 있다. 식 (5.157)을 식 (5.155), (5.156)에 대입하면 각각 다음과 같다.

$$f_2(x)=\frac{(k+1)\alpha^2 x}{2(1+\delta)} \tag{5.158}$$

$$f_4(x)=\frac{(k+1)^2\alpha^3}{8(1+\delta)(3+\delta)} \tag{5.159}$$

식 (5.158)과 (5.159)를 식 (5.150)에 넣으면 식 (5.160)을 얻을 수 있다.

$$\tilde{\phi}(x,\ y)=f_o(x)+\frac{(k+1)\alpha^2 x}{2(1+\delta)}y^2+\frac{(k+1)^2\alpha^3 y^4}{8(1+\delta)(3+\delta)} \tag{5.160}$$

식 (5.160)은 velocity potential이므로 구하고자 하는 $\tilde{u}$와 $\tilde{v}$는 식 (5.145)과 (5.147)을 통해 구할 수 있다. 식 (5.145)과 (5.147)에 식 (5.160)을 대입하면,

$$\tilde{u}=\frac{\partial\tilde{\phi}}{\partial x}=\alpha x+\frac{(k+1)\alpha^2 y^2}{2(1+\delta)} \tag{5.161}$$

$$\tilde{v}=\frac{\partial\tilde{\phi}}{\partial y}=\frac{(k+1)\alpha^2 xy}{(1+\delta)}+\frac{(k+1)^2\alpha^3 y^3}{2(1+\delta)(3+\delta)} \tag{5.162}$$

식 (5.161)과 (5.162)는 섭동방정식을 통해 구한 노즐목 부근에서의 속도를 나타낸다. 그리고 현재 노즐목 부근에서 속도가 음속인 지점을 찾고 있으므로,

$$u^2+v^2=a^{*2}=(a^*+u')^2+v'^2=a^{*2}\left\{(1+\tilde{u})^2+\tilde{v}^2\right\}$$

$$(1+\tilde{u})^2+\tilde{v}^2=1 \tag{5.163}$$

$$2\tilde{u}+\tilde{u}^2+\tilde{v}^2=0$$

식 (5.163)에서 제곱항을 제거하면 다음과 같은 결과를 얻을 수 있다.

$$\tilde{u}=0 \tag{5.164}$$

그리고 식 (5.164)와 식 (5.161)을 연립하면

$$x=-\frac{(k+1)\alpha y^2}{2(1+\delta)} \tag{5.165}$$

식 (5.165)는 M=1이 자취의 방정식이다. 그런데 식 (5.165)에서 $y=0$일 때에 $x=0$이 된다. 여기서 x와 y의 좌표의 원점은 그림 5.19에서 $0'$임을 상기하자. 즉, 식 (5.165), M=1인 자취의 방정식의 원점은 서술한 바와 같이 노즐목이 아니다. 그리고 $0'$와 0사이의 거리는 그림 5.19에서와 같이 ϵ이 된다. 그러므로 식 (5.165)을 통해 알 수 있는 정보는 M=1의 자취가 노즐목 후단 어딘가($0'$ 지점)를 원점으로 하는 포물선 식이라는 것이다. 그러므로 식 (5.165)는 $0'$와 0의 거리인 ϵ을 결정해야 비로소 사용할 수 있다.

식 (5.165)에서 원점은 $0'$이며 이점을 기준으로 그림 5.19에서 $y=y_t$와 $x=\epsilon$일 때에 y 방향의 속도는 0, $\tilde{v}=v'=v=0$이다. 이 조건들을 식 (5.162)에 대입하면

$$\frac{(k+1)\alpha^2\epsilon y_t}{(1+\delta)}+\frac{(k+1)^2\alpha^3 y_t^3}{2(1+\delta)(3+\delta)}=0 \tag{5.166}$$

과 같으며 다시 ϵ에 대해서 정리하면

$$\epsilon=-\frac{(k+1)\alpha y_t^2}{2(3+\delta)} \tag{5.167}$$

을 얻을 수 있다. 식 (5.167)는 노즐목의 위치와 Mach line의 원점과의 좌표 차이를 나타낸다. 식 (5.167) 얼핏 음수처럼 보이나 이는 α값에 따라 음수 혹은 양수가 된다. Intial value line의 원점은 $0'$이며 노즐의 기하학적인 원점인 노즐목의 위치는 0이다. 그러므로 Intial value line의 원점을 기준으로 본다면 0점은 $0'$에서 음의 방향으로 ϵ 만큼 떨어져있다고 볼

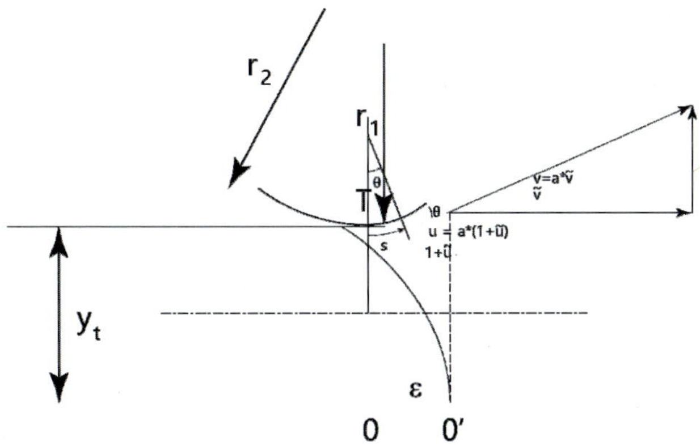

그림 5.21 노즐 벽에서의 속도와 각 성분과의 관계

수 있다. 이 경우 식 (5.167)은 자체로 음수이므로 음수의 부호를 상쇄시킬 수 있는 유일한 성분인 α는 양수이어야 한다. 물론 반대로 원점이 0에서 $0'$로 이동했다고 생각하면 ϵ은 양수가 되고 이에 따라 α는 음수가 된다. 즉, 식 (5.167)의 부호는 단지 관점의 차이이다. 일반적으로 노즐목을 원점으로 잡는 것이 보통이므로 여기서는 $0'$에서 0로 이동시킬 수 있도록 ϵ는 음수, α는 양수로 정의한다.

식 (5.167)은 ϵ을 결정하는 방정식이지만 식 내에서 여전히 α가 미지수이다. 즉, ϵ구하기 위해서는 α가 먼저 결정되어야 한다. 그리고 α는 노즐의 형상정보인 경계조건을 통해 계산할 수 있다. 다음 그림 5.21은 노즐 벽에서 속도와 각 속도성분과의 관계를 보여준다. 목에서부터 노즐곡선위에 있는 점까지의 거리를 s라 하고 이 점까지의 각도는 θ라 하자. 이 점은 벽면에 위치하므로 유동의 방향과 벽의 접선방향은 동일하다. 그러므로 θ와 속도 성분과는 다음과 같은 관계가 성립한다.

$$\tan\theta = \frac{v}{u} = \frac{\tilde{v}}{1+\tilde{u}} \tag{5.168}$$

여기서 $1 \gg \tilde{u}$이므로 식 (5.168)은 다음과 같이 된다.

$$\tan\theta = \tilde{v} \tag{5.169}$$

그리고 T점에서 곡률을 다음과 같이 정의한다.

$$\rho = \frac{1}{r_2} = \left.\frac{d(\tan\theta)}{ds}\right|_p = \left(\frac{d\tilde{v}}{ds}\right)_p \tag{5.170}$$

그리고 식 (5.170)의 마지막 항은 방향에 따라 다음과 같이 분해된다.

$$\frac{d\tilde{v}}{ds} = \frac{\partial \tilde{v}}{\partial x}\frac{dx}{ds} + \frac{\partial \tilde{v}}{\partial y}\frac{dy}{dx} \tag{5.171}$$

노즐목 근방에서는 그림 5.21에서 알 수 있듯이 s만큼 움직일 때에 x의 변화와 s의 변화는 비슷하며 y의 변화는 s의 변화에 비해 매우 작다. 게다가 T에서는 $dx = 1$, $dy = 0$이므로, 다음과 같이 식이 성립한다.

$$\frac{dx}{ds} = 1, \quad \frac{dy}{ds} = 0 \tag{5.172}$$

그러므로 식 (5.171)에 식 (5.172)을 대입하면

$$\frac{d\tilde{v}}{ds} = \frac{\partial \tilde{v}}{\partial x} = \tilde{v}_x \tag{5.173}$$

식 (5.173)이 된다. 식 (5.173)과 식 (5.170)을 연계하면 식 (5.174)를 얻을 수 있으며,

$$r_2 = \frac{1}{\tilde{v}_x\big|_T} = \frac{1}{\tilde{v}_x(\epsilon, y_t)} \tag{5.174}$$

여기서 T점은 $0'$에서 왼쪽(음의 방향)으로 이동하였기 때문에 음수가 된다. 식 (5.174)를 x로 미분하면

$$\tilde{v}_x = \frac{(k+1)\alpha^2 y}{1+\delta} \tag{5.175}$$

가 되며 T점에서는 $x = \epsilon$, $y = y_t$이므로 이 값을 식 (5.175)에 대입하고 식 (5.174)를 상기하면

$$r_2 = \frac{1+\delta}{(k+1)\alpha^2 y_t} \tag{5.176}$$

식 (5.176)이 된다. 이를 α에 대해서 풀고 식 (5.167)에 대입하면 α와 ϵ을 얻을 수 있다. 식 (5.176)을 풀면 α는 복호를 갖는 두 개의 값이 나오지만 여기서는 앞서 설명한 바와 같이

ϵ를 음수로 만들기 위해 양수를 선택하자. 그리하여 α는 식 (5.177)과 같다.

$$\alpha = \left[\frac{1+\delta}{(k+1)r_2 y_t} \right]^{1/2} \tag{5.177}$$

$$\epsilon = -\frac{y_t}{2(3+\delta)} \left[\frac{(k+1)(1+\delta)y_t}{r_2} \right]^{1/2} \tag{5.178}$$

이와 같이 경계조건인 노즐의 형상과 식 (5.177)로부터 α를 구하고 식 (5.165)를 사용한 뒤 노즐의 형상과 식 (5.178)을 사용하여 ϵ를 구하고 x값을 ϵ만큼 이동시키면 노즐목을 원점으로 하는 좌표계에서 M=1의 자취를 구할 수 있다. 이렇게 구한 M=1의 자취는 실험값과 약간의 차이가 있다는 것이 보고되었다. Flack and Thompson[4]는 LDV 시스템을 통해 노즐목 부위에서 생성되는 sonic line을 관찰하였는데 이 line은 Suer[4]의 해석보다 약간 앞에서 생성되는 것을 발견하였다. 이 원인으로는 boundary layer 때문이라고 설명되었다[5,6].

그림 5.19 혹은 5.21에서 볼 수 있는 바와 같이 M=1인 되는 자취(locus)는 벽면에서 대칭면까지 노즐목 앞의 연소실에서 노즐목 뒤의 노즐 내부까지 연결된다. 일반적으로 연소기 설계 시에 노즐목을 경계로 연소실과 노즐목을 나누는 것을 감안하면 노즐목의 앞뒤로 경계조건이 형성되는 것은 그다지 실용적이지 않다. 게다가 특성곡선 방정식을 사용하기 위해서는 유체의 속도가 음속보다 커야 하므로 M=1이 되는 자취를 초기값으로 사용하는 것도 곤란하다. 따라서 보다 실용적이고 동시에 수학적으로 안전한 설계를 위해서는 새로운 경계조건을 설정할 필요가 있다.

새로운 초기조건은 초음속이어야 함으로 당연히 그 위치는 M=1 라인보다는 후류에 위치하여야 한다. Mach line이 포물선이며 노즐목의 전방에서 시작한다는 것을 생각하면 이 라인에서 y 방향의 속도 v는 아직 0이 아니다. 그러므로 Mach line 후방 어디선가 $v=0$이 되는 지점이 있을 것이며 이 점은 Mach line 후방이므로 당연히 음속보다 빠를 것이다. 그러

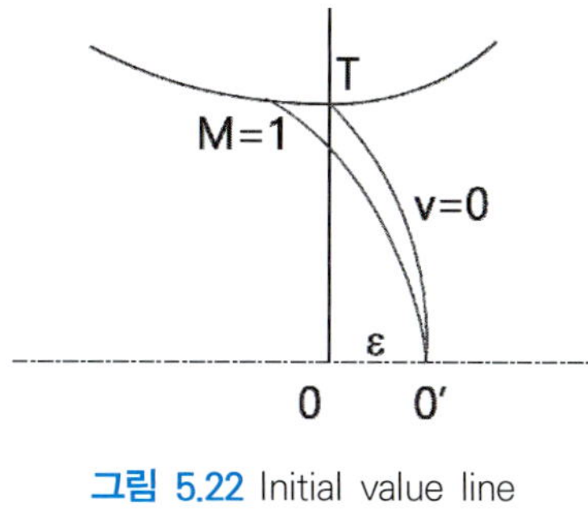

그림 5.22 Initial value line

므로 이 점들의 자취를 새로운 초기값 곡선으로 사용한다면 수학적으로나 실용적으로나 무리가 없을 것이다.

$v=0$이 되는 이 새로운 초기값 곡선도 노즐목 부근에서의 섭동방정식의 해인 식 (5.146)를 사용하여 구한다. $\tilde{v}=0$이면 식 (5.126), $\tilde{v}=\dfrac{v'}{a^*}=\dfrac{v}{a^*}$에 의해 $v=0$이다. 식 (5.146)에서 $\tilde{v}$에 0을 대입하고 간단히 하면

$$\frac{(k+1)\alpha^2 xy}{(1+\delta)}+\frac{(k+1)^2\alpha^3 y^3}{2(1+\delta)(3+\delta)}=0 \tag{5.179}$$

$$x=-\frac{(k+1)\alpha y^2}{2(3+\delta)} \tag{5.180}$$

식 (5.180)은 $v=0$의 자취이다. 이 식은 그림 5.22와 같이 M=1의 자취(Mach line)인 식 (5.165)과는 살짝 다름을 알 수 있다. 이 새로운 자취를 initial value line(초기값 곡선)이라 한다.

$$x=-\frac{(k+1)\alpha y^2}{2(1+\delta)} \tag{5.165}$$

Initial value line 상에서의 점들을 초기값으로 사용하기 위해서는 각 지점에서 속도와 gas dynamic properties를 결정해야 한다. 먼저 initial value line은 $v=0$이므로 x 방향의 속도만이 존재하며 이를 벡터 폼으로 바꾸면 $\vec{v}=ui$이 된다. 그러므로 u를 구하면 $\vec{v}$를 알 수 있다. 즉, 식 (5.165)와 (5.178)을 통해 initial value line의 $(x,\ y)$좌표를 결정할 수 있고 $\tilde{u}$는 식 (5.161)와 식 (5.165)과의 관계를 통해 구할 수 있다. $\tilde{u}$를 구하면 식 (5.124)와 (5.138)을 사용하여 u를 구할 수 있으며 이 두 식을 연결하면 다음과 같다.

$$u=a^*(1+\tilde{u}) \tag{5.181}$$

속도를 제외한 다른 값들 즉, 속도, 압력, 온도, 밀도 등은 stagnation 값과 음속을 통해 구할 수 있다. 이 값들을 구하기 위해서는 stagnation speed of sound와 critical speed of sound를 구분해서 사용하는 것이 편리하다. 여러번 반복된 이야기이지만 stagnation speed of sound는 유체의 속도를 가상적으로 0로 만들었을 때의 음속이며 critical speed of sound는 유체의 속도를 가장적으로 M=1로 만들었을 때의 속도이다. 유체의 속도는 critical speed of sound, a^*과 연관을 지었기 때문에 $\tilde{u}$로부터 u를 구하기 위해서는 a^*가 필요하다. 반면

에 유체의 특성, 온도, 압력, 밀도 등을 구하기 위해서는 stagnation speed of sound를 사용한다.

먼저 stagnation speed of sound는 다음과 같다.

$$a_o = \sqrt{kRT} \tag{5.182}$$

여기서 R과 T는 stagnation 값이다. 일반적으로 연소실 내부에서의 유동속도는 매우 작기 때문에 흔히 R과 T는 연소실 내부의 조건으로 대치된다. 또한 critical speed of sound와 stagnation speed of sound와의 관계를 통해 critical speed of sound를 구할 수 있다.

$$a^{*2} = \frac{2}{k+1} a_o^2 \tag{5.183}$$

그리고 Mach number는 음속과 속력 v를 통해 구한다. 당연한 말이지만 initial line에서 속도는 a_o가 아니므로 이곳에서의 음속은 다음과 같이 구한다.

$$a = a_o^2 - \frac{k-1}{2} \mathrm{v}^2 \tag{5.184}$$

식 (5.184)를 통해 음속이 결정되면 식 (5.181)과 더불어 Mach number를 계산할 수 있으며 stagnation 조건과 Mach number로부터 initial value line에서의 밀도, 압력, 온도 등을 구할 수 있다.

$$T = \frac{T_o}{1 + \frac{k-1}{2} M^2} \tag{5.185}$$

$$p = \frac{p_o}{\left(1 + \frac{k-1}{2} M^2\right)^{k/(k-1)}} \tag{5.186}$$

$$\rho = \frac{\rho_o}{\left(1 + \frac{k-1}{2} M^2\right)^{1/(k-1)}} \tag{5.187}$$

이상에서와 같이 노즐의 형상이 결정되면 노즐 내부의 내부를 파악하기 위한 방법을 알아보았다. 노즐 내부의 환경은 Navier Stoke Eq.을 직접 풀 필요 없이 특성곡선 방정식을 사용하여 보다 간단히 구할 수 있다. 또한 여느 미분방정식이 그렇듯이 특수해를 구하기 위해서

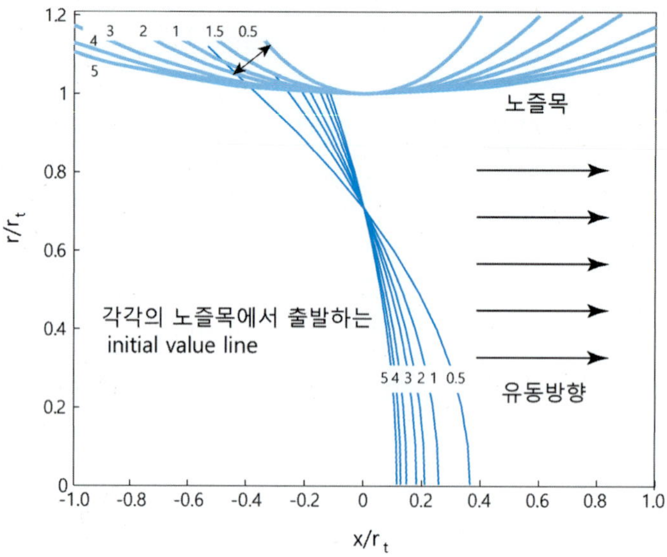

그림 5.23 노즐목 곡률에 따른 initial value line의 변화. 그림 내에서 숫자는 r_2/r_t이다.

는 미분방정식의 종류에 따라 초기값과 경계값이 둘 다 혹은 어느 하나가 필요하다. 노즐 문제와 같은 쌍곡선 문제에서는 경계값과 초기값이 모두 필요하며 경계값은 노즐의 벽면을, 그리고 초기값은 initial value line을 사용한다.

그림 5.23은 노즐목의 곡률에 따른 Iinitial value line의 변화를 보여준다. 그림 내에서 위에 보이는 곡선은 노즐목의 형상을 그 아래의 포물선들은 initial value line을 나타내며, 각 라인의 숫자는 노즐목의 크기의 비, r_2/r_t이다. 여기서 식 (5.170)에서와 같이 곡률을 사용하지 않고 r_2/r_t를 사용한 이유는 직관적인 이해를 돕기 위함이다. 그림을 보면 r_2가 커질수록 2차원 유동은 1차원 유동에 접근함을 알 수 있다. 반대로 r_2가 작아지면서 2차원 유동의 효과는 점점 커진다. 이 값이 극단적으로 작아져, 예를 들어 r_2/r_t가 0.5까지 작아지면 initial value line이 노즐에 도달하지 않는 것을 알 수 있다(그림에서 화살표 표시). 즉 이 정도까지 r_2가 작아지면 형상의 변화가 급격해지므로 지금까지 사용하였던 small perturbation approximation을 사용할 수 없다는 것을 의미한다. Sauer에 따르면 $r_2/r_t < 2$부터는 1차원 유동의 특성인 uniform flow와의 차이가 커지며 $r_2/r_t < 1$부터는 small perturbation approximation을 사용하기가 곤란한 것으로 보고되었다[6].

Ex. 5.1 연소실 내부의 조건이 다음과 같도록 연소기를 설계하고 있다.

$$k=1.14,\ \ T=3660\ K,\ \ p=80,\ \ \rho=5.98\ kg/m^3,\ \ c_p=5{,}761\ J/kg\ K$$

노즐목의 반경이 25 mm이며 연소실과 노즐목을 잇는 경계면이 원이며 이 원의 반경이 1.5 r_t일 때에 다음을 구하라.

(1) sonic line의 위치

(2) $v=0$ line의 위치

(3) r방향 혹은 y방향으로 $v=0$ line을 10개로 나누었을 때 (line segment가 10개이므로 양 끝점을 합하여 점은 모두 11개) 각각의 점에서 다음과 같은 유체의 성질을 구하라.

$$\text{v},\ M,\ p,\ T$$

Sol. $\alpha=\left[\dfrac{1+\delta}{(k+1)r_2y_t}\right]^{1/2}=\left[\dfrac{1+1}{(1.14+1)\cdot 1.5\cdot 25\times10^{-3}\cdot 25\times10^{-3}}\right]^{1/2}$

$=31.574\ m^{-1}$

$$\epsilon=-\frac{y_t}{2(3+\delta)}\left[\frac{(k+1)(1+\delta)y_t}{r_2}\right]^{1/2}$$

$$=-\frac{25\cdot10^{-3}}{2(3+1)}\left[\frac{(1.14+1)(1+1)25\cdot10^{-3}}{1.5\cdot25\cdot10^{-3}}\right]^{1/2}=-5.279\times10^{-3}\ m$$

(1) Sonic line

$$x=-\frac{(k+1)\alpha y^2}{2(1+\delta)}$$

(2) $v=0$ line

$$x=-\frac{(k+1)\alpha y^2}{2(3+\delta)}$$

(3) stagnation sound of speed

$$a=\sqrt{kRT}=1{,}7181\ m/\text{sec}$$

critical sound speed

$$a^* = \sqrt{\frac{2}{1+k}}\, a_o = 1{,}6610\ m/\sec$$

$$\tilde{u} = \alpha^* x + \frac{(k+1)\alpha^2 y^2}{2(1+\delta)}$$

$$u = a^*(1+\tilde{u})$$

$$a = a_o^2 - \frac{(k-1)}{2} u^2$$

$$M = \frac{u}{a}$$

$$T = \frac{T_o}{1 + \frac{k-1}{2} M^2}$$

$$p = \frac{p_o}{\left(1 + \frac{k-1}{2} M^2\right)^{k/(k-1)}}$$

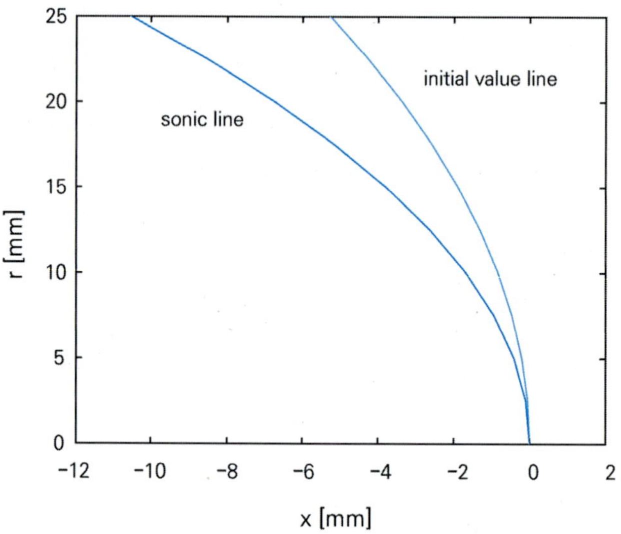

그림 5.24 Sonic line과 initial value line (v=0 line)

표 Ex.5.1 $v=0$라인 상에서 유체의 특성

sonic line x [mm]	v=0 line x [mm]	y [mm]	u [m/sec]	p [bar]	T [K]	M
-0.000	-0.000	0.000	1660.969	46.1	3420.6	1.0000
-0.106	-0.053	2.500	1663.738	46.0	3419.8	1.0018
-0.422	-0.211	5.000	1672.042	45.8	3417.4	1.0071
-0.950	-0.475	7.500	1685.884	45.3	3413.3	1.0161
-1.689	-0.845	10.000	1705.262	44.7	3407.6	1.0286
-2.639	-1.320	12.500	1730.176	43.9	3400.2	1.0448
-3.801	-1.900	15.000	1760.627	43.0	3391.0	1.0646
-5.173	-2.587	17.500	1796.615	41.8	3379.9	1.0882
-6.757	-3.378	20.000	1838.139	40.5	3366.8	1.1155
-8.551	-4.276	22.500	1885.200	39.1	3351.5	1.1466
-10.557	-5.279	25.000	1937.798	37.4	3334.1	1.1817

5.5.2. 초기값으로부터 우특성곡선 결정

5.5.1에서 특성곡선 방정식의 초기값으로 구한 initial value line($v=0$ 곡선)과 특성곡선 방법을 사용하면 미분방정식을 풀지 않고서도 노즐내부의 상태를 계산할 수 있다. 그런데 특성곡선 방정식을 사용하기 위해서는 모든 점에서 M>1이어야 하나 $y=0$인 지점에서는 속도가 음속과 같으므로 특성곡선을 사용할 수 없다. 이 지점에서는 $v=0$, M=1이므로 유동의 방향 $\theta=0$이고 Mach angle, $\alpha=\pi/2$이다. 따라서 식 (5. 58a)는 다음 결과와 같이 무한대가 되어 더 이상의 계산이 불가능해진다.

$$\lambda_+ = \tan(\theta_+ + \alpha_+) = \tan\left(0 + \frac{\pi}{2}\right) = \infty$$

이를 해결하기 위해서는 여러 가지 방법이 연구되었으며 Zucrow M. J. and Hoffman J. D[7]은 p_2 대신에 p_3를 사용하는 것을 한 가지의 방법으로 제시하고 있으며 본문에서 사용한 방법은 다음과 같다.

그림 5.25에서 p_1부터 p_2까지는 ivline이며 p_2에서 p_4까지는 특성곡선, p_1에서 p_4는 대칭선(x축)이다. p_2에서 p_4까지의 특성곡선을 구하기 위해서는 p_1에서 출발하는 좌특성곡선과

p_2에서 출발하는 우특성곡선의 교차점인 p_3를 구한 뒤 대칭축상의 점 p_4를 구해야 하나 p_1에서 시작하는 좌특성곡선을 구할 수 없으므로 p_1을 대체할 점을 먼저 찾는다. 이 점은 iv-line 상에서 p_1과 충분히 가까운 점으로 을 p_1'이라 할 때 p_1과 p_2로부터 내삽을 통해 구한다. 이 점은 p_1보다 위에 있기 때문에 M>1이 되며 이 점에서 시작한 좌특성곡선을 사용하여 p'_3를 구한 뒤 p_4를 구할 수 있다.

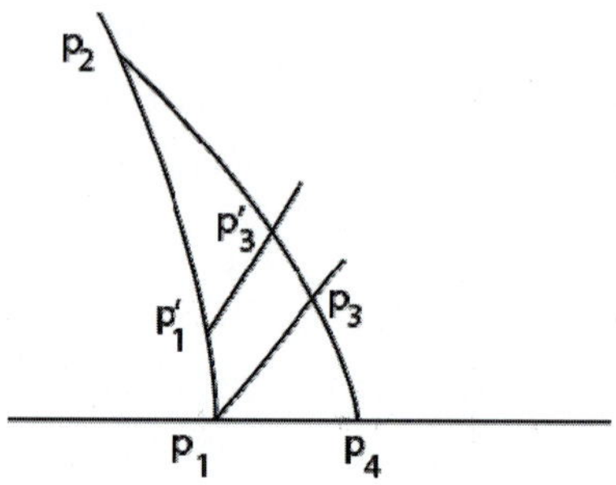

그림 5.25 IV line 상의 특이점과 특성곡선

그림 5.26 다음 번 특성곡선을 구하는 그림이다. 그림에서 좌표(m, n) 중에서 m은 행을, n은 특성곡선을 나타낸다. 단 여기서 n=1은 특성곡선이 아닌 ivline이지만 간단한 데이터 구조를 갖도록 ivline을 특성곡선의 자료구조에 포함시켰다. 그리고 특성곡선은 ivline의

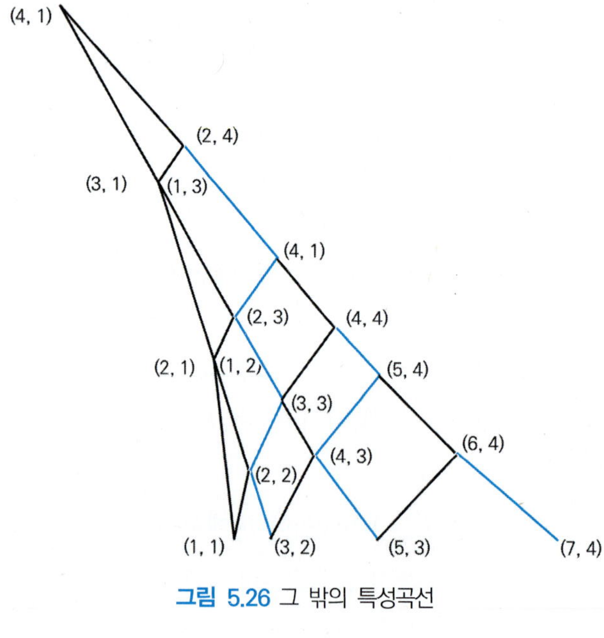

그림 5.26 그 밖의 특성곡선

상의 점에서 출발하기 때문에 특성곡선의 첫 번째 점과 ivline의 점은 일치한다. 즉, (2, 1)과 (1, 2) 그리고 (3, 1)과 (1, 3) 등은 동일한 점이다.

(3, 1)에서 출발하는 우특성 곡선 중 (2, 3)은 (1, 3)과 (2, 1)을 통해 구할 수 있으며 (3, 3)은 (2, 3)과 (2, 2)를 사용하여 구한다. 이런 식으로 계속해서 대칭점까지 구하면 ivline의 (3, 1)에서 출발하는 우특성 곡선이 구해진다. 같은 방법으로 ivline에서 출발하는 모든 특성곡선을 구하면 다음과 같다.

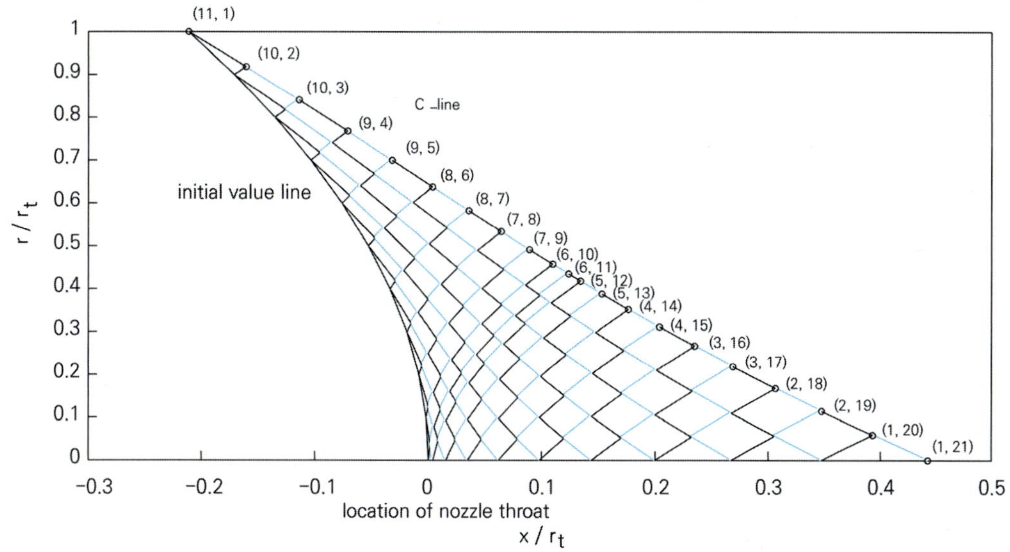

그림 5.27 초기값곡선에서 특성곡선을 구하는 방법 r_t는 노즐목 반경, r은 반경방향의 좌표, x는 길이방향의 좌표이다.

로켓엔진에 흔히 사용하는 벨노즐을 대상으로 특성곡선방법을 사용하여 내부의 유동을 해석하다 보면 벨노즐의 특성상 weak shock이 발생하게 된다. 그림 5.28에서 노즐의 곡률이 변화하는 곳에서는 속도 벡터 v_1과 비교하여 v_2의 방향이 노즐 안쪽으로 살짝 방향이 바뀌

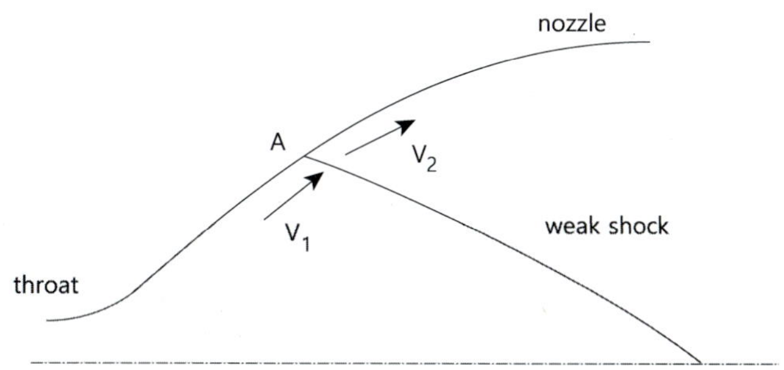

그림 5.28 벨노즐의 특성상 곡률이 변화하는 부분에서 weak shock이 발생한다.

는 것을 알 수 있다. 따라서 노즐벽 근처의 유동은 노즐이 마치 수축하는 것처럼 느끼게 된다. 그러나 실제로 노즐은 팽창하고 있기 때문에 이곳에서부터 매우 약한 충격파가 생기게 된다.

실제 계산에서도 그림 5.29와 같이 특성곡선이 겹쳐져 weak shock이 발상한다. 그림 중의 선들은 벽에서 출발하는 우특성 곡선들이다.

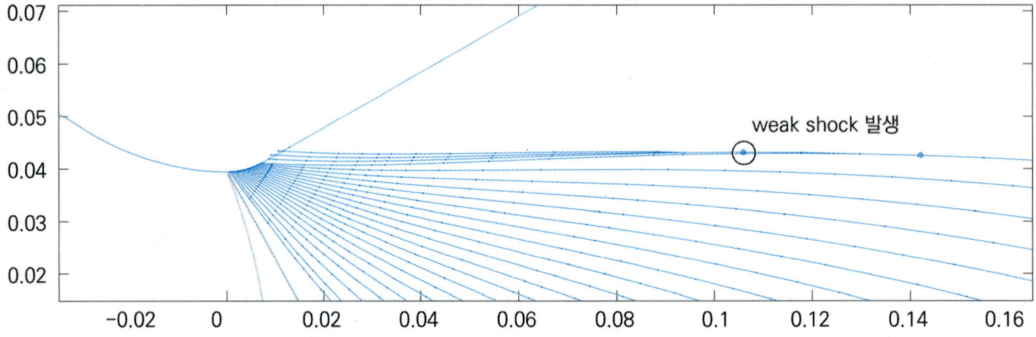

그림 5.29 특성곡선 계산 중에 나타나는 weak shock

Zucrow M. J.과 Hoffman J.[6]는 이러한 weak shock을 다루는 방법을 다음과 같이 크게 3가지로 설명하였다.

1. 특성곡선이 앞선 특성곡선을 무시하고 지나쳐 계산하는 방법
2. 특성곡선이 앞선 특성곡선을 만나면 거기서 계산을 멈추는 방법
3. 특성곡선이 앞선 특성곡선을 만나면 만난 부분부터 앞선 특성곡선을 삭제하고 새로운 특성곡선으로 갱신하는 방법

그림 5.29는 위의 3가지 방법 중 2번째 방법을 사용한 것이다. 실제 계산에서 1번 방법은 계산상의 오류가 잦고 3번 방법은 알고리즘이 복잡해진다.

특성 곡성 방법을 사용하여 노즐 내부를 모사하는 것은 노즐 중간에서 발생하는 weak shock 처리를 제외하면 비교적 쉬운 방법이다. 그러나 근본적으로 특성곡성 방법은 3차원이 아닌 2차원 해석 방법이다. 따라서 3차원 유동은 해석할 수 없으며 최신 컴퓨터의 성능이 점점 더 상향되어가고 있기 때문에 최근에는 이러한 특성곡선 방법을 사용하는 것보다는 3차원 해석 프로그램을 사용하고 있다.

참고문헌

제1장

[1] http://www.bluekoreadot.com/news/articleView.html?idxno=16680

[2] http://www.segye.com/content/html/2013/01/04/20130104023190.html

[3] Ciolkowski, K., A Method of Reaching Extreme Altitudes, "Smithsonian Miscellaneous Collections", Vol. 71, No. 2, 1919; Condensations in Scientific American Monthly, February 1920, and Nature August 26, 1920.

[4] http://ko.wikipedia.org/wiki/콘스탄틴_치올콥스키

[5] https://en.wikipedia.org/wiki/Robert_H._Goddard

[6] Robert H. Goddard, "A Method of Reaching Extreme Altitudes", Smithsonian Miscellaneous Collections, Vol. 71, No. 2, 1919; condensations in Scientific American Monthly, February 1920, and Nature August 26, 1920.

[7] McCutcheon, S and McCutcheon, B, 김충섭(역), "천재들의 과학노트 7: 천문 우주과학", 일출봉, pp. 204-220, 2007.

[8] http://en.wikipedia.org/wiki/V-2_rocket

[9] http://upload.wikimedia.org/wikipedia/commons/7/79/Exquema_de_la_V-2.jpg

[10] http://www.astronautix.com/lvs/v2.htm

[10] http://fnnews.com/news/202110211317472177

[11] https://en.wikipedia.org/wiki/Sergei_Korolev

[12] http://en.wikipedia.org/wiki/Sputnik_1

[13] http://www.aerospaceweb.org/question/spacecraft/q0153.shtml

[14] 문인상, 문일윤, "미국의 우주개발과 케로신 엔진", 항공산업연구, 제76집, pp. 57-81, 2012.

[15] http://www.nasa.gov/mission_pages/shuttle/shuttlemissions/sts135/multimedia/gallery/gallery-index.html

[16] 누리호 발사 언론 배포 자료, 2021.

[17] 木村 逸郎, "ロケット工學", 윤웅섭, 김영수(역), "로켓공학", 경문사, 2004.

[18] http://cs.astrium.eads.net/sp/launcher-propulsion/rocket-engines/aestus-rocket-engine.htm.

[19] http://en.wikipedia.org/wiki/F-1_(rocket_engine)

[20] http://en.wikipedia.org/wiki/Falcon.9

[21] http://www.aerospaceguide.net/rocketengines/rd-180.html

[22] http://www.b14643.de/Spacerockets_2/Diverse/Russian_Rocket_engines/ RD-170.jpg

[23] http://www.alternateware.com/BBOW/Space/Reference_Spacecraft_Engine.htm

[24] http://www.russianspaceweb.com/nk33.html

[25] http://large.stanford.edu/courses/2011/ph240/nguyen1/docs/SSME_PRESENTATION.pdf

[26] http://spaceflight101.com/spacerockets/atlas-v-551/

■ 제2장

[1] http://history.nasa.gov/SP-4302/ch2.8.htm

[2] http://www.davidhazy.org/andpphzy/exhibit-7.html

[3] http://home.earthlink.net/~apendragn/orbital_aspirations/art_111204/table1.png

[4] http://en.wilipedia.org/wiki/Specific_impulse

[5] Sutton, G. P. and O. Biblarz, "Rocket Propulsion Elements", 8th Ed., John Wiley & Sons, Inc., pp. 31-33, 2010.

■ 제3장

[1] Huzel, D. K. and Huang, D. H., "Modern Engineering for Design of Liquid Propellant Rocket Engines", Progress in Astronautics and Aeronautics, Vol. 147, pp. 23-85, 1992.

[2] Komerath, Narayanan (2003), Nozzle Types, personal presentation, 2003.

[3] http://www.youtube.com/watch?v=YWaZSoC_Ohc&feature=player_embedded#t=3s

[4] http://en.wikipedia.org/wiki/Aerospike_engine

[5] G. E. Andrew and D. Bradley, The Burning Velocity of Methane-Air Mixture, Combustion and Flame, vol. 19, pp. 275-288, 1972.

[6] 조성호, 박구정, 길태옥, 윤영빈, "극저온 제트 유동에 대한 분사기 형상의 영향", 한국항공우주학회, 39권, 4호, pp. 348-353, 2011.

[7] 김국진, 허준영, 김종찬, 성홍계, “초임계 상태에서의 LOx 스월 인젝터에 대한 동적 수치 모델링”, 한국추진공학회 추계학술대회 논문집, pp. 42-46, 2009.

[8] http://en.wikipedia.org/wiki/Supercritical_fluid

[9] Piore, I and Mokry, S, “Thermophysical Properites at Critical and Supercritical Conditions”, U of Ontario Institute of Technology, http://cdn.intechopen.com/pdfs-wm/13204.pdf.

[10] Bellan, J., “Supercritical (and subcritical) Fluid Behavior and Modeling: Drops, Streams, Shear and Mixign Layers, Jet and Sprays”, Progress in Energy and Combustion Science, Vol. 26, pp. 329-366, 2000.

[11] Gordon, S and McBride, B. J., 'Chemical Equillibrium Application Computer Program for Calculation of Complex Chemical Equilibrium Compositions and Applications.

[12] http://en.wikipedia.org/wiki/Regenerative_cooling_(rocket)dndhk

[13] KSLV 2차년도 보고서, 2005.

[14] http://en.wikipedia.org/wiki/RS-68

[15] Metzger, D. E., Kim, Y. W. and Yu, Y. “Turbine Cooling: An Overview and Some Focus Topics”, Proc 8th Int. Symp. Transport Phenomena in Thermal Engineering, Seoul, 1993.

[16] Sutton, G. P. Rocket Propulsion Elements, John Wiley & Sons, Inc., New York, 1992.

[17] Bartz, D. R. “Survey of Relationships between Theory and Experiment for Convective Heat Transfer in Rocket Combustion Gases”, Advances in Rocket Propulsion, Penner S. S. (Ed,(, AGARD, Technivision Services, Manchester, UK, 1968.

[18] 이광진, 문덕용, 김유, “F-O-O-F 충돌형 injector의 분무특성 및 혼합성능에 관한 실험적 연구”, 한국추진공학회지, Vol. 3, No. 3, pp. 1-8, 1999.

[19] 임병직, 정기훈, 윤영빈, “F-O-O-F 인젝터의 혼합 특성”, 대한기계학회 2002년도 학술대회지, pp. 286-286, 2002.

[20] 이성웅, 조용호, 윤웅섭, “분리 충돌형 분사기의 액상 혼합 메커니즘에 관한 실험적 고찰”, 한국추진공학회 학술발표회 초록집, pp. 18-21, 2002.

[21] 원영덕, 조용호, 이성웅, 윤웅섭, 김영수, “분사운동량 비에 따른 분리 충돌형 분사기

혼합성능 변화", 한국항공우주학회지, Vol. 29, No. 6, pp. 84-94, 2001.
[22] 문윤완, 손채훈, 김영목, "Split-triplet 분사기를 장착한 액체 추진제 로켓엔진의 연소특성 해석", 한국추진공학회지, Vol. 5, No. 3, pp. 41-51, 2001.
[23] Kang Shin-Jae, Ryu Ki-Wahn, Kwon Ki-Chul, Song Bhum-Keun, "An Experimental Study on Turbulen수 Characteristics of an Impinging Split-Triplet Injector," Journal of mechanical science and technology, Vol. 15, No. 1, pp. 117-124, 2001.
[24] http://rpl.snu.ac.kr/
[25] 최환석, 설우석, 이수용, "KSR-III 액체추진제 로켓 엔진 개발", 한국추진공학회지, Vol. 8, No. 3, pp.95-86, 2004.
[26] http://heroicrelics.orginfof-1f-1-injector.html.jpg
[27] Fisher, S. C. and Rahman, S. A., "Remerbering the Giants: Apollo Rocket Propulsion Development", NASA SP-2009-4545, 2009.
[28] Gordon, A. D. and Bauer M., "TRW Pintle Engine Heritage and Performance Characteristics", AIAA 2000-3871, 2000.
[29] 하성업, 문일윤, 강상훈, 문인상, 이수용, "산화제 과잉 삼중분사기 예연소기 개발 시험", 한국추진공학회 춘계 학술대회 논문집, pp.76-80, 2012.
[30] Jones, A. R. "Factors Affecting the Performance of Large Swirl Pressure Jet Atomizers", CEGB Rep. R/M/M1054, Marchwood, Southampton, UK. 1982.
[31] Rizk, N, K, and Lefevre, A. H. "internal Flow Characteristics of Simplex Swirl Atomizer", AIAA J. Propulsion, Vol. 1, No. 3, pp. 193-199, 1985.
[32] Ballester, J. and Dopazo, C. "Discharge Coefficient and Spray Angle Measurements for Small Pressure-Swirl Nozzles", Atomization and Sprays, Vol. 4, pp. 351-367, 1994.
[33] Hong, M., Jeon, J., and Lee, S., "Discharge Coefficient of Pressure-Swirl Atomizers with Low Nozzle Opening Coefficients", J. of Propulsion and Power.
[34] Bazarov, V., "Dynamics of Liquid Rocket Engine Injectors", Bazarov 교수 초청 강연회, 서울대학교 로켓추진연구실, 2004.
[35] Vazarov, V, Yang, V. and Puri, P., "Design and Dynamics of Jet Swirl Injectors", Liquid Rocket Thrust Chambers: Aspect of Modeling, Analysis, and Design, Progrsss in Astronautics and Aeronautics, Vol. 200, AIAA, pp. 19-102, 2004.
[36] Zhukovski, N. E., "Hydraulics", Vol. 7(in Russian), ONTI-NKTP, 1937.

[37] Abrarnovich, G. N., "Applied Gas Dynamics", Nauka, Moscow, Russia, 1976.

[38] Dityankin, Y. F., Klyachoko, L. A. and Jogodkin, "Atomization of Liquids", Mashinostroenie Pub., Moscow, Russia, 1977.

■ 제4장

[1] Yang, V. and Anderson, W., "Liquid Rocket Engine Combustion Instability", Progress in Astronautics and Aeronautics, Vol. 169, p. 3, 1995.

[2] Hulka, J. and Hutt, H., "Instability Phenomena in Liquid Oxygen/Hydrogen Propellant Rocket Engines", Progress in Astronautics and Aeronautics, Vol. 169, p. 40, 1995.

[3] Sutton, G. P. and Biblarz, O, "Rocket Propulsion Elements", Ed.8th, Jon Willey & Sons, Inc., p. 353, 2010.

■ 제5장

[1] Anderson, J. D. Jr., Modern Compressible Flow, 2nd Ed., McGFraw-Hill Publishing Company, New York, p. 54, 355, 1990.

[2] Zucrow M. J. and Hoffman J. D., Gas Dynamics Vol II. John Wiley & Sons. New York, p. 603, 1976.

[3] Huzel, D. K. and Huang D. H., Modern Engineering for Design fo Liquid-Propellant Rocket Engines, AIAA, Vol. 147, pp. 55-84, 1992.

[4] Souer, R. "General Characteristics of the Flow through Nozzles at Near Critical Speeds", NACA TM No. 1147, 1947.

[5] Flack, R. D. and Thompson, H. D., "Comparison of Pressure and LDV Velocity Measurements with Predictions IN Transonic Flow", Journal of the AIAA, Vol. 13, No. 1, January 1975, pp. 53-59, 1975.

[6] Zucrow M. J. and Hoffman J. D., Gas Dynamics Vol I. John Wiley & Sons. New York, p. 94, p. 101, p. 149, 1977.

액체로켓엔진 시스템 Ⅰ

지은이 문인상
펴낸이 조경희
펴낸곳 경문사
펴낸날 2023년 1월 27일 1판 1쇄
등 록 1979년 11월 9일 제1979-000023호
주 소 04057, 서울특별시 마포구 와우산로 174
전 화 (02)332-2004 팩스 (02)336-5193
이메일 kyungmoon@kyungmoon.com

값 23,000원

ISBN 979-11-6073-507-9